Wissenschaftliche Taschenbücher WTB

Texte und Studien

Horst-Heino Borzeszkowski
Renate Wahsner

Newton und Voltaire

Akademie-Verlag · Berlin

DIETER LEUSCHNER
Grundbegriffe der Thermodynamik

V. S. LETOCHOV
Laserspektroskopie

DIEROK-EKKEHARD LIEBSCHER
Relativitätstheorie mit Zirkel und Lineal

WOLFGANG MEILING
Digitalrechner in der elektronischen Meßtechnik
Teil 1: Meßmethodik
Teil 2: Gerätetechnik und Anwendungen

L. I. MIROSCHNITSCHENKO
Kosmische Strahlung im interplanetaren Raum

PETER PAUFLER
GUSTAV E. R. SCHULZE
Physikalische Grundlagen mechanischer Festkörpereigenschaften
Teil I und II

ULRICH RÖSEBERG
Determinismus und Physik

ALBRECHT ROST
Messung dielektrischer Stoffeigenschaften

J. V. SAČKOV
Wahrscheinlichkeit und Struktur

E. M. SAWIZKI
Perspektiven der Metallforschung

WOLFGANG SCHÄFER
Theoretische Grundlagen der Stabilität technischer Systeme

ERNST SCHMUTZER
Symmetrien und Erhaltungssätze der Physik

VOLKMAR SCHURICHT
Kernexplosionen für friedliche Zwecke

NORBERT SIEBER
HANS-PETER LEIDHOLD
Einführung in die Datenverarbeitung

Festkörperphysik
Entwicklungstendenzen und Anwendungsmöglichkeiten

HORST MELCHER
Albert Einstein wider Vorurteile und Denkgewohnheiten

Die Schöpfer der physikalischen Optik
Eine Artikelsammlung

HANS-GEORG SCHÖPF
Von Kirchhoff bis Planck

RENATE WAHSNER
Mensch und Kosmos
Die copernicanische Wende

HELMUT FRIEMEL / JOSEF BROCK
Grundlagen der Immunologie

EBERHARD HOFMANN
Funktionelle Biochemie des Menschen
Band 1 und 2

LOTHAR JÄGER
Grundlagen der Klinischen Immunologie

KARLHEINZ LOHS
DIETER MARTINETZ
Entgiftung – Mittel, Methoden und Probleme

JOACHIM NITSCHMANN
Entwicklung bei Mensch und Tier

STEPHAN SCHNITZLER
Pharmakologische Aspekte von Immunreaktionen

DIETER SPAAR
HELMUT KLEINHEMPEL
HANS JOACHIM MÜLLER
KLAUS NAUMANN
Bakteriosen der Kulturpflanzen

EBERHARD TEUSCHER
Pharmakognosie
Teil I–III

HEINRICH BREMER
KLAUS-PETER WENDLANDT
Heterogene Katalyse

PETER BIRNER
HANS-JÖRG HOFMANN
CORNELIUS WEISS
MO-theoretische Methoden in der organischen Chemie

GÜNTHER EPPERT
Einführung in die Schnelle Flüssigchromatographie

GERHARD GEISELER / HEINZ SEIDEL
Die Wasserstoffbrückenbindung

FALKO H. HERRMANN
MARTINA HERRMANN
Das Hämoglobin des Menschen

HELMUT HRAPIA
Einführung in die Chromatographie

HANS LUPPA
Grundlagen der Histochemie
Teil I und II

DIETER ONKEN
Antibiotika – Chemie und Anwendung

BURKART PHILIPP
GERHARD REINISCH
Grundlagen der makromolekularen Chemie

HORST REMANE/RAINER HERZSCHUH
Massenspektrometrie in der organischen Chemie

ADOLF ZSCHUNKE
Kernmagnetische Resonanzspektroskopie in der organischen Chemie

Vorschau auf die nächsten Bände:

RICHARD CAMPBELL
Mikrobielle Ökologie

J. G. COLLEE
Angewandte medizinische Mikrobiologie

WOLFGANG W. KNORRE
Pharmakokinetik
Theoretische Grundlagen und praktische Anwendungen

KARL LANIUS
Physik der Elementarteilchen

HASSO MEINERT
Fluorchemie

DIETER MICHEL
Grundlagen und Methoden der kernmagnetischen Resonanz

GERNOT NEUGEBAUER
Relativistische Thermodynamik

VOLKER NOLLAU
Semi-Markovsche Prozesse

JOACHIM SCHUPPAN
Theorie und Methoden der Konduktometrie

JOACHIM SCHUPPAN
Anwendungen der Konduktometrie

VOLKMAR SCHURICHT
Fusionsreaktoren und Umwelt

KURT SCHWABE
pH-Messung

RAINER SINZ
Chronopsychophysiologie, Chronobiologie und Chronomedizin

WTB

BAND 123

Horst-Heino v. Borzeszkowski
Renate Wahsner

Newton und Voltaire

Zur Begründung und Interpretation der klassischen Mechanik

Mit 5 Abbildungen

AKADEMIE-VERLAG · BERLIN

WTB TEXTE UND STUDIEN

Herausgeber dieses Bandes:

Dr. sc. nat. Horst-Heino v. Borzeszkowski

Dr. sc. phil. Renate Wahsner

Zentralinstitut für Astrophysik
der Akademie der Wissenschaften der DDR

Übersetzungen aus englischen und französischen Originalarbeiten:

Horst-Heino v. Borzeszkowski

Christa Poser

Renate Wahsner

1980
Erschienen im Akademie-Verlag,
DDR-1080 Berlin, Leipziger Straße 3—4

Lizenznummer: 202 · 100/436/80
Herstellung: VEB Druckhaus „Maxim Gorki", 7400 Altenburg
Bestellnummer: 762 715 0 (7123) · LSV 1104
Printed in GDR
DDR 16,— M
ISSN 0138-127X

Vorwort

Es ist eine weit verbreitete Ansicht, daß die Mechanik mechanistisch sei und erst die moderne Physik naturdialektische Gedanken hervorgebracht habe. Die inhaltlichen und methodologischen Beziehungen der NEWTONschen Prinzipien zu ihrer mechanistischen Interpretation zu untersuchen, scheint daher von besonderem Interesse zu sein. In dem vorliegenden Band wird NEWTON als Begründer der theoretischen Physik gewürdigt und gezeigt, daß vorzüglich dem großen französischen Aufklärer VOLTAIRE das Verdienst zukommt, die NEWTONsche Mechanik — die zunächst nur in England populär war — auf dem Kontinent bekannt gemacht und damit die spätere Weiterentwicklung der Mechanik, namentlich durch D'ALEMBERT, LAPLACE und LAGRANGE, geistig gefördert zu haben. Durch den Vergleich NEWTONscher und VOLTAIREscher Schriften wird belegt, daß VOLTAIRES Popularisierung der klassischen Mechanik zugleich aber auch eine Uminterpretation war, die der Zeit 'entsprach' und das Weltbild entscheidend prägte. Da die Mechanik in dieser, ihren physikalischen Inhalt inadäquat rezipierenden, philosophischen Auslegung verbreitet wurde, entstand die Meinung, sie sei mechanistisch.

Die in diesem Band vorgelegten Originaltexte NEWTONS und VOLTAIRES wurden unter dem Gesichtspunkt ausgewählt, die NEWTONsche Physik der philosophischen mechanizistischen Interpretation der klassischen Mechanik gegenüberzustellen. Diesem Anliegen entsprechend, wurden auch die Textstellen aus den von NEWTON seiner „Optik" angefügten Queries neu übersetzt, um durch möglichst große Texttreue zu vermeiden, daß die Newton seinerzeit bewegenden Fragen durch eine moderne physikalische Terminologie überdeckt, werden. Die für die Beurteilung der Voltaireschen Pysikrezeption besonders wichtigen, hier auszugsweise vorgelegten, „Elemente der Philosophie Newtons" erscheinen unseres Wissens hier erstmals in deutscher Übersetzung.

Herrn Professor Dr. H.-J. Treder danken wir für viele anregende Diskussionen zu Grundfragen der Physik und ihrer Geschichte.

H.-H. v. Borzeszkowski
R. Wahsner

Inhaltsverzeichnis

VOLTAIRE

VOLTAIRE

Tiere, Pflanzen, Mineralien, alles scheint mit Maß, Gewicht, Zahl und Bewegung ausgestattet zu sein. Alles ist Feder, Hebel und Rolle, hydraulische Maschine, chemisches Laboratorium vom Grashalm bis zur Eiche, vom Floh bis zum Menschen, vom Sandkorn bis zu unseren Wolken.

VOLTAIRE

H.-H. v. Borzeszkowski und R. Wahsner

Die Mechanisierung der Mechanik – Rezeption und Popularisierung der klassischen Mechanik durch Voltaire

I. Zum Begriff des Mechanizismus

Seit ihrer Begründung durch NEWTON hat die klassische Mechanik die verschiedenartigsten philosophischen Auslegungen erfahren. Dabei war die mechanistische die historisch bedeutsamste philosophische Interpretation. Dieses Verständnis der klassischen Mechanik ermöglichte es, die seinerzeit einzige wirkliche Naturwissenschaft für die Begründung des Ausschließlichkeitsanspruches der Vernunft fruchtbar zu machen sowie sie zum Ausgangspunkt eines materialistischen Weltbildes werden zu lassen. Ist aber die Mechanik von sich aus mechanistisch? Impliziert sie zwangsläufig ein mechanistisches Weltbild?[1]) Keinesfalls ist es selbstverständlich, eine physikalische Disziplin und eine bestimmte philosophische Konzeption von vornherein gleichzusetzen.

Es soll gezeigt werden, daß VOLTAIRE Initiator des mechanistischen Verständnisses der klassischen Mechanik war,[2]) NEWTON sie jedoch in dieser Form nicht begründet hat. Da NEWTON mit der klassischen Mechanik nicht irgendeine physikalische Disziplin, sondern die Physik überhaupt begründete,[3]) ist der Vergleich von NEWTONscher Physik und VOLTAIREschem Weltbild nicht nur von historischem Interesse, sondern bietet auch die Möglichkeit, prinzipiell zu diskutieren, was Physik ist und wie man philosophisch an sie herangeht, wenn man Mechanizismus produziert. — Dabei verstehen wir unter mechanistischer Deutung der Mechanik folgendes:

Es wird der Anspruch erhoben, die Welt allein mittels der Mechanik zu erklären. Die Mechanik soll nicht nur die einzig mögliche Physik, sondern die einzig mögliche Naturauffassung überhaupt sein. Damit behauptet man letztlich, daß nur das als natürliches Wesen existiert, was mit den Begriffen der Mechanik beschrieben, was mit ihren Gesetzen erklärt werden kann. Die Theorie wird so zum Kriterium der Wirklichkeit. Theorie bzw. Begriff und Wirklichkeit werden identifiziert, das heißt, die Mechanik wird überhaupt nicht als Theorie erkannt, da man nicht darüber nachdenkt, wie die Mechanik zu ihren Aussagen gelangt, und folglich nicht, welcher Art diese sind.[4])

Die mechanischen Gesetze sind als mathematische Gleichungen formuliert und die Begriffe der Mechanik von diesen mathematischen Strukturen nicht zu trennen. Sie haben unabhängig von ihnen keinen bestimmten Sinn. Bedeutung erhalten sie allerdings allein hierdurch auch noch nicht, denn die mathematische Gleichung drückt zunächst lediglich eine Äquivalenz (Tautologie) im mathematischen Sinne aus. Damit diese Äquivalenzen mechanische Bedeutung bekommen, das heißt, zu Aussagen über einen bestimmten sinnlich-gegenständlichen Bereich werden, müssen die in der mathematischen Beziehung verbundenen Zeichen bestimmte physikalische Größen symbolisieren, die durch die Angabe von Meßvorschriften definiert, das heißt, in der experimentellen Tätigkeit vergegenständlicht sind.

Zudem beruht die Mechanik — wie jede Theorie — auf bestimmten in Axiomen fixierten Voraussetzungen, die durch die Erfahrung begründet sind und über deren (Allgemein-) Gültigkeit man sich geeinigt hat.

Unabhängig von den vorausgesetzten Axiomen und unabhängig von der experimentellen Grundlage sind die Aussagen der Mechanik sinn- und bedeutungslos. Doch nur in dieser gedachten Unabhängigkeit kann der Schein entstehen, daß die Mechanik die allumfassende Naturphilosophie sei. Die *Bedingtheit* der Mechanik wird nicht erkannt und folglich auch nicht ihre beschränkte Gültigkeit.

Der Eindruck, Mechanik und mechanistisches Weltbild sowie Theorie und Wirklichkeit seien identisch, kann nur dann entstehen, wenn man die erkenntnistheoretische Problematik der Physik negiert. Damit wird jedoch auch der Philosophie ihre Existenzberechtigung abgesprochen. Denn setzt man Theorie und Wirklichkeit gleich, so beantwortet man keinesfalls die Grundfrage der Philosophie materialistisch, sondern erklärt die Sinnlosigkeit dieser Frage. Hebt man die Grundfrage der Philosophie auf, so die Philosophie selbst.

Wenn die ganze Welt mittels der Mechanik erklärt werden soll, dann eben auch die Produktion der Erkenntnis. Die *tätige* Auseinandersetzung des Menschen mit der Natur und mit seiner gesellschaftlichen Umwelt, durch die überhaupt nur Erkenntnisse gewonnen werden können, fällt somit aus der Betrachtung heraus. Das Bewußtsein erscheint als bloßer Spiegel, über dessen verzerrte oder getreue Wiedergabe der Mechanizist als äußerer Beobachter urteilen zu können glaubt.

Dieser Glaube gründet sich auf die Unkenntnis der grundlegenden Voraussetzung der Physik, die Welt unter der Form des Objekts zu betrachten, das erkennende Subjekt durch Wahl eines geeigneten Erkenntnismittels als Subjekt aus dieser Welt herauszunehmen und ihm die Rolle eines äußeren Beobachters zuzuteilen. Für die Physik ist ein solches Vorgehen legitim. Will man mit ihm jedoch das erkennende Subjekt erklären, so will man etwas Unmögliches tun, man will das Subjekt unter der Voraussetzung erklären, daß man es als Subjekt negiert hat. So entsteht die kuriose Vorstellung, der Mensch könne sagen: So ist es wirklich, und so verzerrt bzw. getreu spiegelt unser Bewußtsein die Wirklichkeit wider. Man denkt sich den Menschen als über der Welt und über seinem eigenen Bewußtsein schwebenden, also äußeren Beobachter. (Im Grunde denkt man das, obwohl es natürlich nirgends explizit so gesagt wird.) Diese Aporie ergibt sich nicht aus der Physik oder speziell aus der Mechanik, sondern daraus, daß der physikalische Standpunkt zu dem allein zulässigen erklärt bzw. mit dem philosophischen identifiziert wird, der gerade darin besteht, die Welt unter der Form des handelnden und erkennenden Subjekts zu sehen. (*Beide* Standpunkte sind zur Erkenntnis der Welt notwendig.) *Philosophie aber ,wie' Physik betreiben zu wollen, führt stets zu einem mechanistischen Weltbild.*[5])

Da von der Voraussetzung ausgegangen wird, daß es nur mechanische Eigenschaften, mechanische Bewegungen gibt, fehlt der mechanistischen Konzeption die Problemstellung, wie sich *verschiedene Qualitäten* zueinander verhalten. So gesehen ist sowohl die Gleichsetzung von Begriff und Wirklichkeit als auch die These konsequent, daß es in der Natur keine Sprünge gibt, sondern daß sie von einer streng linearen, lückenlosen Kausalität beherrscht wird.

Die Suche nach *einem* Prinzip, das die ganze Welt erklärt, hat hierin ihre Grundlage. Sie äußert sich andererseits in der Vorstellung, daß die Naturerscheinungen (im Prinzip) von einem geschickten Bastler in einem mechanischen Modell nachgeahmt werden können. (In diesem Sinne wurde von den physikalischen Prinzipien *Anschaulichkeit* verlangt, wurde Anschaulichkeit zum Kriterium für die Wahrheit von Aussagen.) In Umkehrung folgt daraus, daß man die ganze *Welt als Maschine* betrachtet, als *äußerst kompliziertes Uhrwerk.* (Der Ursprung des Wortes „mechanistisch“ verweist ebenfalls darauf: μηχανή = Werkzeug.)

Eine Maschine setzt natürlich einen Konstrukteur voraus, einen Meister, der sie gebaut hat. Diese Funktion erfüllt Gott. Sein Werk, die Welt, ist eine zweckmäßige Schöpfung, in der es nichts Unwesentliches und keinen Zufall gibt.

Diese Konsequenz gibt man auf, um eine naturwissenschaftliche Haltung zu ermöglichen. Die Maschine wird dann als an sich vorhanden, als willkürliches mechanisches System betrachtet, stets jedoch wird nach hinter den Erscheinungen liegenden verborgenen Mechanismen gesucht, von denen man annimmt, sie seien wesentlich von der gleichen Art wie die Prinzipien, auf denen die

Wirkungsweise der elementaren Werkzeuge beruht, die der Mensch seit Urzeiten gebraucht.

Wirft man den Schöpfer, den Uhrmacher und Meister, in dieser Weise hinaus, so verwandelt sich die teleologisch bestimmte in eine *fatalistisch determinierte Welt.* In ihr herrscht strenge Notwendigkeit, der Zufall wird nach wie vor negiert (oder auf Notwendigkeit zurückgeführt).

Da diese Notwendigkeit als absolute lineare Kausalität erscheint, wird jedes Ereignis angesehen, als sei es durch eine ihm äußerliche Erscheinung verursacht. Für die Welt als Maschine wird ein erster Beweger gebraucht, die Bewegung ist der Materie nicht inhärent, sondern ein Zustand an ihr, die Körper bewegen sich nicht von selbst, sondern bedürfen dazu einer von außen wirkenden Kraft. Den Naturgegenständen ihre Wirkungsfähigkeit abzusprechen, charakterisiert die mechanistische Deutung der Mechanik. Ohne die Eigenschaft zu wirken, kann ein Körper aber nicht als physikalischer gelten. Er wird sachlich nicht von einem mathematischen Körper unterschieden.

Die Überzeugung, man könne also oder müsse diese Auffassung aus der Mechanik ableiten, gründet sich wiederum auf die Abstraktion von der mathematischen Formulierung der mechanischen Gesetze. Nur wenn man die in der Mechanik auftretenden mathematischen Gleichungen als Ursache-Wirkung-Verhältnisse deutet, kann man z. B. schließen, das mechanische Grundgesetz (2. NEWTONsches Axiom)

$$m\ddot{\boldsymbol{r}} = \boldsymbol{F}$$

sage aus, eine Kraft $\boldsymbol{F}$ sei die notwendige *Ursache* für eine Beschleunigung $\ddot{\boldsymbol{r}}$. Es wird dabei übersehen, daß dieses Grundgesetz der Mechanik die *Äquivalenz* einer Kraft mit dem Produkt von träger Masse m und Beschleunigung $\ddot{\boldsymbol{r}}$ aussagt, wobei gerade die Größe „träge Masse“ als Widerstand gegen eine Änderung des Bewegungszustandes definiert ist, in sie also die Wirkungsfähigkeit der Dinge in dieser spezifischen Weise eingeht.

Ohne den Begriff der Masse ist die Mechanik aber keine Physik, sondern lediglich Kinematik. Mechanische Bewegung ist nicht nur Lageveränderung.

Um jedoch die Physik aufbauen zu können, reicht auch der Begriff der trägen Masse noch nicht aus; es müssen die physikalischen Körper durch weitere Größen charakterisiert werden, wie schwere Masse oder elektrische Ladung, die in den mathematisch formulierten Kraftermen — zu denen man auf experimentellem Wege gelangt ist — auftreten und die Fähigkeit der physikalischen Körper ausdrücken, sich gegenseitig, z. B. gravitativ, beeinflussen zu können.

Die Mechanik setzt also die Wirkungsfähigkeit der Naturgegenstände gerade voraus. Nur wenn das übersehen wird, entsteht der Schein, die Mechanik behaupte die *Trennung von Materie und Bewegung*, sie belege die *absolute Festigkeit der Dinge*. Und nur wenn man ihr das unterstellt, kann die Mechanik für mechanistisch gelten.

II. Die Begründung der Mechanik — durch Newton

Newton als Begründer der klassischen Mechanik konnte die Wirkungsfähigkeit der Naturkörper nicht negieren, konnte nicht meinen, die mechanischen Begriffe hätten losgelöst von ihrer experimentellen Bestimmung und der mathematischen Struktur der Grundgesetze der Mechanik physikalische Bedeutung. Er konnte dem Irrtum des Mechanizismus nicht verfallen; ohne sich über die Rolle des Experiments (bzw. der Beobachtung) und der Mathematik für die Physik klar zu sein, wäre es ihm prinzipiell unmöglich gewesen, seine „Philosophiae naturalis principia mathematica" zu schreiben. Ohne die Grenzen der von ihm geschaffenen Physik zu kennen, hätte er weder Platz für einen *aktiven* Gott finden können noch hätte er Anlaß gehabt, über das Wesen der Gravitation und der anderen Naturkräfte immer wieder nachzudenken.

Sowohl die Darstellung der klassischen Mechanik in seinen „Prinzipien“ als auch die in der 2. Ausgabe derselben hinzugefügten „Regeln zur Erforschung der Natur“ (Regulae philosophandi), die Allgemeine Bemerkung im III. Buch seines Hauptwerkes und die 31. der seiner „Optik“ angefügten Fragen zeigen, daß NEWTON um die Notwendigkeit bestimmter erkenntnistheoretischer — physikalisch nicht zu begründender — Voraussetzungen wußte. Damit ist ausgeschlossen, daß er Natur und Mechanik platt identifizierte.

Das Vorgehen der Physik schildert er folgendermaßen: In der Physik sollte „bei der Erforschung schwieriger Dinge die analytische Methode der synthetischen vorausgehen. Diese Analyse besteht darin, Experimente und Beobachtungen zu machen und durch Induktion allgemeine Schlüsse aus ihnen zu ziehen und gegen sie nur solche Anwürfe zuzulassen, die vom Experiment kommen oder von anderen sicheren Wahrheiten ... Und obwohl das Folgern aus Experimenten und Beobachtungen durch Induktion kein Beweis für eine allgemeine Schlußfolgerung ist, so ist sie doch der beste Weg des Folgerns ... Und wenn die Erscheinungen keine Ausnahme liefern, kann die Schlußfolgerung als allgemein gelten. Wenn aber später eine Ausnahme von den Experimenten vorkommen sollte, kann von da an die Schlußfolgerung mit den vorkommenden Ausnahmen ausgesprochen werden. Durch diesen Weg der Analyse können wir vom Zusammengesetzten zu den Bestandteilen fortschreiten und von den Bewegungen zu den Kräften, die sie hervorbringen, und im allgemeinen von den Wirkungen zu den Ursachen und von den besonderen Ursachen zu den allgemeineren bis zuletzt zur allgemeinsten. Das ist die Methode der Analyse. Und die Synthese besteht darin, die entdeckten und als Prinzipien aufgestellten Ursachen vorauszusetzen und durch sie die Erscheinungen zu erklären, indem man von ihnen ausgeht und die Erklärungen prüft.“ ([3], 404.)

Mit Prinzipien meint NEWTON die physikalischen Naturgesetze, die auf experimentellen, axiomatischen und erkenntnistheoretischen Voraussetzungen beruhen. In einem Brief an Oldenburg schrieb er: „Denn die beste und sicherste Methode des Philosophierens (Physik zu betreiben — d. V.) scheint darin zu bestehen, zuerst fleißig die Eigenschaften der Dinge zu untersuchen und sie durch Experimente zu stabilisieren und dann nach Hypothesen zu suchen, um sie zu erklären. Denn Hypothesen sollten nur gut sein, um die Eigenschaften der Dinge zu erklären, und nicht, um zu versuchen, sie vorher festzusetzen, sofern sie nicht eine Hilfe für die Experimente sind.“ ([4], XXIV.) Sein bekannter Ausspruch „Hypotheses non fingo“[6]) widerspricht dem nicht, sondern bezieht sich auf die Ablehnung experimentell nicht überprüfbarer Hypothesen (okkulter Eigenschaften). Diese These richtet sich vor allem gegen die Cartesianer, die keine physikalische Experimentalwissenschaft, sondern eine spekulative Naturphilosophie entwickelt hatten. Newton ging sogar so weit, Hypothesen zuzulassen, die durch die Erfahrungen der Physik nur sehr indirekt bestätigt werden können, da sie erkenntnistheoretische Voraussetzungen für die Durchführbarkeit der Physik sind, wie z. B. sein atomistischer Standpunkt ([3], 400, zitiert S. 40), der absolute Raum und die absolute Zeit.

Newton begründete mit der Mechanik nicht irgendeine physikalische Disziplin, sondern die Physik überhaupt, deren Spezifik darin zum Ausdruck kommt, daß sie die Naturgesetze in Form von (mathematischen) Größengleichungen erfaßt, daß sie ohne empirische Grundlage ebensowenig bestehen kann wie ohne ihre mathematische Sprache.

Allein schon der von Newton gewählte Aufbau seiner „Prinzipien“, beginnend mit Definitionen und Axiomen und daraus abgeleiteten Schlußfolgerungen, zeigt diesen Zusammenhang.

Die am Anfang stehenden Definitionen geben der (mathematisch darzustellenden) Theorie von vornherein eine physikalische, das heißt hier: auf die Wirklichkeit bezogene, Bedeutung, indem sie die Grundbegriffe der

Mechanik, die als physikalische Größen auftreten, dadurch definieren, daß sie für sie eine Meßvorschrift angeben. Die dann folgenden Bewegungsgesetze (die drei NEWTONschen Axiome)[7]), die diese Größen mathematisch verknüpfen, werden von NEWTON als Erfahrungssätze, als durch Induktion aus der Erfahrung gewonnen angesehen. ([1], 3. Buch.) Das wird auch in seiner Anmerkung zu den Bewegungsaxiomen deutlich, in der die Berechtigung der ersten beiden Axiome mit dem Hinweis auf ihre vielfältige experimentelle Bestätigung begründet wird und er anschließend Experimente und Beobachtungen zur Begründung des 3. Axioms angibt.

Indem NEWTON die Physik als empirische Wissenschaft begründete, konnte er nicht in den Fehler verfallen, Mathematik und Physik gleichzusetzen, sondern er verstand die Mathematik als Methode, um physikalische Gesetze zu formulieren und aus ihnen Schlußfolgerungen zu deduzieren.

Schon in seinem Vorwort zur 1. Ausgabe der „Prinzipien“ ist erkennbar, daß er Mathematik und Physik deutlich trennt, wenn er sagt, daß es zweckmäßig zu sein scheint, „im vorliegenden Werke *die Mathematik so weit auszuführen, als sie sich auf die Physik bezieht.*“*)

Ähnlich äußert er sich auch in der Diskussion der 3. Regel zur Erforschung der Natur. Aus der Tatsache, so schreibt er hier, daß entsprechend der Mathematik die Teile eines Körpers durch Rechnung in immer noch kleinere zerlegt werden können, folgt nicht, daß dieses in der Natur tatsächlich möglich ist, sondern darüber entscheidet erst das Experiment.

Diese Äußerungen bedeuten keineswegs eine Geringschätzung der Mathematik für die Physik. NEWTON wußte, daß die physikalischen Gesetze mathematisch formuliert werden *müssen*, was bereits in der Bezeichnung seines Hauptwerkes „Mathematische Prinzipien der Naturlehre“ zum Ausdruck kommt.

---

*) Vorwort NEWTONS zur 1. Auflage. Hervorhebung – d. V.

Interessant ist in diesem Zusammenhang, daß Newton in dem schon erwähnten Vorwort auch Betrachtungen darüber anstellt, wie es möglich ist, daß die Mathematik (insbesondere die Geometrie) diese Rolle übernehmen kann. Er meint, das liege daran, daß ihre Grundbegriffe derselben Sphäre menschlicher Erfahrung wie die der Physik entstammen, nämlich der praktischen Mechanik.

Nach der Formulierung der Bewegungsaxiome beweist Newton im 1. Buch seiner „Prinzipien" mathematische Sätze („Lehnsätze"), um mit Hilfe derselben in diesem und im nachfolgenden 2. Buch für zentralsymmetrische Kräfte und andere Situationen (z. B. Bewegungen unter Berücksichtigung verschiedener Bremskräfte) mathematische Schlußfolgerungen zu ziehen, die er in der Form von Lehrsätzen angibt. Dieses sind im großen und ganzen Rechnungen, die so allgemein wie möglich gehalten sind, das heißt, sich noch nicht direkt auf konkrete physikalische Fälle wie etwa die Bewegung von Massen unter dem Einfluß der Gravitation beziehen.

Im 3. Buch wendet er viele der abgeleiteten Lehrsätze dann auf den Spezialfall der gravitativen Bewegungen des Mondes, der Planeten, der Kometen und des Meeres an. Newton schreibt in der Einleitung zum 3. Buch: „In den vorliegenden Büchern habe ich die Prinzipien der Naturlehre dargestellt, jedoch nicht physische, sondern nur mathematische, aus denen man nämlich in physikalischen Untersuchungen Schlüsse ziehen kann. Es sind das die Gesetze und Bedingungen der Bewegungen und Kräfte, welche sich hauptsächlich auf die Naturlehre beziehen ... Es bleibt noch übrig, daß wir nach jenen Prinzipien die Einrichtung des Weltsystems kennenlernen." ([1], 379.)

Den Lesern, denen die Rolle der Mathematik und des Experiments nicht klar war und die infolge fehlender praktischer Erfahrung auf dem Gebiete der Mathematik und Physik die Darlegungen der ersten beiden Bücher im einzelnen nicht verfolgen konnten, waren die „Prinzipien" eigentlich unverständlich. Sie konnten nur einige allgemeine Abschnitte dieser Bücher und einige Seiten des 3. Buches lesen. Die sich daraus ergebenden Möglichkeiten für Mißverständnisse liegen auf der Hand und haben ihren Teil zu der späteren mechanistischen Deutung der Mechanik beigetragen.

Newton hat zumindest die *Möglichkeit* von Mißverständnissen vorausgesehen und deshalb eine populäre Fassung des 3. Buches verworfen. Er erhoffte sich davon, daß diejenigen, die die ersten Teile nicht verstehen, dann wenigstens auch das 3. Buch nicht lesen könnten: Ich hatte „das dritte Buch in populärer Form geschrieben, damit es von mehreren gelesen würde. Diejenigen aber, welche die vorausgesetzten Prinzipien nicht hinreichend eingesehen haben, würden die Kraft der Folgerungen nicht fassen und die Vorurteile nicht ablegen, an welche sie sich seit vielen Jahren gewöhnt haben. Aus diesem Grunde habe ich, damit die Sache nicht in einen Streit hineingezogen werde, die Summe jenes Buches nach mathematischer Weise in Sätze übertragen, damit dieselben nur von denjenigen gelesen würden, welche die Prinzipien vorher entwickelt haben.“ ([1], 379.)

Trotzdem haben natürlich einige das Buch gelesen, die die Prinzipien vorher nicht entwickelt hatten, und so wurde die Sache doch in einen Streit hineingezogen, in den Streit um das Verständnis des Gravitationsgesetzes. Die Mechanizisten deuteten es als das *eine*, die gesamte Welt erklärende Prinzip, nach dem sie meinten, alles hinbasteln zu können.

Newton selber war jedoch durchaus nicht dieser Meinung. Dies geht allein schon daraus hervor, daß er neben der Gravitation noch andere Kräfte (elektrische und magnetische) kannte bzw. die Entdeckung weiterer Kräfte (und die mathematische Formulierung entsprechender Kraftausdrücke nach dem Vorbild seines Gravitationsgesetzes) für erforderlich hielt. So schreibt er im 3. Buche „Über das Weltsystem“, nachdem er die „Kraft der Schwere“ abgeleitet hat: „Möchte es gestattet sein, die übrigen Erscheinungen der Natur auf dieselbe Weise aus mathematischen Prinzipien abzuleiten! Viele Beweggründe bringen mich zu der Vermutung, daß diese Erscheinungen alle von gewissen Kräften abhängen können. Durch diese werden die Teilchen der Körper nämlich aus noch nicht bekannten Ursachen entweder gegeneinander getrieben und hängen alsdann als reguläre Körper zusammen oder sie weichen voneinander zurück und fliehen sich gegenseitig. Bis jetzt haben die Physiker es vergebens versucht, die Natur durch diese unbekannten Kräfte zu erklären; ich hoffe jedoch, daß die hier aufgestellten Prinzipien entweder über diese oder irgendeine richtigere Verfahrensweise Licht verbreiten werden." ([1], 2.)

Newton stellte sich also vor, daß man die Natur durch die Wirkung und das Zusammenspiel verschiedenartiger Kräfte erklären könnte. Seiner Meinung nach bestand die weitere Aufgabe der Physiker hauptsächlich darin, durch Induktion aus der Erfahrung die entsprechenden Kraftausdrücke $\boldsymbol{F}$ zu finden, die dann in das 2. Newtonsche Axiom

$$m\ddot{\boldsymbol{r}} = \boldsymbol{F}$$

auf der rechten Seite einzusetzen sind. Dieses Bewegungsaxiom, das er am Anfang seiner „Prinzipien" formulierte, enthält im wesentlichen die gesamte Dynamik der klassischen Mechanik.

Obwohl sich die Gravitationsdynamik als Spezialfall der allgemeinen Newtonschen Dynamik erweist, spielte sie historisch für deren Begründung eine ausgezeichnete Rolle, indem sie als Synthese experimenteller Untersuchungen irdischer Massen und der theoretischen Astronomie entwickelt wurde. Das Gravitationsgesetz beantwortete die seinerzeit stark diskutierte Frage, ob die Ursache, welche die Körper zur Erde fallen läßt, dieselbe sei wie diejenige, die die Planeten in ihren Bahnen hält. Newtons Gravitationsdynamik setzte voraus und bewies die naturgesetzliche Einheit von Erde und Kosmos.

Natur war nunmehr Himmel *und* Erde, die Dinge und Erscheinungen wurden universell vergleichbar.

Nur über die Gravitation gelang es, diese Einsicht zu gewinnen, da sie über irdische und kosmische Distanzen universell wirksam ist. So konnte das Gravitationsgesetz leicht als Weltgesetz aufgefaßt werden, wobei „Welt" häufig nicht nur wie bei NEWTON als Sonnensystem (eventuell auch als Fixsternsystem), sondern im philosophischen Sinne verstanden wurde.

NEWTON hatte jedoch außer den erwähnten auch noch andere Gründe, im Gravitationsgesetz nicht das Weltgesetz zu sehen. Er legte sie nicht nur in den „Prinzipien", sondern auch in seinem Briefwechsel mit dem Geistlichen und Altphilologen BENTLEY und in den Fragen im Anhang der „Optik" dar. Da sie Ausdruck echter physikalischer und erkenntnistheoretischer Probleme und Schwierigkeiten der klassischen Mechanik und zum Teil der gesamten Physik sind, seien sie hier im einzelnen behandelt. (Vgl. [35].)

Die NEWTONschen Bewegungsgleichungen sind Differentialgleichungen zweiter Ordnung. Um aus ihnen durch Integration die Bahnkurve $\boldsymbol{r} = \boldsymbol{r}(t)$ ($\boldsymbol{r}$ ist der Ort des Körpers und t die Zeit) eines Körpers als Lösung zu erhalten, müssen die Anfangswerte $\boldsymbol{r}(t_0)$ und $\dot{\boldsymbol{r}}(t_0)$ zu irgendeinem Zeitpunkt t_0, das heißt der Anfangsort und die Anfangsgeschwindigkeit, vorgegeben werden. Diese folgen nicht aus der physikalischen Theorie, sondern sind durch die konkrete physikalische Situation bzw. durch die experimentelle Anordnung bestimmt und dementsprechend vorzugeben. So müssen für jeden Planeten unseres Sonnensystems unterschiedliche Anfangsbedingungen angenommen werden, um durch Integration der NEWTONschen Bewegungsgleichungen die entsprechenden Bahnkurven der Planeten zu erhalten. In seinem ersten Brief an BENTLEY schreibt NEWTON, daß es keine natürliche Ursache gibt, die alle Planeten (primäre und sekundäre, d. h. Monde) zwingt, sich in derselben Weise und in derselben Ebene, ohne ersichtliche Änderungen, zu bewegen. Im zweiten BENTLEY-Brief kommt NEWTON auf die Frage zurück, wie die Planeten auf ihre Bahnen kommen bzw. wie die entsprechenden Anfangsbedingungen dafür zustande kamen. Er diskutiert die auf PLATO zurückgehende These, daß diese in einem weit von der Sonne entfernten Gebiet entstanden sind („von Gott geschaffen wurden") und dann von dort aus in Richtung Sonne fallengelassen wurden, und zeigt, daß sie nicht ohne einen Eingriff, der ihnen in ihrer heutigen Entfernung von der Sonne zum Zeitpunkt t_0 ihres Eintreffens an diesen Örtern die entsprechenden Anfangsgeschwindigkeiten $\dot{\mathbf{r}}(t)$ gegeben hat, auf die beobachteten Bahnen gelangt sein können. NEWTON beseitigt diese Schwierigkeit durch die Annahme, daß Gott zum Zeitpunkt t_0 eingegriffen hat. Später nimmt NEWTON diese Argumentation in seine „Prinzipien" auf. ([1], 508.)

Selbstverständlich sind die sich für die Entstehung des planetarischen Systems bei NEWTON ergebenden Schwierigkeiten wesentlich mit dem speziellen Modell (die Planeten sind weit entfernt von der Sonne entstanden und fallen dann von dort radikal in deren Richtung) verbunden. Dieses Modell, das vorausgesetzt worden ist, um die entsprechenden Anfangsbedingungen der Planetenbewegungen zu begründen, erfüllt diese Erwartung nicht. Es sind jedoch andere Modelle denkbar, die das leisten und damit das Eingreifen Gottes an dieser Stelle überflüssig machen.

Die NEWTONsche Argumentation zeigt deutlich das Prinzip, nach dem man die Anfangsbedingungen im allgemeinen physikalisch begründen kann. Man hat das zu beschreibende physikalische System (hier das planetarische) als Untersystem eines größeren (hier das weit von der Sonne gelegene Gebiete einschließende System) zu diskutieren. Aus der Dynamik derselben kann man dann die Anfangsbedingungen des Untersystems erhalten. Um die Dynamik des größeren Systems als Lösung der Bewegungsgleichungen zu bekommen, muß man aber wiederum dessen Anfangsbedingungen festlegen usw. Selbstverständlich gelangt man zu prinzipiellen Schwierigkeiten bei der Bestimmung der Anfangsbedingungen für die Dynamik des gesamten Universums, da dieses per difinitionem kein Untersystem eines größeren Systems ist.

Newton hatte dieses Problem erkannt. Er äußerte sich dahingehend, daß Gottes Wille auch die Anfangsbedingung für die Bewegung des gesamten Universums war, indem Gott nicht nur den Plan der Weltbewegung (Bewegungsgesetze) vorgab, sondern auch die Anfangsbedingungen für alle Massen festlegte. Newton hielt diesen Willensakt für unabdingbar, um die Vielfalt der physikalischen Erscheinungen erklären zu können.

Er betrachtete die Bewegungsgesetze der Mechanik als „blinde metaphysische Notwendigkeit, welche stets und überall dieselbe ist". Sie „kann keine Veränderung der Dinge hervorbringen, die ganze in bezug auf Zeit und Ort herrschende Verschiedenheit aller Dinge kann nur von dem Willen und der Weisheit eines notwendig existierenden Wesens herrühren". ([1], 510.)

Vor allem war Newton sich aber eines Problemes bewußt, das in seiner Bedeutung weit über die der Frage nach der Festlegung der Anfangsbedingungen hinausgeht. Es besteht in der Schwierigkeit, große *stabile* Systeme im Rahmen seiner Gravitationsdynamik zu beschreiben. Entsprechend dieser Theorie müßten die Fixsterne auf Grund der gravitativen Attraktionskräfte aufeinanderfallen (kollabieren). Noch in der zweiten Ausgabe der „Prinzipien" versucht Newton, die sich aus der Theorie ergebende Gefahr eines Zusammenbruchs des Kosmos durch die Bemerkung wegzudiskutieren, Gott habe die Fixsterne in ungeheure Entfernungen voneinander gestellt, „damit diese Kugeln nicht vermöge ihrer Schwerkraft aufeinander fallen". ([1], 508.)

Er war sich aber immer dessen bewußt, daß das Problem damit nicht gelöst ist. So stellt er in Query 28 der „Optik" die Frage: „Und was hindert die Fixsterne, aufeinander zu fallen?“ Seine Antwort: „Gott“ bedeutet keinesfalls, daß er keine Möglichkeit sah, diese Frage physikalisch zu beantworten. Gerade die im Dritten Buch der „Prinzipien“ ausführlich behandelte Dynamik des planetarischen Systems ist ein konkretes Beispiel dafür, wie die kosmischen Objekte durch die infolge ihrer Bewegungen auftretenden Zentrifugalkräfte am Zusammenstürzen (in diesem Falle am Sturz der Planeten in die Sonne) gehindert werden können. Daß diese Stabilisierung des planetarischen Systems nur zu einem Gleichgewicht führt, das durch kleine Störungen derart verändert werden kann, daß unter Umständen katastrophale Folgen eintreten könnten, wird von NEWTON in Frage 31 der „Optik“ bemerkt. Er spricht von einigen unerheblichen Unregelmäßigkeiten im planetarischen System, die durch die gegenseitigen Wirkungen der Kometen und Planeten entstanden sein könnten und wohl so lange anwachsen werden, bis das gesamte System einer Umbildung bedarf. ([3], 402.)

NEWTON sah also trotz der in Frage 31 erwähnten Schwierigkeit die prinzipielle Möglichkeit der Stabilisierung gravitativer physikalischer Systeme durch Zentrifugalkräfte.

Eine besondere Problematik ergibt sich im Rahmen der NEWTONschen Gravitationstheorie jedoch für einen räumlich unendlichen Kosmos, der unendlich viele Massen enthält. Wenn diese Theorie gilt, erhält man kein physikalisch sinnvolles Modell, es sei denn, man postuliert starke Zusatzbedingungen. Hier liegen die Gültigkeitsgrenzen dieser Theorie. Denn in dem angenommenen Fall wirkt zu jeder Zeit auf jede Masse eine unendliche Gravitationskraft. Jene Kraft ist also nicht wohldefiniert. Man spricht daher vom NEWTONschen Gravitationsparadoxon.

Schon in seinem 2. Brief an BENTLEY diskutiert NEWTON diese Schwierigkeit. Er hielt das Paradoxon für unauflösbar, da die unendliche (divergierende) Gravitationskraft nur durch unendliche Geschwindigkeiten der Massen, das heißt durch unendliche Zentrifugalkräfte, kompensiert werden kann, wofür unendlich große kinetische Energien nötig wären. ([29], 5–16.) Deshalb scheint es dem Begründer der Mechanik erforderlich, daß Gott von Zeit zu Zeit korrigierend eingreift. Um zu verhindern, daß alles zusammenfällt, muß er in periodischen Abständen die Anfangsbedingungen jeder einzelnen Masse neu einstellen, das heißt, deren Ort und Geschwindigkeit neu festlegen. Der Weltmechanismus kann so wieder funktionieren, bis die Geschwindigkeiten erneut zu hoch werden.

Im Briefwechsel mit CLARKE kritisiert LEIBNIZ, daß NEWTONS Gott nicht in der Lage sei, einen vollkommenen Kosmos zu schaffen. Er hielt es für eine Diskriminierung Gottes zu behaupten, dieser sei genötigt, das Universum immer wieder aufzuziehen, um es in Gang zu halten. „Herr Newton und seine Anhänger“ – schreibt er im 1. Brief – „haben noch eine sehr spaßige Ansicht über das Werk Gottes. Nach ihnen hat Gott es nötig, seine Uhr von Zeit zu Zeit aufzuziehen, andernfalls wird sie aufhören zu gehen. Er hat nicht genug Weitblick besessen, um ihr eine dauernde Bewegung zu verleihen. Diese Maschine Gottes ist nach ihnen sogar so unvollkommen, daß dieser gezwungen ist, sie von Zeit zu Zeit zu reinigen ..., ja auszubessern. Meiner Meinung nach ist ständig ein und dieselbe Kraft ... vorhanden, nur geht sie von einer Materie in die andere über gemäß den Gesetzen der Natur.“ ([17], 352–440.)

LEIBNIZ bringt damit zwei Einwände gegen NEWTON vor. Der erste bezieht sich auf die von NEWTON gelegentlich selbst gemachte Äußerung, daß in der Welt nicht immer diesselbe Bewegungsmenge vorhanden sei, daß Bewegung verlorengehen könne. (Vgl. [3], Qu. 31.) Daher die Bemerkung, die Uhr müsse ab und zu aufgezogen werden. Zweitens polemisiert LEIBNIZ auf Grund des aus der klassischen Theorie folgenden Gravitationsparadoxons gegen NEWTON. Der damit verbundene Kollaps kann nur durch eine Ausbesserung und Reinigung der Uhr vermieden werden.

Ausgehend von diesem Streit wurde in der Folgezeit behauptet, NEWTON habe Gott als Motor der mechanischen Bewegung gebraucht, als Kompensator verlorengegangener Bewegung. Besteht die Behauptung zu Recht?

Beide Vorwürfe LEIBNIZ' haben einen physikalisch berechtigten Kern. NEWTON akzeptierte das DESCARTESsche Maß der Bewegung $m\dot{r}$ und sah, daß diese Bewegungsgröße (später „Impuls" genannt) im allgemeinen nicht erhalten bleibt. Er war deshalb der Meinung, daß Bewegung aus der Welt verschwindet. LEIBNIZ entschied sich für eine andere Definition des Bewegungsmaßes, nämlich für $\frac{m}{2}\dot{r}^2$ (später „kinetische Energie" genannt). Auch diese Größe bleibt in der NEWTONschen Theorie im allgemeinen nicht erhalten. Es ist dies aber kein Einwand gegen die klassische Mechanik selbst. Berücksichtigt man, daß LEIBNIZ Energie als Kraft bezeichnet, so bedeutet seine Meinung, daß ständig ein und dieselbe Kraft vorhanden sei, die Forderung nach einem Erhaltungssatz der Energie. Diese Forderung wird von der NEWTONschen Theorie durch Erweiterung des NEWTONschen Energiebegriffs erfüllt. MAYER und HELMHOLTZ bewiesen dann, daß der Energieerhaltungssatz durch die Einbeziehung weiterer Energieformen zu einem allgemeinen theoretischen Prinzip wird.

Der zweite Vorwurf bezieht sich auf den schon erwähnten Kollaps bzw. auf das Gravitationsparadoxon. Die NEWTONsche Gravitationstheorie liefert für das unendlich ausgedehnte Universum mit unendlich vielen Teilchen im allgemeinen tatsächlich kein mathematisch sinnvolles Modell. In ihrem Rahmen ist ohne ganz spezifische Zusatzannahmen ein solcher Fall nicht lösbar. Es liegt außerhalb ihrer Gültigkeitsgrenzen.[8])

Wenn NEWTON, um die besprochene Schwierigkeit zu überwinden, Gott als eine Art Zusatzbedingung einführte, so zeigt dies — unabhängig davon, daß NEWTON das infolge seiner Religiosität gefiel —, daß er die Begrenztheit seiner Theorie kannte oder doch ahnte, selbst wenn er sie als *die* Physik bzw. *die* Naturwissenschaft darstellte. Denn damit bleibt nur offen (gewiß auch für ihn selbst), ob er die Gültigkeitsgrenzen der Mechanik, der Physik oder der Naturwissenschaft meint, aber es bleibt das Ahnen der Grenzen.

Es gibt also keine Grundlage für die Behauptung, Newton habe Gott gebraucht, um Bewegung von außen in die Welt einzuführen.

Das belegt zudem auch die Tatsache, daß er die Gravitation (und andere Kräfte) als aktives Prinzip postuliert. Die Inertialkraft bezeichnet er in Query 31 als passives Prinzip, durch das allein keine Bewegung in der Welt sei ([3], 397) und die Mannigfaltigkeit der Bewegung konstant zerfallen würde. Es sei daher notwendig, aktive Prinzipien wie Gravitation einzuführen. ([3], 399.)

„Es scheint mir ferner, daß diese Teilchen nicht nur eine *Vis inertiae* besitzen und damit den aus dieser Kraft ganz natürlich entspringenden passiven Bewegungsgesetzen unterliegen, sondern daß sie auch von bestimmten aktiven Prinzipien bewegt werden, wie es das der Gravitation ist und das, welches die Gärung verursacht und die Kohäsion der Körper. *Diese Prinzipien betrachte ich* nicht als okkulte Qualitäten, die aus der spezifischen Form der Dinge hervorgehen sollen, sondern *als allgemeine Naturgesetze, durch die die Dinge selbst gebildet werden*; ihre Wahrheit zeigt sich uns durch die Erscheinungen, auch wenn ihre Ursachen noch nicht erforscht sind.“*) ([3], 401.)

Ähnlich wie seinerzeit Epikur die Deklinationen der Atome – ihre Fähigkeit, von der geraden Linie abzuweichen – einführte, damit in seiner atomaren Welt überhaupt etwas entstehen kann, postuliert Newton die Existenz aktiver Prinzipien, die das Aufeinandereinwirken der Körper zum Ausdruck bringen.

---

*) Hervorhebung – d. V.

Daraus, daß Newton die Einführung aktiver Prinzipien für erforderlich hielt, um Physik entwickeln zu können, folgt, daß er die *Voraussetzung der Wirkungsfähigkeit der Körper für erforderlich hielt, um Physik betreiben zu können.* Query 31 beginnt mit den Worten: „Haben die kleinen Teilchen der Körper nicht bestimmte Kräfte, Fähigkeiten, Potenzen, durch die sie par distance wirken können ...? *Denn es ist gut bekannt, daß die Körper aufeinander einwirken* durch die Attraktion der Gravitation, des Magnetismus und der Elektrizität."*) ([3], 375.)

Die Gravitation als aktives Prinzip aufzufassen, war das Ergebnis von Newtons jahrzehntelanger Suche nach ihrem besseren Verständnis, nach ihrer Ursache, nach einer mechanischen Erklärung für sie. Zunächst glaubte er, im Äther die materielle Ursache der Gravitation gefunden zu haben. In einer 1675 der Royal Society übergebenen Arbeit legte er das dar, und noch drei Jahre später schrieb er an Boyle (28. 2. 1678), er *suche* noch immer im Äther die Ursache der Gravitation. Dann verwarf er diese Erklärung wieder und schrieb 1686 an Halley, es sei dies nur eine Hypothese gewesen, auf die er keinen Nachdruck lege. Ein Jahr später erschienen seine „Prinzipien", in denen er das Gravitationsgesetz

$$m\ddot{\mathbf{r}} = f\,\frac{m_1 m_2}{r^3}\,\mathbf{r}$$

formuliert und betont, daß er die Gravitation nur mathematisch erfaßt habe und nichts über ihre physikalische Ursache sage. Damit war für ihn das Problem aber noch nicht erledigt. 1693 schrieb er an Bentley: „Die Schwere muß durch irgendeinen Antrieb verursacht werden, welcher beständig und in Übereinstimmung mit bestimmten Gesetzen wirkt. Ob aber dieser Antrieb ein materieller

*) Hervorhebung – d. V.

oder immaterieller sei, habe ich der Urteilskraft meiner Leser überlassen.“ ([2], 303.)

In den zu der lateinischen Ausgabe der „Optik“ von 1706 hinzugefügten Fragen 17—23 (die englische Ausgabe von 1704 enthielt nur 16 Fragen) versuchte Newton wieder, ein Äthermodell der Gravitation zu entwickeln (Fragen 21 und 22). Diesen Versuch nahm er in der Ausgabe von 1717 insofern zurück, als er weitere Fragen hinzufügte. (1713 waren die „Prinzipien“ in 2. Auflage mit dem Vorwort von Cotes erschienen, in dem die Gravitation als *causa simplissima* hingestellt wird, für die keine mechanische Erklärung abgegeben werden könne.) Er bezweifelt in Frage 28 die Möglichkeit, eine mechanische Ursache der Gravitation finden zu können. Seine Überlegungen gipfeln in Query 31 in der Auffassung, daß die Gravitation als aktives Prinzip eingeführt werden muß.

Warum hat sich der Begründer der klassischen Mechanik so viele Gedanken um die Erklärung der Gravitation gemacht? Er ahnte wohl, mit welchen Argumenten man seiner Gravitationstheorie begegnen würde, teils waren es vielleicht seine eigenen Zweifel. Tatsächlich begann auch nach dem Erscheinen der „Prinzipien“ eine langwierige Diskussion. Der Begriff Gravitation wurde als nicht in die Mechanik gehörig betrachtet. Huygens und Leibniz waren empört über den „Rückfall in die Qualitätenphysik der Scholastik“[9]). Sie nahmen an — ebenso wie Bentley —, Newton hielte die Gravitation für eine wesentliche und inhärente Eigenschaft der Materie. Newton wehrte sich entschieden dagegen und schrieb 1692 an Bentley (2. Brief): „Sie sprechen mitunter von der Gravitation als der Materie wesentlich und inhärent. Ich bitte darum, diese Auffassung nicht mir zuzuschreiben; die Ursache der Gravitation gebe ich nicht vor zu kennen, hierfür brauchte man mehr Zeit, um sie zu berücksichtigen.“ ([2], 298.)

Der 2. Ausgabe seines Hauptwerkes fügte er im Scholium Generale hinzu: „Ich habe noch nicht dahin gelangen können, aus den Erscheinungen den Grund dieser Eigenschaften der Schwere abzuleiten, und Hypothesen erdenke ich nicht.“ ([1], 511.) Und weiter meint er in den Regeln zur Erforschung der Natur in derselben Ausgabe: „Ich behaupte aber doch nicht, daß die Schwere den Körpern wesentlich zukomme.“ ([1], 381.) Letzteres folgt für ihn aus der 3. Regel, nach der man diejenigen Eigenschaften der Körper, welche weder verstärkt noch vermindert werden können und welche allen Körpern zukommen, an denen man Versuche anstellen kann, für Eigenschaften aller Körper halten muß. So sah er die Ausdehnung, Härte, Undurchdringlichkeit, Beweglichkeit und Trägheit auch für Eigenschaften „der kleinsten Teile der Körper“ und damit für inhärente und wesentliche an, nicht aber die Gravitation. Denn sie nimmt mit der Entfernung der Massen voneinander ab; sie ist nicht die Eigenschaft eines einzelnen Körpers, sondern die Körper sind *gegeneinander* schwer. Sie konnte also nicht den Eigenschaften der kleinsten Partikel, der Atome (= primäre Eigenschaften), aus denen man die ganze Natur erklären wollte, zugerechnet werden. Sie konnte nicht als Attribut betrachtet werden, das einem individuellen Wesen zukommen kann, sondern sie erwies sich als gebunden an das Vorhandensein mehrerer Körper oder Massenpunkte, die allein dadurch, daß sie existieren, aufeinander einwirken. (Ohne das Aufeinandereinwirken der Körper kann der Begriff „Masse“ gar nicht gebildet werden.)

Das Wesen der Gravitation zu diskutieren bedeutete, um das Verständnis der *aktiven Prinzipien* der Natur zu ringen.[10]) Newton ist der späteren mechanistischen Deutung — die Gravitation als inhärente und wesentliche Eigenschaft der *einzelnen* Atome und damit als *passives Prinzip* (ähnlich der Trägheit) aufzufassen — nicht verfallen. Der tiefere Grund seines Unbehagens war ihm wohl zunächst nicht bewußt. Allein er tat das einzig Richtige. Er arbeitete das aus, was er positiv sagen konnte: *„Es genügt, daß die Schwere existiere, daß sie* *nach den von uns dargelegten Gesetzen wirke* und daß sie alle Bewegungen der Himmelskörper und des Meeres zu erklären imstande sei.“ *) ([1], 511.)

Obwohl ihm einerseits voll bewußt war, daß das, was er gefunden hatte — so auch sein Gravitationsgesetz —, nur mathematisch ausgesprochen werden konnte, sah er zugleich nicht ein, daß ein physikalisches Gesetz *prinzipiell nicht* anders formuliert werden kann. Er betonte, daß die in seiner Physik gewonnenen Erkenntnisse nicht von der mathematischen Struktur, in der sie dargestellt wurden, losgelöst werden können, und suchte eben deshalb darüber hinaus noch nach einer physikalischen Erklärung.

„Die Benennung: Anziehung, Stoß oder Hinneigung gegen den Mittelpunkt“ — schreibt NEWTON in den „Erklärungen“ seines Hauptwerkes — „nehme ich ohne Unterschied und untereinander vermischt an, indem *ich diese Kräfte nicht im physischen, sondern nur im mathematischen Sinne betrachte.* Der Leser möge daher ... nicht schließen, daß ich die Art und Weise der Wirkung oder die physischen Ursachen erklären oder auch daß ich den Mittelpunkten (welche geometrische Punkte sind) wirkliche und physische Kräfte beilege.“*) ([1], 25.) Er hob so hervor, daß es ihn hier nicht interessiere, wodurch die Anziehung bewirkt sei — ob nun durch eine Wirkung des Äthers, der Luft oder irgendeines anderen körperlichen oder unkörperlichen Mediums, das die Körper gegeneinander treibt, oder durch die Wirksamkeit mittels ausgeschickter Geister zueinander hinstrebender Körper —, da er *in diesem Werke nicht die physischen Eigenschaften der Körper betrachte, sondern „ihre mathematischen Größen und Verhältnisse.*“**) ([1], 190.) Daher konnte er sich auch entschließen, „alle physikalischen Streitigkeiten fahren zu lassen“ ([1], 167.) und die „Ma-

---

*) Hervorhebung — d. V.

**) Hervorhebung — d. V.

thematischen Prinzipien der Naturlehre" aufzuschreiben. Daß er genau wußte, was er getan hatte, damit aber unzufrieden war, weil er glaubte, Physik sei das noch nicht, sondern nur erst ihre unabdingbare Voraussetzung, zeigt der folgende Text: „In der Mathematik hat man die Größen der Kräfte und diejenigen Verhältnisse derselben zu erforschen, welche aus gewissen vorausgesetzten Bedingungen hervorgehen. Steigt man hierauf zur Physik herab, so hat man diese Verhältnisse mit den Erscheinungen zu vergleichen, um zu erfahren, welche Bedingungen der Kräfte den einzelnen Arten anziehbarer Kräfte zukommen. Hierauf kann man endlich über die Gattungen der Kräfte und über ihre physischen Ursachen und Verhältnisse streiten." ([1], 191.)

Nun stimmt es ja tatsächlich, daß die Mechanik die Bewegung materieller Körper und Systeme unter dem Einfluß von Kräften lehrt, deren Herkunft jedoch unberücksichtigt läßt. Dennoch ist sie Physik. Sie wurde es gerade dadurch, daß sie es tat. Allerdings entwickelten sich späterhin auch physikalische Disziplinen, die sich gerade dadurch unterschieden, daß sie die *verschiedenartig bedingten* Kräfte untersuchten und insofern in gewisser Weise ihre Herkunft berücksichtigten.

Sind diese Disziplinen das, was NEWTON vorschwebte? Die Notwendigkeit, physikalische Naturgesetze als mathematische Größengleichungen zu formulieren, haben sie nicht aufgehoben. Es ist nicht eindeutig bestimmt, was NEWTON störte. Ahnte er, daß die klassische Mechanik[11]) einmal im Rahmen der Gesamtphysik die Protophysik sein würde, das heißt, ahnte er, in welcher Weise die Physik weiter ausgebaut werden würde? Oder war das, was er als Aufgabe der Physik sah, Illusion, beruhend auf dem Unverständnis seiner eigenen Tat? Er hatte die Physik begründet, die sich nunmehr natürlich *grundsätzlich* von der vorherigen „Physik" oder Naturphilosophie unterschied. War er sich dessen voll bewußt? Zweifellos hat er sich im Laufe seines Lebens diesem Bewußtsein genähert.

Die Veränderung seiner Auffassung vom Charakter physikalischer Gesetze, von der physikalischen Bedeutung mathematisch formulierter Naturgesetze war eng mit der Entwicklung seiner Ansicht über die „Ursache“ der Gravitation verbunden. Physikalisch erklären, bedeutete für ihn zunächst, die Erscheinungen auf die Eigenschaften einzelner (isoliert gedachter) Körper oder Atome inhärenter und wesentlicher Eigenschaften (der Materie) zurückzuführen. Da die Gravitation nicht als eine solche Eigenschaft aufgefaßt werden konnte, meinte NEWTON, der im Gravitationsgesetz fixierte Zusammenhang sei nur mathematischer Natur und bedürfe noch einer physikalischen Begründung. Indem er schließlich die Gravitation als aktives Prinzip bestimmte (im Gegensatz zum passiven Prinzip Trägheit), das keine okkulte Eigenschaft ist, sondern Naturgesetz, das die Dinge selbst formt, erhielt sie physikalische Realität. (Vgl. Zitat auf S. 31, [3] 401.) Das Gravitationsgesetz *ist* die Fixierung bestimmter Wirkungen zwischen Naturkörpern.

Die durch die aktiven Prinzipien (wie die Gravitation) bestimmten Eigenschaften sind als der Materie inhärent zu bezeichnen, wenn man nicht wie NEWTON unter Materie nur die einzelnen Atome mit ihren passiven Eigenschaften versteht, sondern auch die Wechselwirkung zwischen den Atomen und Körpern in den Materiebegriff mit einbezieht. De facto hat NEWTON auch in seiner Physik die Wechselwirkung einbezogen, aber er sprach dann nicht von „Materie“, sondern von „Natur“. Berücksichtigt man diesen NEWTONschen Wortgebrauch nicht, identifiziert man Natur und Materie, und übernimmt dennoch NEWTONS Formulierung, daß die Gravitation keine der Materie inhärente und wesentliche Eigenschaft ist, so trennt man die aktiven Prinzipien von der Materie und so Bewegung und Materie (oder unterstellt doch zumindest dem Begründer der klassischen Mechanik eine solche Trennung). Behauptet man hingegen die Materieinhärenz der Gravitation, ohne zu begreifen, daß dies mit einer veränderten Materiekonzeption verknüpft ist, so mißdeutet man die Mechanik mechanistisch, so schreibt man den isolierten, den einzelnen Atomen, Körpern Eigenschaften zu, die sie doch *nur in Beziehung aufeinander* haben können. Somit wird die Bewegung etwas Mystisches (man weiß nicht, woher sie kommt). Zugleich wird die mathematische Erfassung der Gravitation (oder anderer aktiver Prinzipien) unwichtig, der in ihr fixierte Zusammenhang wird als den einzelnen Körpern an sich eigen angesehen. Die Begriffe der Mechanik werden aus ihrer mathematischen Struktur, in der allein sie eine bestimmte *Bedeutung* haben, losgelöst und so behandelt, als hätten sie diese unabhängig davon.

Newton hingegen war sich — wie wir sahen — der Spezifik physikalischer Erkenntnis voll bewußt. So sehr es ihn störte, gestand er sich ein, daß die in der Mechanik mathematisch formulierten Gesetze schon physikalische Erklärungen sind. Newtons Bedauern, das Gravitationsgesetz nur in mathematischer Form gefunden, nicht aber das Wesen der Gravitation verstanden zu haben, ist auch das Bedauern, nicht alle die Naturphilosophie betreffenden Fragen im Rahmen der Physik lösen zu können. Er hat so auf alle Fälle zwischen Physik und Philosophie unterscheiden müssen. Und das ist de facto antimechanizistisch.

Seine immer wieder auftretende Unzufriedenheit mit der Eigenart der Physik resultiert zum einen aus dem Unbehagen an einer spezifischen Form physikalischer Theorien,[12]) zum anderen daraus, daß rein physikalische Erklärung zu keinem vollständigen (unmittelbar schon philosophischen) Verständnis der Natur führt.[13])

Da Newton die erste geschlossene physikalische Theorie geschaffen hatte, konnte er nicht wissen, liegt das an *seiner* Physik oder an seiner ***Physik***. Er sah nur, daß seine Mechanik nicht die ganze Natur erklären konnte. Den Ausweg suchte er in Hypothesen oder, wenn diese nicht zum Ziel führten, in Gott. Dieser kompensiert sowohl Grenzen der Newtonschen physikalischen Theorie als auch Grenzen der Physik überhaupt. Was jeweils zutrifft, ist unbestimmt, aus genanntem Grunde. *Aber nie — abgesehen von seinen theologischen Schriften — führt er Gott ein, wo nicht ein ernsthaftes physikalisches Problem vorliegt.* Gott wird zur physikbegrenzenden Bedingung. Wenn NEWTON „Gott“ sagt (und meist sagt er das gar nicht so bestimmt, sondern formuliert als Ausweg: „ein körperliches oder unkörperliches Medium“, „eine zusätzliche Macht, sei sie nun natürlicher oder übernatürlicher Natur“), so heißt das: Hier liegen die Grenzen meiner physikalischen Theorie, meiner Mechanik. Daß er das aber nicht so ausdrückt, sondern Gott zum Helfer aus der Not macht, beweist zugleich, daß er die Mechanik nicht in jeder Hinsicht als Theorie und in ihrer physikalischen Spezifik erkannte. Seine Äußerungen über die Grenzen der Mechanik[14]) sind jedoch zweifellos antimechanizistisch, antimechanizistisch mit einer für NEWTON typischen theologischen, antiatheistischen Färbung.

Die Färbung ist ernst zu nehmen, aber über sie nicht die ametaphysisch-materialistische Haltung zu vergessen. Nicht der Theologe und nicht der Mechanizist NEWTON (der er nicht war) begründete die Physik, sondern jener NEWTON, der die Einheit, die Harmonie und Gesetzmäßigkeit der Natur, ihre Selbstbewegung voraussetze. „*Nature is very consonant and conformable to her self.*“ ([3], 376.) Bei all seinen Überlegungen, namentlich auch, wenn er nach Erklärungen noch nicht verstandener Phänomene suchte, ging er davon aus, daß die Natur einheitlich und innerlich bewegt ist. Er begründete das atomistisch, wodurch er zugleich eine Basis für die Existenz objektiver Naturgesetze fand. „All dies bedenkend, scheint es mir wahrscheinlich zu sein, daß Gott am Anfang die Materie in soliden, massiven, harten, undurchdringlichen, beweglichen Teilchen von solcher Größe und Gestalt und mit solchen weiteren Eigenschaften und in solchem Verhältnis zum Raume erschuf, wie sie am besten dem Zweck entsprachen, für den er sie geschaffen hatte; ... Solange die Teilchen bestehen bleiben, können sich aus ihnen Körper ein und derselben Natur und Struktur zu allen Zeiten zusammensetzen ... Damit also die Natur beständig ist, können die Veränderungen der körperlichen Dinge nur in verschiedenen Trennungen und neuen Vereinigungen und Bewegungen dieser beständigen Teilchen bestehen; ... Es scheint mir ferner, daß diese Teilchen nicht nur eine *Vis inertiae* besitzen, ... sondern daß sie auch von bestimmten aktiven Prinzipien bewegt werden. ... Diese Prinzipien betrachte ich ... als allgemeine Naturgesetze, durch die die Dinge selbst gebildet werden ..." ([3], 400.)

Damit die Welt werden konnte, wie sie ist, muß die Existenz von Atomen mit ganz bestimmten Eigenschaften angenommen werden. Sie sind theoretische Voraussetzung der physikalischen Theorie. Ihre Unveränderlichkeit ermöglicht, daß es in der Natur Wiederholbares und damit Gesetzmäßiges gibt. Daß sie allen Erscheinungen, wie verschieden diese auch seien, zugrunde liegen, garantiert die Einheit der Natur. Da die unveränderlichen Eigenschaften der Atome auch deren Aktivität einschließen, ist die Bewegung inhärente Eigenschaft der Natur, bilden sich die Naturdinge, indem sie aufeinander einwirken.

Es ist gewiß nicht gleichgültig, ob man Gott die Atome schaffen oder den erkennenden Menschen die Voraussetzungen seiner Theorie bestimmen läßt, aber man kann auch nicht übersehen, daß Gott eine Rolle zugedacht wurde, *die Physik als theoretische Naturwissenschaft ermöglichte.*

Newton hat also die klassische Mechanik nicht mechanistisch begründet.

III. Die Uminterpretation der Mechanik – durch Voltaire

„Mein Schicksal hat es gewollt" – so schrieb der große französische Aufklärer Voltaire – „daß ich als erster *meinen Mitbürgern die Entdeckungen des großen Newton erklären durfte.* Ich bin der Apostel und Märtyrer der Engländer gewesen."*) ([14], 260.) Und an anderer Stelle: „Die Entdeckungen des Ritters Newton betreffen das Lehrgebäude der Welt, das Licht, das Unendliche in der Erdmeßkunst und endlich die Zeitrechnungskunst, mit welcher er sich nur belustigte, wenn er sich von seinen ernsthaften Geschäften wieder erholen wollte. Ich will ... das wenige, welches ich von allen diesen hohen Begriffen habe erhaschen können, hierher setzen." ([5], 230.)[15]) So beginnt der 15. seiner englischen Briefe, der Brief „Von der Attraktion".

Voltaire hat das Newtonsche Gedankengut nach Frankreich gebracht und dort verbreitet. Zwar war Maupertuis der erste, der sich hier offen als Newtonianer bekannte, und haben später zum Beispiel d'Alembert, Clairault, Lagrange und Laplace die klassische Mechanik weiterentwickelt, doch Voltaire war ihr eigentlicher Popularisator. Indem er die Erkenntnisse Newtons seinen Mitbürgern erklärte, modifizierte er sie im Interesse der Aufklärung. Durch ihn erhielt die klassische Mechanik eine betont antikuriale Interpretation. Voltaire leistete damit Entscheidendes zur ideologischen Vorbereitung der Französischen Revolution, zur Begründung des Ausschließlichkeitsanspruches der Vernunft, für die es erforderlich war, die Grundfrage der klassischen bürgerlichen Philosophie zu beantworten, nämlich zu zeigen, wie es möglich ist, daß die ganze Natur und die Gesellschaft rational, das heißt durch die Vernunft mittels Kenntnis unausweichlicher Gesetze, erfaßt werden könnten. In seiner englischen Form wäre Newton für Frankreich nicht annehmbar gewesen und hätte nicht die bedeutende Rolle für das Weltbild der aufstrebenden Bourgeoisie spielen können, wie sie ihm tatsächlich zugekommen ist. Die Voltairesche Interpretation der Newtonschen Physik war zu dieser Zeit die einzige Möglichkeit, um die Mechanik zum Ausgangspunkt eines materialistischen Weltbildes werden zu lassen.

---

*) Hervorhebung — d. V.

Voltaire hat mehr als ein anderer zum Sturz des Cartesianismus in Frankreich beigetragen. „Er gestattete es sich aber auch, Descartes und Leibniz anzugreifen, und dazu gehörte Mut zu einer Zeit als Frankreich cartesisch war, als die Ideen von Leibniz in Deutschland und im Norden herrschten.“*) Seine 1732 in englischer und 1734 in französischer Sprache veröffentlichten „Englischen Briefe“ und die 1735 verfaßten „Elemente der Philosophie Newtons“ (deren Druck in Frankreich verboten war), gaben eine bislang nirgendwo anders zu findende Übersicht über die wichtigsten Entdeckungen Newtons. Da diese nicht nur den Laien, sondern den meisten Physikern unbekannt waren — selbst dann, wenn sie Newtons Lehre bekämpften —, kam dieser Tat große Bedeutung zu. Voltaire selber war sich dessen — ebenso wie seine Zeitgenossen**) — durchaus bewußt, nicht aber der Tatsache, daß er die Mechanik nicht in der Form verbreitete, in der Newton sie begründet hatte. Daß dies aber so war und nicht anders sein konnte, soll nunmehr gezeigt werden.

Voltaire war von den wissenschaftlichen Erkenntnissen seiner Zeit begeistert: „Die Philosophen des letzten Jahrhunderts haben ein ganz neues Weltgebäude entdeckt, und diese neue Welt war desto schwerer zu erkennen, je weniger man vorher ihr Dasein gemutmaßet. Den Gescheitesten kam dies schon als eine sinnlose Verwegenheit für, daß man sich auch nur in die Gedanken kommen lassen dürfe zu erraten, durch welche Gesetze die himmlischen Körper sich bewegen und wie das Licht wirke.“ ([5], 252.)

Newton hat sich nicht nur diese Fragen in die Gedanken kommen lassen, sondern auch eine Antwort auf sie gefunden. Er löste viele Probleme, die die Menschen da-

*) Vorwort des Herausgebers zu Voltaires „Elementen der Philosophie Newtons“ ([6], 12).

**) Vgl. z. B. das Vorwort des Herausgebers der „Elemente der Philosophie Newtons“, a. a. O.

mals bewegten: Was ist die Ursache für den Lauf der Planeten und Kometen, und was hält sie auf ihrer Bahn? Warum fallen alle Körper auf die Erde? Wie entstehen Ebbe und Flut? NEWTON beantwortete diese und viele andere Fragen, und er tat dies nach VOLTAIRE mit einem einzigen Prinzip: „*Sehet, also ist die Attraktion die große Triebfeder, welche alles in der Natur beweget.*"*) ([5], 246.) „Sein einziges Principium von den Gesetzen der Gravitation gibt von allen scheinbaren Ungleichheiten in dem Lauf der Himmelskugeln einen Grund an." ([5], 241.) NEWTON „*hat ein neues Prinzip entdeckt und bewiesen, das alle Bewegungen in der Natur bestimmt.*"*) ([7], 180.)

VOLTAIRE sah also in NEWTONS Gravitationsgesetz ein die ganze Welt erklärendes Prinzip. Die Art von Weltgesetz, das er hiermit für erwiesen bzw. postuliert hielt, bedingt absolute Notwendigkeit und einen Gesetzgeber. In seinem „Philosophischen Wörterbuch" schreibt er unter dem Stichwort „Willensfreiheit", daß *alles ewigen Gesetzen unterliegt*. Denn „soll vielleicht alles vor sich gehen, wie es der blinden Laune beliebt? Entweder ergibt sich alles aus dem notwendigen Wesen der Dinge oder aus der ewigen Ordnung, die ein absoluter Geist gestiftet hat. In dem einen und dem anderen Falle *sind wir nur Räder in der Weltmaschine.*"*) ([7], 212.) VOLTAIRE bezieht also das alles erklärende Prinzip nicht nur auf die Natur, sondern auch auf den Menschen. Er findet in dem vermeintlichen universellen Naturgesetz geradezu die Rechtfertigung dafür, daß es keine Freiheit des Willens gibt. „*Jedes Wesen, jede Art des Seins hängt notwendigerweise von dem Weltgesetz ab.* Es ist lächerlich, sagt man, und unmöglich, daß der Mensch sich etwas geben kann, wenn die Menge der Gestirne sich nichts gibt. Wie sollen wir absolute Herren unserer Handlungen und unseres Willens sein, wenn das Universum Sklave ist? Alle unsere Verluste, alle unsere Gefühle, alle unsere Gedanken

---

*) Hervorhebung – d. V.

sind absolut notwendige Dinge."*) ([11].) Das Weltgesetz verstand VOLTAIRE offensichtlich als universellen Mechanismus, dem alles Geschehen sklavisch unterworfen ist. „Alles ist Feder, Hebel und Rolle, hydraulische Maschine, chemisches Laboratorium vom Grashalm bis zur Eiche, vom Floh bis zum Menschen, vom Sandkorn bis zu unseren Wolken." ([9], 428.) Nun könnte man meinen, dieser Ausspruch sei nicht ernst zu nehmen, sondern der berühmten VOLTAIREschen Spottlust zuzuschreiben. Doch er spricht auch in seinen Darlegungen der NEWTONschen Lehre, in denen er sich diese Lieblingsbeschäftigung verbot, von den „Rädern, die den Mechanismus des Universums drehen" und „immer die gleichen sind." ([6], 50.) Er sieht also die Welt als Maschine, die nach einem vorgeschriebenen Gesetz funktioniert, von dem es keine Ausnahme gibt. (Es gibt keinen Zufall.) Die universelle Gesetzmäßigkeit — da universeller Mechanismus — wird identisch mit der göttlichen Vorsehung.[16]) VOLTAIRE braucht einen Gott, der das Weltgesetz erlassen und als Meister nach diesen Regeln gebaut hat.[17]) Das ergibt sich — wie sich zeigen wird — aus seinem Physikverständnis, und es liegt in seinem Interesse. Daher rügt er DESCARTES, dessen Maschine ihm „zu gesetzmäßig" abläuft. Denn sobald man zu sagen wagt — schreibt VOLTAIRE in den „Elementen der Philosophie Newtons": „Gebet mir Bewegung und Materie, und ich mache eine Welt," scheinen die Ideen, daß die Welt unendlich ist und die Bewegung immer die gleiche Größe hat, durch zu gesetzmäßige Folgen die Idee von einem einzigen unendlichen Wesen, dem einzigen Schöpfer der Bewegung, dem einzigen Schöpfer der Ordnung der Substanzen, auszuschließen. ([6], 27.) Damit VOLTAIRES Weltmaschine funktioniert, benötigt sie einen Motor — Gott. Ohne ihn könnte die Materie nicht geordnet und belebt sein. ([6], 36.) Denn *„wie könnte die Materie die Bewegung aus sich selbst heraus haben?* Ebenso wie

*) Hervorhebung — d. V.

sie nach der Ansicht der Alten Ausdehnung und Undurchdringlichkeit aus sich heraus selbst hat."*) ([7], 177.) *Eine unkörperliche Ursache muß sie erzeugt haben.**) ([6], 75.)

Dies alles glaubte VOLTAIRE aus NEWTONS Mechanik herauslesen zu können. Diesem Mißverständnis unterlag er, da er vernachlässigte, weshalb NEWTON um das Verständnis der Gravitation und des Charakters physikalischer Gesetze zeitlebens gerungen hat.

Obwohl VOLTAIRE die „Prinzipien" NEWTONS und die Fragen zur „Optik" kannte — in der „Philosophie Newtons "bezieht er sich ausdrücklich auf dieselben —, ist es ihm offenbar so ergangen, wie es NEWTON für Leser befürchtet hatte, die „die vorausgesetzten Prinzipienn nicht hinreichend eingesehen haben". Die Bemerkungen VOLTAIRES zeigen, daß er die Bedeutung der drei NEWTONschen Bewegungsaxiome und damit auch der NEWTONschen Bewegungsgleichungen

$$m_1 \ddot{\boldsymbol{r}} = -m_2 \ddot{\boldsymbol{r}} = f \frac{m_1 \cdot m_2}{r^3} \boldsymbol{r}_{12} \qquad (1)$$

nicht berücksichtigt. Für ihn hat der Begriff Kraft vor allem eine unmittelbar sinnliche Bedeutung. Kraft ist für ihn alles, was eine (bestimmte) Bewegung hervorbringt.[18]) Von ihrer physikalischen Definition im Rahmen einer mathematisch formulierten Theorie wie der Mechanik sieht er ab. Da, wo VOLTAIRE die Kraft zu definieren versucht, kommt er nicht auf den Kraftbegriff $m\ddot{\boldsymbol{r}} = \boldsymbol{F}$ der NEWTONschen Theorie, sondern läßt sich vom Wortgebrauch LEIBNIZ'[19]) und DESCARTES' irreleiten und hält daher den LEIBNIZschen Ausdruck $m\dot{\boldsymbol{r}}^2$ oder den DESCARTESschen $m\dot{\boldsymbol{r}}$ für den grundlegenden Kraftbegriff der Mechanik. ([6], 75ff.) Anstelle einer Diskussion der die gravitative Wechselwirkung bestimmenden Glei-

---

*) Hervorhebung — d. V.

chungen (1) findet man dementsprechend Beschreibungen der Tatsache, daß die Gravitationskraft durch die Massen und deren Abstand bestimmt wird, also eine Erläuterung der Kraft

$$\boldsymbol{F} = f \frac{m_1 m_2}{r^3} \boldsymbol{r},$$

das heißt lediglich der rechten Seite der Gleichungen (1).

Daß VOLTAIRE von den Grundgesetzen der Mechanik und damit von den Gravitationsgleichungen (1) abstrahiert, zeigt sich vor allem da, wo er versucht, die Bewegung der Planeten abzuleiten. Er geht dabei so vor, daß er zunächst an die NEWTONsche Erkenntnis erinnert, daß der freie Fall und die Planetenbewegung dieselbe Ursache haben. Ausgehend vom Fallgesetz

$$s = \frac{g}{2} t^2$$

(die durchfallene Wegstrecke s ist dem Quadrat der Fallzeit proportional) als empirischer Erfahrung und vom NEWTONschen Kraftausdruck für die Gravitation

$$\boldsymbol{F} = f \frac{m_1 m_2}{r^3} \boldsymbol{r}$$

(den VOLTAIRE ebenfalls aus Erfahrung gewonnen glaubt), versucht er, durch Kombination beider die Bahn der Planeten zu erhalten. ([6], 235ff.) Dabei berücksichtigt VOLTAIRE nicht, daß das Fallgesetz eine spezielle Lösung der Gleichungen (1) für den Fall einer geradlinigen Bewegung konstanter Beschleunigung ist, während die Planetenbewegung sich gerade als ein anderer Spezialfall dieser Gleichungen ergibt, man den Zusammenhang zwischen Fallgesetz und Plantenbewegung nur über die NEWTONschen Bewegungsgleichungen (1) erhält.

Da VOLTAIRE die Bedeutung der mechanischen Grundgesetze vernachlässigt, kann er auch keinen Platz für andere Kräfte als die gravitativen finden. Jede weitere Kraft wäre ja nicht wie für NEWTON nur auf der rechten Seite der Gleichungen

$$m\ddot{\boldsymbol{r}} = \boldsymbol{F}$$

einzusetzen gewesen, sondern hätte die Einführung eines neuen Prinzips erfordert und damit seine Absicht, die Welt aus einem Prinzip heraus zu erklären, zunichte gemacht. Von VOLTAIRES Standpunkt ist es zudem unvorstellbar, wie man zu weiteren Kraftausdrücken gelangen könnte, da die Physik als etwas Vorhandenes genommen und nicht nach ihrer Entstehungs- und Arbeitsweise gefragt wird. Unterläßt man das aber, so kann man natürlich nicht wirklich Physik betreiben. Doch auch nicht Philosophie, denn um die Erkenntnisse einer physikalischen Disziplin philosophisch zu verarbeiten, muß man wissen, auf welchem Wege und unter welchen Voraussetzungen sie gewonnen wurden.

Es ist daher so, daß selbst dann, wenn VOLTAIRE Äußerungen NEWTONS fast wörtlich wiederholt, sie bei ihm nicht unbedingt dasselbe bedeuten, denn NEWTON schuf die mathematische Sprache der Mechanik und wußte, daß es für sie keine adäquate nichtmathematische Übersetzung gibt. Bleiben die Grundgesetze der Mechanik unverstanden, so ist nicht zu erkennen, warum NEWTON das Problem, inwiefern eine mathematische Größengleichung Ausdruck eines physikalischen Naturgesetzes sein kann, immer wieder bewog, über das Wesen der Gravitation nachzudenken. Für VOLTAIRE konnte die Eigenschaft der Körper, Gravitation zu besitzen, nicht über die Bewegungsgleichungen definiert, mithin der physikalische Dynamismus der klassischen Mechanik nicht zugänglich sein. Die Gravitation war ihm nur als inhärente, wesentliche Eigenschaft der Körper verständlich, eine Meinung, gegen die NEWTON sich aus der Kenntnis seiner Physik heraus auch sträuben mußte, bevor er die Gravitation als aktives Prinzip auffaßte.

Voltaire waren die Bedenken Newtons wohlbekannt, und er zitierte sie auch in seinen Schriften, jedoch in einer Weise, daß damit im Gegensatz zu Newton gerade die Inhärenz der Gravitation behauptet wird. So meinte Voltaire, Newton hätte zum Beispiel gesagt: Ich bediene „mich des Wortes Attraktion nur, um die Wirkung auszudrücken, welche ich in der Welt entdeckt habe, eine Wirkung, welche eine gewisse und unstreitige Wirkung einer unbekannten Ursache, *eine der Materie anklebende Eigenschaft* (*qualitas inhaerens*) ist, deren Grund geschicktere Leute als ich finden werden, wenn sie können.“ *) ([5], 247.) Und: „Sehet, also ist die Attraktion die große Triebfeder, welche alles in der Natur beweget. Als Herr Newton die Wirklichkeit dieses Grundsatzes bewiesen hatte, sahe er wohl vorher, daß man sich bloß wider die Benennung desselben auflehnen würde. Er gibt seinen Lesern mehr als an einem Ort seines Buches eine Erinnerung wegen des Namens. Er warnet sie, daß sie solchen nicht mit den verborgenen Beschaffenheiten der Alten vermengen und *sich begnügen lassen sollten*, daß sie wüßten, *wie in einem jeden Körper eine Zentralkraft befindlich*, welche nach den unveränderlichen Gesetzen der Mechanik von dem einen Ende des Weltgebäudes bis zu dem andern gegen die nächsten und gegen die entferntesten Körper wirke.“*) ([5], 246.)

Indem Voltaire die Gravitation als eine *in* einem jeden Körper befindliche Zentralkraft auffaßt, schließt er die Fähigkeit der Körper, wechselwirken zu können, aus; er hält es für unwesentlich, daß die Körper nur *gegeneinander* schwer sind (letzteres wird von Newton jedoch stets betont). Für ihn gehört daher zu jedem gravitierenden Körper ein Mittelpunkt, zu dem dieser hinstrebt. Da geometrische Punkte aber keine physikalische Wirkung ausüben können, muß Voltaire Gott als bewegende Ursache einführen. „Wenn die Mate-

*) Hervorhebung – d. V.

rie nach einem Punkte hinstrebt, wie das bewiesen ist, scheint sie doch nicht von sich aus zu gravitieren, so wie sie von Natur aus ausgedehnt ist. Sie hat also die Schwerkraft von Gott erhalten.“ ([6], 26.) „Er hat allen Körpern ein Gesetz aufgegeben, nach dem sie alle gleichermaßen zu ihrem Mittelpunkte streben.“ ([6], 76.) Voltaire trennt also Materie und Bewegung, die Materie erhält ihre Bewegung von außen.

Mit dieser Bewegungskonzeption glaubt Voltaire, sich auf Newton berufen zu können, und folglich auch mit der Rolle, die er Gott zuordnet. In den „Elementen der Philosophie Newtons“ behauptet er: „Die gesamte Newtonsche Philosophie führt notwendigerweise zu der Erkenntnis von einem höchsten Wesen, das alles geschaffen, alles frei geordnet hat. Denn wenn die Welt endlich ist, wenn es leeren Raum gibt, ist die Materie also nicht notwendigerweise vorhanden. Sie verdankt ihre Existenz also einer freien Ursache ... Sie hat ... die Schwerkraft von Gott erhalten. Wenn sich die Planeten in einer bestimmten Richtung und nicht in einer anderen in einem keine Widerstände entgegenstellenden Raum drehen, hat also die Hand ihres Schöpfers ihren Lauf mit absoluter Freiheit in diese Richtung gelenkt.“ ([6], 26.)

Voltaire berücksichtigt dabei nicht, daß Newtons Gründe, Gott einzuführen, in erster Linie den Grenzen seiner physikalischen Theorie und der Physik überhaupt entsprangen. Voltaire sucht nach einer vollständigen Erklärung der Welt und glaubt, sie in der Newton-Mechanik gefunden zu haben. Er identifiziert klassische Mechanik und Wirklichkeit, und daher ist für ihn das Problem von Gültigkeitsgrenzen einer Theorie gegenstandslos. Er ist zu wenig Physiker, um beim Lösen physikalischer Aufgaben auf diese Grenzen zu stoßen, zu wenig analysierender Philosoph, um sie aus erkenntnistheoretischer Sicht für unabdingbar zu halten.

Und so hat Gott bei Voltaire auch andere Aufgaben als bei Newton, bei dem er den Weltplan entwirft, die

Anfangsbedingungen des Universums setzt und immer wieder korrigierend in den Lauf der Welt eingreifen muß. Der Newtonsche Gott muß die Himmelskörper in ihre Bahnen lenken, weil die physikalischen Gesetze nicht auch die Anfangsbedingungen der physikalischen Prozesse jeweils schon mit angeben. Er muß die Weltuhr hin und wieder aufziehen, weil die physikalische Theorie Gültigkeitsgrenzen hat. Gott muß als vermittelndes Agens auftreten, weil das physikalische Gesetz nur angibt, wie die in ihm enthaltenen Größen funktional zusammenhängen, nicht aber ein Ursache-Wirkungs-Verhältnis beschreibt.

Bei Voltaire muß Gott nach dem von ihm vorgegebenen Gesetz ständig Bewegung in die Welt bringen, also das vollbringen, was die Newtonsche Physik als Leistung der Natur selbst nachweist. (Wie wir sahen, kann Voltaire z. B. die Gravitation prinzipiell nicht als aktives Prinzip auffassen.) Was die Mechanik *wirklich* nicht leistet, sieht Voltaire nicht. Darum bedarf es bei ihm keines korrigierend eingreifenden Gottes, und darum erhält er das Universum als Maschine, angetrieben durch den Motor Gott.

Voltaire nimmt lieber ein katastrophales Ende der Welt in Kauf, als daß er von dieser Vorstellung abgeht. In Kapitel VI der „Elemente der Philosophie Newtons“ setzt er sich mit dem Einwand Leibniz' auseinander, daß Newtons Physik zu Instabilitäten und schließlich zum Zusammenbruch des Universums führt. Voltaire gibt zu, daß die Weltmaschine nicht ewig bestehen könne, verzichtet aber darauf, dies durch äußere Eingriffe verhindern zu lassen, da es keine Ausnahme vom Weltgesetz geben dürfe. Er tut die Newton bekannten Schwierigkeiten mit der Clarkeschen Bemerkung ab: „Aber wenn Gott sie nur geformt hat, damit sie eine gewisse Zeit bestehe, besteht ihre Vollkommenheit also darin, nur bis zu dem für ihre Auflösung festgelegten Zeitpunkt zu bestehen.“ ([6], 51.)

Voltaire braucht Gott nicht als physikbegrenzende

Bedingung, aber die Physik als Bedingung für den Nachweis Gottes. Gott kompensiert bei NEWTON die Grenzen seiner physikalischen Theorie, bei VOLTAIRE die Grenzen seiner philosophischen Konzeption.

Da VOLTAIRE aus seinem Physikverständnis heraus — im Gegensatz zu NEWTON — zu keinem aktiven Gott kommt, ihn aber zur Aufrechterhaltung der Moral, als Zuchtrute, braucht, ordnet er Gott auch Aufgaben zu, die mit seiner mechanistischen Konzeption nicht in Einklang stehen. Gott muß strafen und verzeihen. Denn „es ist nichts Gutes im Atheismus. Dieses System ist schlecht in der Physik (damit war die alte Naturphilosophie gemeint — d. V.) und in der Moral ... er leistet dem Menschengeschlecht einen Dienst, wenn er die humanen Grundsätze der Toleranz verbreitet. Aber welchen Dienst kann er ihm leisten, wenn er den Atheismus verbreitet? Werden die Menschen tugendhafter, wenn sie einen Gott, der die Tugend befiehlt, nicht mehr anerkennen? Zweifellos nicht. Ich will, daß die Fürsten und die Minister einen solchen anerkennen und sogar einen Gott, der straft und der verzeiht. Ohne diese Zügel werde ich sie als wilde Tiere ansehen."([12].)

Es zeigt sich hier, daß es nicht möglich ist, vom mechanizistischen Standpunkt aus eine völlig konsistente Weltanschauung zu konstruieren, so sehr sich VOLTAIRE auch darum bemüht. Es muß für ihn außer der Naturphilosophie, die er mit der Physik identifiziert, noch eine Lebens- und Moralphilosophie geben, die mit der Physik, mit der Naturphilosophie, nichts zu tun haben soll. „Die Physik ist für die Lebensführung so bedeutungslos, daß die Philosophen ihrer gar nicht bedurften." ([7], 183.) Gott sei — so schreibt er in seinem „Philosophischen Wörterbuch" — in jedem Fall der Menschen unumschränkter Herr, sie müßten in jedem Fall tugendhaft sein, ob sie nun daran glaubten, daß die Welt ein Chaos und die Bewegung der Materie immanent sei, oder an die Ordnung des Alls, entstanden durch geregelte Bewegung, die der Herr der Welt allen Körpern mitgeteilt hat. Fast keine solcher Fragen habe Einfluß auf das Verhalten der Menschen im Leben. ([7], 177–179.)

Voltaire befindet sich hier deutlich im Gegensatz zu Newton, für den es sehr wohl einen Zusammenhang zwischen Physik und Moralphilosophie gibt. Zum Ausklang der Frage 31 schreibt er, nachdem er geschildert hat, wie der analytische Weg von den Wirkungen zu den Ursachen bis hin zur allgemeinsten Ursache führt: „Und wenn die Naturphilosophie in all ihren Teilen, indem sie diese Methode verfolgt, im Laufe der Zeit vervollkommnet wird, werden sich auch die Grenzen der Moralphilosophie erweitern, denn soweit wir durch die Naturphilosophie wissen können, was die erste Ursache ist, welche Macht sie über uns hat und welche Wohltaten wir von ihr empfangen, soweit wird uns unsere Pflicht ihr gegenüber sowie auch uns gegenüber durch das Licht der Natur erscheinen.“ ([3], 405.) Für beide, für Voltaire wie für Newton, ist ihre Auffassung jeweils konsequent. Newton zeigt den Weg der Erkenntnis bis zur ersten Ursache, die der Mensch zwar nie voll erfassen kann, der er aber durch seine Physik immer näher kommt. Und Newton braucht – wie gezeigt – Gott als physikalische Bedingung. Es ist dann nur die andere, die theologische Seite der Medaille, daß durch das Studium der Natur mit Hilfe der (Newtonschen) Physik offenbar wird, welche Rolle Gott für die Welt spielt. Die Mechanik zeigt – in der Auffassung ihres Begründers – die Notwendigkeit göttlicher Eingriffe in den Weltenlauf. Warum sollte er dann nicht auch in das menschliche Leben eingreifen können?

Voltaire konnte einen solchen Gott nicht gebrauchen. Die Aufklärer wollten ja gerade im Kampf gegen Klerus und Absolutismus den berechtigten Anspruch der Vernunft ins Feld führen. Es mußte also nachgewiesen werden, daß jeder Mensch (jeder, denn jeder ist mit Vernunft begabt) die Welt rational erfassen kann, da alles unausweichlichen Gesetzen unterworfen ist. Eine fatalistische Weltsicht wäre aber mit der notwendigen Aktivität des

Bürgers, der die politische Macht seiner Klasse erobern wollte, nicht vereinbar gewesen. Freiheit war ja eine der drei großen Parolen der aufstrebenden Bourgeoisie; VOLTAIRE behauptet daher, daß die Freiheit des Menschen mit der universellen Herrschaft unausweichlicher Gesetze durchaus vereinbar sei. (Vgl. [7], 209, 213; [6], 38–51.) Der Mensch kann tun, was er will, aber er kann nicht wollen, was er will. Seine Handlungen sind strikt durch seine Gedanken determiniert; aber warum ihm in jenem Moment und jener Situation gerade dieser Gedanke in den Kopf kommt, liegt nicht in seiner Hand, sondern ist durch die Vorsehung bestimmt, die für den Menschen unergründlich ist. „Alle unsere Ideen nun erleiden wir, also erleiden wir auch unser Wollen, also wollen wir notwendigerweise. *Freiheit* hat mit dem Willen nichts zu tun." ([7], 210.) „Freiheit ist also nur das Vermögen, etwas zu tun, was man will." ([7], 213.) Der Glaube an einen strafenden und verzeihenden Gott sollte die Menschen bewegen, stets ihrer Vernunft gemäß zu handeln. In dieser Weise vereint VOLTAIRE Gott als Zuchtrute mit seinem mechanistischen Determinismus. Seine Konzeption von Gott und Physik bot die Möglichkeit, den Ausschließlichkeitsanspruch der Vernunft – und damit den Herrschaftsanspruch der Bourgeoisie – zu begründen, ohne Gott aus der Welt zu entfernen.

Daß die zweigeteilte Funktion, die VOLTAIRE Gott zuordnet, für seine Weltanschauung konsequent ist, liegt daran, daß er zwischen Philosophie und Physik einen scharfen Trennungsstrich zieht, der schon in dem, was er unter Physik versteht, zum Ausdruck kommt. „*Die Metaphysik hat mit der Mathematik nichts zu tun.*"*) ([7], 215.) Hierbei steht „Metaphysik" für „Philosophie" und „Mathematik" für „Physik", denn VOLTAIRE unterscheidet nicht zwischen Mathematik und Physik. Für ihn sind naturphilosophische physikalische und diese dasselbe wie mathematische Fragen. Die Nichtbeach-

*) Hervorhebung – d. V.

tung von NEWTONS Bemühungen um das Wesen der Gravitation verweisen schon auf diese Identifizierung, die sich wesentlich aus dem Unverständnis der experimentellen Methode ergibt.

Die Gleichsetzung von Mathematik und Physik zeigt sich u. a. in Formulierungen wie: „Die ersten Mathematiker, die die Gesetze vom Stoß der Körper fanden ...“ „Die Bewegung eines Körpers wird *gemessen durch Multiplikation* seiner Masse mit seiner Geschwindigkeit.“ Der Streit zwischen Cartesianern und Leibnizianern um das Maß der physikalischen Bewegung bezeichnet er als „Skandal der Mathematik“. ([6], 76.) Oder er spricht von „Newton, der an seiner Mathematik arbeitete“, wenn er dessen Gesamtleistung würdigen will. ([7], 180.)

Bedingt ist diese Identifizierung dadurch, daß von den Voraussetzungen, auf denen die Mechanik bzw. Physik beruht, abstrahiert wird, und zwar von ihrer wirklichen Erfahrungsgrundlage — die sowohl in der experimentellen Methode besteht wie in den vorangestellten Axiomen, aus denen dann deduziert wird, — wie auch von ihren erkenntnistheoretischen Voraussetzungen, die NEWTON zum Beispiel in Form des atomistischen Standpunktes macht.

VOLTAIRE schreibt: „Wahre Physik besteht also in der richtigen Bestimmung aller Wirkungen. Die letzten Ursachen werden wir erkennen, wenn wir Götter sind. Uns ist gegeben zu rechnen, zu wägen, zu messen und zu beobachten. Das ist Naturphilosophie, fast alles übrige ist Spekulation.“ ([7], 158.) Daraus wird zwar unmittelbar deutlich, daß er zwischen *Natur*philosophie und Physik nicht unterscheidet[20]), doch könnte man meinen, er wisse das experimentelle Vorgehen durchaus zu schätzen und habe in dieser Hinsicht den gleichen Standpunkt wie NEWTON bezogen, zumal er namentlich in seiner Polemik gegen DESCARTES (Vgl. [7], 159.) dessen Vernachlässigung neuerer Experimente und ihrer Ergebnisse ins Feld führt. Das trifft aber nicht zu. VOLTAIRES Auffassung der experimentellen Methode läuft darauf hinaus, davon abzusehen, daß Messen und Experimentieren Vergleichs*arbeit* ist, die die aktive Tätigkeit des Menschen voraussetzt. Er glaubte, Messen sei durch reine Beobachtung möglich, da die Natur an sich schon mit Größen und Zahlen ausgestattet ist. „Tiere, Pflanzen, Mineralien, alles scheint mit Maß, Gewicht, Zahl und Bewegung ausgestattet zu sein. Alles ist Feder, Hebel, und Rolle ...“ ([9], 428.) Gewiß liegt hierin auch die relativ berechtigte Überzeugung, daß man die Natur mittels der Mechanik auf empirischem Wege begreifen kann, doch ist durch bloße Anschauung kein „experimentelles“ Ergebnis zu bekommen. Newton hat gewiß nicht untersucht, wie sich das Experimentieren in die allgemeine menschliche Arbeitstätigkeit einordnet, aber er hat physikalische Versuche durchgeführt und die Theorie der klassischen Mechanik erzeugt und konnte daher nicht in die vereinfachende Vorstellung Voltaires verfallen.[21]) Er verfing sich daher nicht in dem Gedanken, durch bloße Erfahrung seien physikalische Gesetze zu gewinnen.

Voltaires Bemerkung, daß wir nur wägen, messen, rechnen und beobachten können, ist nicht als Verständnis der experimentellen Methode zu werten. (Auch nicht als wirkliches Verständnis der mathematischen Methode, durch die man zu Gleichungen kommt und durch die man aus diesen Gleichungen Schlußfolgerungen zieht.) Denn er setzt die Theorie als schon vorhanden voraus. Messen und Rechnen können nur noch den Zweck haben, Werte zu finden; es ist dann insofern kein Unterschied zwischen Mathematik und Physik. Geht man davon aus, daß die mathematisch formulierte Physik (Mechanik) fertig vorliegt, so kann man den rationalistischen Standpunkt einnehmen, alles aus dem Verstand abzuleiten. Voltaire hat die Newtonsche Mechanik gerade so uminterpretiert, daß sie eben mit jenem in Frankreich herrschenden rationalistischen Standpunkt vereinbar wurde, daß sie benutzt werden konnte, den Anspruch der Vernunft zu begründen. (Vgl. [32].) Sein Verhältnis zu Descartes ist von diesem Zweck geprägt. Er würdigt Descar-

TES, weil dieser die Blinden sehend machte, daher auch in seinen Irrtümern bewunderungswürdig sei. „Er fehlte, allein dies geschah doch zum wenigsten mit einer Ordnung und durch Schluß auf Schluß. Er stürzte die abgeschmackten Grillen zu Boden, welche man seit 2000 Jahren der Jugend in den Kopf gesetzt hatte. Er lernte den Leuten seiner Zeit, vernünftig zu reden ... Und wenn er ja nicht mit echter Münze bezahlt hat, so ist dies doch schon ein großes, daß er die falsche Münze in üblen Ruf gebracht. – Ich glaube nicht, daß man seine Philosophie mit des Newtons seiner mit Grund der Wahrheit auch nur im geringsten in Vergleichung setzen könne. Die erste ist ein Versuch, die andere ein Meisterstück. Derjenige aber, welcher uns auf den Weg der Wahrheit gebracht, ist vielleicht eben so hoch zu schätzen als derjenige, welcher nach der Zeit das Ziel in diesen Laufschranken erreichet." ([5], 228/229.)

Es ist gewiß seltsam, daß VOLTAIRE – wie sich zeigen wird – den Anspruch der Vernunft unter Ausschluß der Philosophie, des Denkens der Gedanken, wie HEGEL es nannte, begründete. (Philosophie im eigentlichen Sinne bezeichnet VOLTAIRE als Metaphysik, die er für ziemlich überflüssig hält. Wenn er dagegen „Philosophie" sagt, so ist ganz allgemein Weltanschauung gemeint. Dieser Terminus umfaßt auch seine Moralphilosophie. Naturphilosophie lehnt VOLTAIRE nicht ab, aber er reduziert sie auf Physik und nimmt ihr damit ihre erkenntnistheoretische Fragestellung, das heißt ihren philosophischen Charakter. Soweit er also Philosophie bejaht, hat sie mit Physik nichts zu tun.) Doch es folgt dieser Ausschluß als Konsequenz aus der Identifizierung von mathematischer und physikalischer Methode.

„Die Geometrie hat uns sehr viele Wahrheiten gelehrt, die Metaphysik sehr wenige. Wir wiegen die Materie, wir messen sie, wir analysieren sie, und wenn wir einen Schritt über diese einfachen Experimente hinaus machen wollen, fühlen wir nur unsere Ohnmacht und stürzen in den Abgrund." ([7], 176.) Ohne einen Schritt über die

„einfachen Experimente" hinaus, kommt man allerdings zu gar nichts, nicht einmal zu diesen „einfachen Experimenten". Die Spezifik der physikalischen Methode nicht zu verstehen, ist Voraussetzung, um NEWTON auf den Mathematiker reduzieren zu können, und jene Reduktion wiederum Voraussetzung, um die Bedeutung der Philosophie für die Physik zu leugnen. „Sehr viele Leute hielten Newtons kurze metaphysische Schlußfolgerungen zu seinen Principia mathematica für ebenso dunkel wie die Apokalypse. Die Methaphysiker und Theologen erinnern sehr an Gladiatoren, die man mit verbundenen Augen gegeneinander kämpfen ließ; aber wenn Newton mit offenen Augen an seiner Mathematik arbeitete, reichte sein Blick bis ans Ende der Welt." ([7], 180.)

All die „metaphysischen Schlußfolgerungen" NEWTONS über die Natur der Gravitation, die Notwendigkeit aktiver Prinzipien, über die atomistische Grundlage der Einheit und Gesetzmäßigkeit der Natur sind VOLTAIRE etwas Dunkles, das man lieber vergessen sollte.

Daß er ihren organischen Zusammenhang mit der „reinen Physik" auch nicht sieht, beweist — neben all dem, was bisher dazu gesagt worden ist — seine Polemik gegen NEWTONS atomistische Auffassung. Zwar lobt VOLTAIRE, daß sich NEWTON auf die Ansichten DEMOKRITS, EPIKURS und GASSENDIS beruft ([6], 37), doch kritisiert er ihn für die Annahme nur quantitativ unterschiedener kleinster Partikel. Er wirft ihm vor, er habe behauptet, die unteilbaren, unveränderlichen Atome könnten sich ineinander verwandeln. Wortreich argumentiert er, daß die Transmutation von Salzatomen in Goldatome noch niemals gezeigt werden konnte. Das läßt darauf schließen — so meint er —, daß jeder Stoff, jedes Wesen seine eigenen letzten Teilchen hat. Wäre es anders — so wie NEWTON behauptet —, so müßten sich die einzelnen Stoffe ineinander verwandeln können, was nicht der Fall ist. „Jede Art von Wesen ist eine Welt für sich. Weit davon entfernt, daß eine blinde Materie alles durch einfache Bewegung erzeugt, ist es sehr wahrscheinlich, daß

Gott eine Unendlichkeit von Wesen mit unendlichen Mitteln geschaffen hat, weil er selber unendlich ist.“ ([6], 68.) Jedoch bemerkten schon die alten Atomisten, daß die Annahme kleinster Teilchen für einen jeden Stoff kein Prinzip für die rationale Erklärung der Welt liefert, da sie die Probleme nur vom Makrokosmos in den Mikrokosmos verschiebt, daß diese Annahme nicht leistet, die Mannigfaltigkeit der Welt aus einem Prinzip zu erklären. (Vgl. [25].) Die Atomistik wurde gerade darum für die nachfolgende wissenschaftliche Entwicklung so bedeutsam, weil sie ein physikalisches Herangehen an die Welt ermöglichte, indem sie Atome nicht für jeden Stoff extra, sondern kleinste Teilchen ohne qualitative Unterschiede annahm.

Ist das menschliche Denken kein eigener Untersuchungsgegenstand der Wissenschaft, so folgt zwangsläufig, daß die erkenntnistheoretischen Grundlagen der Physik übersehen werden. Eben mit jener Begründung behauptet Voltaire, daß Mathematik und Metaphysik, also Physik und Philosophie, nicht vereinbar seien. Unter dem Stichwort Metaphysik schreibt Voltaire im Wörterbuch: „Metaphysik. *Trans naturam*, jenseits der Natur. Aber gibt es überhaupt etwas, was jenseits der Natur sein kann? Unter Natur verstehen wir doch Materie; das Metaphysische ist dann das, was nicht Materie ist: Unser Denken zum Beispiel ... dies alles sind Gegenstände der Metaphysik. Hinzufügen könnte man noch die Grundbegriffe der Mathematik.“ Doch ihre erwogene Einordnung in den Gegenstand der Methaphysik verneint Voltaire, da sie unmittelbar durch Erfahrung gewonnen werden würden. Folglich: „die Metaphysik hat mit der Mathematik nichts zu tun. Deshalb kann man Metaphysiker sein, ohne Mathematiker zu sein.“ ([7], 216.) Das heißt: Die Philosophie hat mit der Physik nichts zu tun. Wie gezeigt, produziert eben gerade diese Ansicht Mechanizismus.

Dafür, daß Voltaire die Physik in ihrer Spezifik nicht begriff, hat er seinen Mitbürgern erstaunlich gut die Entdeckungen des großen Newton erklärt und so – eingebettet in die Aufgaben seiner Zeit – historisch Bedeutsames geleistet. Doch hätte niemand mit der Voltaireschen Philosophie- und Physikauffassung die klassische Mechanik begründen können. Die Identifizierung von Mathematik und Physik, der Ausschluß der Philosophie aus dem wissenschaftlichen Naturverständnis, setzt die physikalische Theorie als gegeben voraus. Und nur wenn sie das ist, kann es geschehen, daß die Theorie – hier also die Mechanik – nicht als Theorie erkannt, daß sie mit der Wirklichkeit gleichgesetzt wird.

Die Mechanik zu mechanisieren ging nur, *nachdem* Newton sie geschaffen hatte. Newton konnte einen solchen Standpunkt nicht einnehmen, da er als Begründer der Mechanik natürlich nicht von der erkenntnistheoretischen Problematik der Physik abstrahieren konnte. Wer produziert, kann nicht seine Produkte als an sich vorhanden ansehen. Der Mechanizismus beruht auf der Abstraktion vom tätigen Subjekt, vom produzierenden Menschen, auf der Verabsolutierung des fertigen Produktes.

Bekanntlich wurde das tätige Subjekt aber erst durch die klassische deutsche Philosophie zum Gegenstand philosophischer Untersuchung, die allerdings dann ihre Konzeption nur entwickeln konnte, indem sie den „mechanizistischen“ Materialismus und – bis auf Kant – die Philosophie der Mechanik (die gnoseologischen und weltanschaulichen Grundlagen der Mechanik) total verwarf. Zuvor jedoch wurde die Gleichsetzung von Mensch und Natur überschwenglich gepriesen. Es hat dies seine historische Berechtigung, weil es Voraussetzung der theoretischen Naturforschung, Voraussetzung einer *Wissenschaft* von der Natur war (die die Bourgeoisie für die Behauptung ihrer Klassenherrschaft benötigte). Mit der durch die copernicanische Wende geborenen Einsicht, daß die Erde nicht Mittelpunkt der Welt, sondern nur ein Himmelskörper unter anderen ist, fiel das Dogma vom prinzipiellen Unterschied zwischen Jenseits und Diesseits, Himmel und Erde und damit auch die Begründung für die Sonderstellung des Menschen. Es war dies die grundlegende weltanschauliche Voraussetzung für die Begründung der Physik und zugleich auch für die Begründung der Universalität der Vernunft, das heißt für den Nachweis, daß die Welt so gebaut ist, daß ihre Erkenntnis nicht der göttlichen Offenbarung bedarf, sondern durch Anwendung des Verstandes — den alle Menschen a priori haben — möglich ist. Voltaire hat diesen Standpunkt extrem entwickelt, verabsolutiert. Wird aber die Sonderstellung des Menschen rigoros negiert, so läßt sich kein philosophischer Ausgangspunkt gewinnen, weil dann vergessen wird, daß alles, was wir über die Welt wissen, vom Menschen erarbeitete Erkenntnisse sind, geprägt von der Art und Weise, in der sie gewonnen wurden.

In seiner Erzählung „Mikromegas" zeigt Voltaire die Nichtigkeit der Erde und der menschlichen Selbstüberhebung, zugleich aber die Größe der menschlichen Vernunft, ihre Universalität, die sich in der universellen Kenntnis und Gültigkeit der Newtonschen Gravitationsgesetze und des Lockeschen Sensualismus äußert.

Die Gesetze sind nach Voltaire in allen Weltgegenden gleich, die Materie unterscheidet sich nur in der Anzahl ihrer grundlegenden Eigenschaften, nicht qualitativ. So ist Vielfalt in die allgemeine, unveränderliche Gültigkeit der Newtonschen Gesetze eingeschlossen. Daß allerdings die hinzukommenden Eigenschaften auch andere Gesetze bedingen könnten, da sie zu qualitativen Unterschieden führen, wird nicht beachtet. „Überall sehen wir Materie, aber auf jeder Weltkugel hat sie verschiedene Eigenschaften. Wie viele solcher verschiedener Eigenschaften stellen Sie an Ihrer Materie fest? — Wenn Sie die Eigenschaften meinen, ohne die wir den Fortbestand unserer Weltkugel, so wie sie ist, für unmöglich halten, sagte der Saturnbewohner, so zählen wir deren dreihundert, und zwar: Ausdehnung, Undurchdringlichkeit, Beweglichkeit, Anziehung, Teilbarkeit usw. — Anscheinend genügt diese geringe Zahl für die Absicht, die der

Schöpfer für Ihre Wohnstätte hegte, sagte unser Reisender. — Ich bewundere seine Weisheit allerorten; überall sehe ich Verschiedenheit, aber zugleich Ausgeglichenheit.“ [(10], 6, 7.)

Für Voltaire ist die Universalität der Newtonschen Gravitationstheorie, ihre Unabhängigkeit von den jeweiligen Bedingungen, selbstverständlich, da er von den empirischen und erkenntnistheoretischen Voraussetzungen der Theorie abstrahiert, den menschlichen Erkenntnisprozeß und somit die subjektive Seite einer jeden Theorie beiseite läßt. Newton hingegen, um die Bedingtheit seiner Mechanik wissend, behauptete keineswegs, daß in allen Gegenden die gleichen Gesetze herrschen. In Frage 31 der „Optik“ hält er es durchaus für möglich, daß Gott verschiedene Welten gebaut haben könnte. Eine ähnliche Diskrepanz ergibt sich zwischen Voltaires Weltsicht und dem Lockeschen Sensualismus, den Voltaire so hoch verehrt hat; denn dieser hebt ja gerade hervor, daß des Menschen Gedanken — folglich auch seine Theorie — von den jeweiligen Erfahrungen des Individuums abhängen.

Voltaire preist Locke in hohen Tönen: „Als nun sich viele Klügliche einen Roman von der Seele verfertigt hatten, kam endlich ein Weiser, welcher mit Bescheidenheit die Geschichte derselben erzählte. Herr Locke war es, welcher dem Menschen die menschliche Vernunft entblößt darstellte, wie ein erfahrener Zergliederer die Triebfedern des menschlichen Körpers aufdecket, er bediente sich überall des Lichtes der Naturlehre, er nahm sich die Freiheit, einiges mit Gewißheit zu behaupten, er nahm sich aber auch die Freiheit, einiges in Zweifel zu ziehen. Anstatt alles auf einmal zu entscheiden, welches wir doch nicht verstehen, so prüfte er dasjenige, was wir erkennen wollen, stufenweise ... “ ([5], 201.)

Voltaires Hohelied auf Locke eröffnet den Blick auf den Hintergrund, vor dem sich die Begründung und Uminterpretation der Mechanik vollzogen. Newton übernahm von Locke die erkenntnistheoretische Begründung seiner Kräftekonzeption und seiner experimentellen Methode. Formulierungen Lockes finden sich fast wörtlich bei Newton wieder, wobei es in diesem Zusammenhang unwichtig ist, wer wen hauptsächlich beeinflußt hat. Fest steht, daß sie engen persönlichen Kontakt zueinander hatten und Locke die Bestätigung, daß man ausgehend von der Erfahrung zu einer wissenschaftlichen Theorie kommen kann, für die Ausarbeitung seiner Philosophie ebenso benötigte wie Newton die empiristisch-erkenntnistheoretische Begründung seiner physikalischen Methode.

In seinem berühmten Werk „Über den menschlichen Verstand" schreibt Locke: „Durch die Sinne erhält der Geist täglich Kunde von der Veränderung jener einfachen Ideen, die er in den Dingen der Außenwelt beobachtet ... endlich zieht er aus der Beobachtung bisheriger regelmäßiger Vorgänge den Schluß, daß auch in Zukunft bei den gleichen Dingen durch dieselben Ursachen dasselbe zustande kommen werde ... Auf diese Weise gelangt er (der Geist) zu der Idee, die wir *Kraft* nennen." ([16], 277.) Locke versteht also *Kraft als verallgemeinerte Ursache,* zu deren Begriff wir durch mehrfache sinnliche Wahrnehmung gelangen. Eine Ursache muß eine Kraft sein, das heißt, nur die Dinge können etwas verursachen, die eine Kraft haben, die tätig sein können. Locke betrachtet die Kraft als zweifach. Sie ist sowohl das Vermögen, eine Veränderung zu erleiden, als auch das Vermögen, eine Veränderung herbeizuführen. Kraft ist kein selbständiges reales Wesen, sondern eine Art von Relation, eine Relation auf Tätigkeit oder Veränderung. ([16], 288.) Er betont mehrfach, daß „sich alle Kraft auf eine Tätigkeit bezieht". ([16], 279.) Kraft ist also nach Locke Ausdruck des Aufeinanderwirkens der Dinge, ihrer Fähigkeit dazu. Er polemisiert daher auch gegen die cartesische Identifizierung von Ausdehnung und Körper. Die Ausdehnung schließt nicht wie der Körper Festigkeit und Widerstand gegen die Bewegung ein. ([16], 197.)

LOCKE zeigte, indem er gegen die metaphysischen Momente des französischen Rationalismus polemisierte, daß wir das Allgemeine, die Begriffe, aus der Erfahrung haben, und rechtfertigte so das Vorgehen der Mechanik. Doch meinte er, das Allgemeine, das Universale, gehöre nicht zur realen Existenz der Dinge, „denn die Dinge sind in ihrer Existenz sämtlich einzeln“.[22])

Der englische Empirismus bestritt zu Recht die rationalistische Auffassung von den angeborenen Ideen, er bestritt aber auch die Realität des Allgemeinen. Er behauptete, alles, was als Gesetz oder Vernunft ausgegeben werde, sei nur Gewohnheit, Übung oder Sitte. Nur Einzeldinge oder einzelne Tatsachen seien wirklich.

Es bleibt so natürlich offen, wieso man denn dann zu allgemeinen Begriffen kommen, wieso man sich mit ihrer Hilfe und mittels erkannter Gesetze oder des Gebrauchs der Vernunft in der Wirklichkeit zurechtfinden kann. Es bleibt dunkel, wieso das, was der Empirismus positiv behauptet, funktioniert. HEGEL sprach daher vom *metaphysierenden Empirismus.*

VOLTAIRE hat den empiristischen Standpunkt übernommen, ohne seine Problematik zu sehen, und hielt ihn deshalb ohne weiteres für vereinbar mit der cartesischen Methode. Und auch Newton fand wohl — wie die expliziten Äußerungen über seine Methode nahelegen — nichts Kritikwürdiges an diesem Standpunkt. Nur: NEWTON hat seine Ansicht produktiv gemacht, das Gebäude der klassischen Mechanik errichtet. Dabei mußte er zwangsläufig — ob er sich dessen nun bewußt war oder nicht — diesen Standpunkt relativieren, zum Beispiel konnte er nicht von bloßer Erfahrung ausgehen, sondern mußte auch theoretische Voraussetzungen machen. Seine mit LOCKE übereinstimmende Auffassung, daß wir nur die Eigenschaften der Dinge erforschen und von diesen auf ihr Wesen schließen können, dieses aber nie erkennen werden, hinderte ihn nicht am Ausbau der Mechanik, da es nicht Aufgabe der Physik ist, eine geschlossene Erkenntnistheorie auszuarbeiten.

Doch von dieser Position aus den berechtigten Anspruch der Vernunft zu beweisen, ausschließliches Kriterium zu sein, war natürlich nicht möglich. Es wäre schließlich ein schwaches Argument gewesen, diesen Anspruch mit Gewohnheit, Übung oder Sitte zu begründen, zumal ja gerade gegen die herkömmliche Gewohnheit vorgegangen werden sollte. Der Empirismus legte das menschliche Denken auf das Gegebene (die Tatsache) fest. Er war so nicht geeignet, den Herrschaftsanspruch der Bourgeoisie ideologisch zu motivieren. Die englische Bourgeoisie hatte ihre Revolution bereits hinter sich und konnte sich auf die Gegebenheit *ihrer* Gesellschaftsordnung stützen. Nicht so die französische Bourgeoisie. Sie wollte die bestehende (feudale) Ordnung gerade im Namen der Vernunft verändern, vernünftige Verhältnisse schaffen. (Vgl. [34], 19–26)

Nun beherrschte ja in Frankreich ohnehin der durch DESCARTES geprägte Rationalismus das geistige Leben. War man da überhaupt auf die Einführung des NEWTONschen Gedankengutes angewiesen?

Mit DESCARTES (und BACON) hatte die klassische bürgerliche Philosophie begonnen, deren Grundproblem es war, die Frage zu beantworten: Wie kann der Mensch Natur und Gesellschaft rational beherrschen? DESCARTES und BACON wollten dieses Grundproblem durch die Erfindung einer neuen Denkmethode lösen. Im „Kapital“ bemerkt MARX hierzu: „Daß Descartes ebenso wie Bacon eine veränderte Gestalt der Produktion und praktische Beherrschung der Natur durch den Menschen als Resultat der veränderten Denkmethode betrachtete, zeigt sein ‚Discours de la Méthode‘, wo es u. a. heißt: ‚Es ist möglich‘ (durch die von ihm in die Philosophie eingeführte Methode), ‚zu Kenntnissen zu gelangen, die für das Leben sehr nützlich sind, und an Stelle jener spekulativen Philosophie, die man in den Schulen lehrt, eine praktische Philosophie zu finden, durch die wir die Kräfte und die Wirksamkeit des Feuers, des Wassers, der Luft, der Gestirne und aller anderen uns umgebenden Körper —

indem wir sie ebenso genau kennen wie die verschiedenen Gewerbe unserer Handwerker – auch ebenso zu all den Gebrauchszwecken verwenden könnten, für die sie geeignet sind, und uns so zu Meistern und Besitzern der Natur machen können', und so ,zur Vervollkommnung des menschlichen Lebens beitragen.'" ([28], 411.)

Die Welt, die Wirklichkeit sollte nicht mehr als gottgegeben, sondern als vom Menschen beherrschbar und gestaltbar betrachtet werden. Und zu diesem Zweck entwickelte DESCARTES seine deduktive (für die Mathematik späterhin sehr fruchtbare) Methode, seine „Regeln zur Ausrichtung der Erkenntniskraft".

Doch seine philosophische Konzeption – so ausgezeichnet sie den Ausschließlichkeitsanspruch der Vernunft begründen konnte – erwies sich als ungeeignet für den Aufbau der Physik, einer empirischen, mathematisch formulierten Naturwissenschaft. (Eine empirisch begründete Dynamik physikalischer Körper kann mit einer rein deduktiven Methode und bei Identifizierung von Materie und Ausdehnung nicht entwickelt werden.)

Auf diese konnte die französische Bourgeoisie aber nicht verzichten. Die Möglichkeit rationaler Herrschaft des Menschen über Natur und Gesellschaft mußte durch die Existenz einer *Wissenschaft* bewiesen sein, einer Theorie, mit der man die Welt wissenschaftlich erfassen konnte. Die Mechanik war die erste und seinerzeit eben auch die einzige wirkliche Wissenschaft. (NEWTON, den das Grundproblem der klassischen bürgerlichen Philosophie nicht direkt interessierte, hat doch eine maßgebliche theoretische Voraussetzung für ihre positive Lösung geschaffen.) Zudem benötigte die Bourgeoisie, um ihre ökonomische und politische Macht zu stabilisieren, die Naturwissenschaft als produktivkraftentwickelnden Faktor.

Es mußte also ein Weg gefunden werden, die Mechanik in den französischen-cartesischen Rationalismus einzubauen. Hierbei durfte allerdings Gott als in der Physik notwendige Bedingung nicht vorkommen, denn dann wäre er Synonym für Lücken, für Mängel der Vernunft gewesen. Voltaire war es, der diese Leistung vollbrachte. *Er trug so entscheidend auch dazu bei, daß Frankreich in der Folgezeit zum Zentrum der Weiterentwicklung der Mechanik werden konnte.* D'Alembert, Laplace, Lagrange schöpften ihre Kenntnis der Newtonschen Theorie gewiß nicht aus Voltaires Schriften, doch er hatte das geistige Terrain bereitet, das ihre Arbeiten ermöglichte und sie Anklang finden ließ. Emil du Bois-Reymond charakterisierte in einem Vortrag Voltaires Wirkung mit den amüsanten Worten: „Bei der Allmacht des Hofes und des Adels, dem Einfluß der Frauen und der Abbés, war es durchaus nicht gleichgültig, welcher Theorie diese huldigten; und erst als Voltaires *Élémens* Fontenelles *Mondes* von den Toiletten der Damen verdrängt hatten, konnte Newtons Sieg über Descartes in Frankreich für vollständig gelten." ([20], 8/9.) Du Bois-Reymond bemerkt an anderer Stelle: „Voltaire ... hat sich aus der einseitig theologischen Denkart gewaltsam befreit, den Cartesianismus überwunden, die Geschichte vom Aberglauben gereinigt, die Kulturgeschichte geschaffen, England für Frankreich geistig entdeckt, der naturwissenschaftlichen Anschauung zum Siege verholfen ... Wie jedem Reformator hat sich ihm etwas von dem besiegten Irrthum angehängt." ([20a], 527.)

Voltaire benutzte die Mechanik als Spitze gegen Klerus und Absolutismus, als Argument dafür, daß die ganze Welt gesetzmäßig erfaßt werden kann. Er wußte freilich nicht, daß er dabei Newton uminterpretierte und ihn gerade dadurch für Frankreich annehmbar machte. Anknüpfend an englische Zeitgenossen wie Bentley, Cotes und Clarke, die den Newtonschen Standpunkt aus anderen Gründen schon modifiziert hatten, wurde Voltaire zum Begründer des französischen Newtonianismus.

Vorwiegend in dieser Form wurde das Newtonsche Gedankengut in der Folgezeit aufgenommen und verbreitet. *So entstand das Vorurteil* (ein Urteil, das fertig ist, bevor man sich die Mechanik richtig angesehen hat), *die Mechanik sei mechanistisch.*

Als Gipfel des Mechanizismus erscheint der sogenannte LAPLACEsche Dämon. PIERRE SIMON DE LAPLACE schrieb 1814: „Alle Ereignisse, selbst jene, welche wegen ihrer Geringfügigkeit scheinbar nichts mit den großen Naturgesetzen zu tun haben, folgen aus diesen mit derselben Notwendigkeit wie die Umläufe der Sonne ... Wir müssen also den gegenwärtigen Zustand des Weltalls als die Wirkung seines früheren und als die Ursache des folgenden Zustandes betrachten. Eine Intelligenz, welche für einen gegebenen Augenblick alle in der Natur wirkenden Kräfte sowie die gegenseitige Lage der sie zusammensetzenden Elemente kennte und überdies umfassend genug wäre, um diese gegebenen Größen der Analysis zu unterwerfen, würde in derselben Formel die Bewegungen der größten Weltkörper wie des leichtesten Atoms umschließen, nichts würde ihr ungewiß sein, und Zukunft wie Vergangenheit würden ihr offen vor Augen liegen ... Seine (des menschlichen Geistes — d. V.) Entdeckungen auf dem Gebiete der Mechanik und Geometrie, verbunden mit der Entdeckung der allgemeinen Gravitation, haben ihn in Stand gesetzt, in demselben analytischen Ausdruck die vergangenen und zukünftigen Zustände des Weltsystems zu umfassen. Durch Anwendung derselben Methode auf einige andere Gegenstände seines Wissens ist er dahin gelangt, die beobachteten Erscheinungen auf allgemeine Gesetze zurückzuführen und Erscheinungen vorauszusehen, die gegebene Umstände herbeiführen müssen. Alle diese Bemühungen beim Aufsuchen der Wahrheit wirken dahin, ihn unablässig jener Intelligenz näher zu bringen, von der wir uns eben einen Begriff gemacht haben, der er aber immer unendlich ferne bleiben wird." ([18], 112.)

Objektiv soll also alles absolut vorherbestimmt sein. Wir wissen es nur nicht. Daher verfaßte LAPLACE auch die Schrift „Philosophischer Versuch über die Wahrscheinlichkeit", aus der die zitierten Worte stammen und deren Titel es schon nahelegt zu bedenken, ob die Nachwelt LAPLACE nicht mechanistischer interpretiert hat, als er es war.

In Auseinandersetzung mit dem französischen Newtonianismus entwickelten sich zwei einander entgegenstehende philosophische Standpunkte zur Mechanik als mathematisch formulierter empirischer Naturwissenschaft. (Vgl. [33].)

Die eine fand, ausgehend von DIDEROT, ihren relativen Abschluß in HEGEL und ist dadurch gekennzeichnet, daß sie die Mathematik in Frage stellt, die Bedeutung der Mathematik für die Naturwissenschaft leugnet, dafür aber die Berechtigung eines anderen Ausgangspunktes als den der mathematischen Naturwissenschaft nachweist, die Berechtigung des Ausgangspunktes der Dialektik. Daß es eine idealistische Dialektik war, hängt eng damit zusammen, daß sie die Mathematik nicht in die allgemeine Naturerkenntnis einzubauen wußte. Vorbereitet aber wurde die Einsicht: Für die wissenschaftliche Naturerkenntnis benötigt man außer der mathematisch formulierten Naturwissenschaft auch die Naturdialektik, allerdings eine materialistische.

Die andere Richtung baute die Bedeutung der Mathematik für die Naturerkenntnis aus. D'ALEMBERT und CONDILLAC sind hier als bedeutende Namen zu nennen. Allerdings enthielt dieser Standpunkt die positivistische Tendenz, die Bedeutung der Philosophie für die Naturerkenntnis zu leugnen und die Rolle der Mathematik überzubetonen. Ihre Krönung fand diese Richtung in KANT (der der positivistischen Gefahr allerdings nicht unterlag). KANT gelang es, durch methodologische Regelung den Widerstreit von Empirismus und Rationalismus zu überwinden. (Seit KANT ist VOLTAIRES Leistung philosophisch überholt.) Sein System ist geradezu die vom bürgerlichen Standpunkt aus überhaupt mögliche Synthese. Die KANTsche Erkenntnistheorie liefert weitgehend die philosophische Theorie der naturwissenschaftlichen bzw. physikalischen Erkenntnis, nicht aber die Theorie der menschlichen Erkenntnis überhaupt. Sie läßt Fragen offen: das unerklärliche absolute Apriori, das unerkennbare Ding an sich.

Um auch diese Fragen zu lösen, muß die mathematisch-naturwissenschaftliche Erkenntnis in den gesamtgesellschaftlichen Erkenntnisprozeß eingebettet werden. Hierzu bedurfte es jedoch der MARXschen Erkenntnis, daß die Naturwissenschaft nicht nur für die Aufklärung und wegen der Nützlichkeit einzelner großer Entdeckungen Bedeutung hat, sondern daß sie vermittels der Industrie *praktisch* in das menschliche Leben eingegriffen, es umgestaltet und die menschliche Emanzipation vorbereitet hat. „Die *Industrie* ist das *wirkliche* geschichtliche Verhältnis der Natur und daher der Naturwissenschaft zum Menschen." ([26], 543.) Erst mit dieser Erkenntnis wurde die wissenschaftliche Tätigkeit des Menschen mit seiner Produktionstätigkeit verknüpft und so die Grundlage dafür geschaffen, sinnliche und rationale Erkenntnis in neuer Weise miteinander zu verbinden, so daß die Voraussetzung besteht, die NEWTON so sehr bewegende Frage nach dem Verhältnis von Mathematik und Physik und deren Verhältnis zur Philosophie wissenschaftlich zu klären.

IV. Die klassische Mechanik — eine naturwissenschaftliche Voraussetzung materialistischer Naturdialektik

Die klassische Mechanik ist nicht mechanistisch. Sie wurde nur mechanistisch interpretiert, weil und soweit man sie nicht als physikalische Theorie verstand.

Auf der Grundlage dieser Interpretation hat sich der metaphysische bürgerliche Materialismus entwickelt (meist „mechanischer Materialismus" genannt, wobei man schon in der Bezeichnung die Schuld für die Metaphysik = Antidialektik dieses materialistischen Systems der Mechanik in die Schuhe schiebt), der den Standpunkt der empirischen Naturwissenschaft unreflektiert übernimmt und extrapoliert. Er kann so die Aussagen der empirischen Naturwissenschaft als Angabe ewiger Naturgesetze deuten, als Ausdruck der Ungeschichtlichkeit der Natur oder ihres ewigen Kreislaufes, der unabänderlichen Vorherbestimmtheit ihres Geschehens.

Nun könnte man ja meinen, dieser Standpunkt sei durch die Entwicklung von Philosophie und Physik längst überwunden und die Beschäftigung mit dem Ursprung des mechanistischen Bildes von der Mechanik habe nur den Sinn, geschichtliche Bildung zu verbessern. Jedoch ist die charakterisierte metaphysisch-mechanizistische Haltung auch bezüglich der modernen Physik möglich — und nachweislich auch verwirklicht worden. (Erinnert sei nur an die jahrzehntelangen Diskussionen um den „physikalischen Idealismus“ von Quanten- und Relativitätstheorie.) Sowenig wie die Mechanik den Mechanizismus hervorbrachte, sowenig beseitigt ihn die moderne Physik. Oder verhindert sie die Möglichkeit, daß ihre Aussagen unabhängig von den vorausgesetzten Axiomen und unabhängig von der experimentellen Grundlage gedacht und „philosophisch interpretiert“ werden? Gibt es heute keine Versuche mehr, die moderne Physik losgelöst von ihrer mathematischen Sprache zu verstehen? Ersetzt man lediglich die Newtonsche Mechanik durch die relativistische oder Quantenmechanik, so erhält man statt des klassischen Mechanizismus eben relativistischen oder Quantenmechanizismus.

Der metaphysische Materialismus ist auch heute noch ein ernst zu nehmender Kontrahent der materialistischen Naturdialektik.

Sowohl um eine physikalische Theorie zu entwickeln als auch, um sie philosophisch zu verarbeiten, ist ein dialektischer Standpunkt nötig, das heißt ein Standpunkt, der ein Produkt irgendeiner Art nicht als an sich vorhandenes Ding oder an sich gegebene Aussage nimmt, sondern sie als Entwicklungs- oder Arbeitsprodukt begreift, als geronnene Bewegung, der die Aussagen der Naturwissenschaft versteht als bestimmt durch die naturwissenschaftliche Arbeit, durch die sie gewonnen wurden.[23])

Schon die Analyse der Mechanik zeigt diese Notwendigkeit. Es hat dies prinzipielle Aussagekraft für das Verhältnis einer mathematisch formulierten empirischen Naturwissenschaft zur Philosophie. Denn die Mechanik ist nicht irgendeine naturwissenschaftliche Disziplin. Die Physik insgesamt spielt als bislang einzige mathematisierte empirische Wissenschaft ohnehin eine besondere Rolle in der Naturwissenschaft. (Sie ist sozusagen das anzustrebende Idealbild.) Die Mechanik wiederum nimmt als Protophysik einen ausgezeichneten Platz in der Physik ein. *Daher hat, was von ihr erkannt wurde, grundsätzliche Bedeutung.*

Die Mechanik beweist, daß eine *Wissenschaft* von der Natur, von der naturgesetzlichen Einheit der Erde und des Kosmos ausgehen muß und diese ihrerseits wiederum bestätigt. Wir haben gezeigt, daß die Mechanik diesen Nachweis nur über eine solche Wechselwirkung wie die Gravitation erbringen konnte und die Gravitation wiederum nicht als Eigenschaft eines isolierten Körpers aufgefaßt werden darf, sondern als aktives Prinzip, als Ausdruck für die Wirkungsfähigkeit der Körper. Denkt man sich das gegenseitige Aufeinandereinwirken der Körper weg, dann streicht man auch die Gravitation bzw. jede Kraft dieser Art, und ohne diese gäbe es gar keine Mechanik. Das heißt: Die Mechanik existiert nur, wenn sie das Aufeinandereinwirken der Körper als vorhanden und wesentlich voraussetzt. Ohne diese Voraussetzung kann es überhaupt keine Natur*wissenschaft* geben.

Wenn das so ist, wie kann man dann aus irgendeiner Naturwissenschaft die Trennung von Materie und Bewegung herauslesen oder mit ihr die Ungeschichtlichkeit der Natur begründen?

Die Tendenz, alles auf Mechanik zu reduzieren, herrschte noch bis zum Ende des vorigen Jahrhunderts vor. Namhafte Wissenschaftler wie HERMANN V. HELMHOLTZ, EMIL DU BOIS-REYMOND oder HEINRICH HERTZ sahen das Endziel der Naturwissenschaften darin, sich in Mechanik aufzulösen, ([22], 164) „die Welt mechanisch zu begreifen und sofern das nicht gelingt, den unlösbaren Rest des Exempels klar und bestimmt auszusprechen" ([21], 114), bzw. bemühten sie sich, ein vollständig in sich zusammenhängendes System der Mechanik konsequent durchzuführen und alle speziellen Gesetze dieser Wissenschaft aus einem einzigen Grundgesetz abzuleiten. (Vgl. [23].)

Es hat dies natürlich nichts mit Mechanizismus zu tun, solange sich dieses Bemühen im Rahmen der Physik abspielt. Nach einer möglichst einheitlichen physikalischen Theorie zu streben, muß ein Grundanliegen dieser Wissenschaft sein, wenn sie sich nicht selbst auflösen will. Mechanizismus ist stets philosophische Ausdeutung einer schon vorliegenden einzelwissenschaftlichen Theorie.

Viele Physiker wurden allerdings vom mechanizistischen philosophischen Weltbild beeinflußt, was ihr Verhältnis zur Weiterentwicklung der Physik bestimmte. Das führte auch dazu, daß NEWTONS Erkenntnis, worin das Wesen physikalischer Gesetze besteht, bei der Begründung der Elektrodynamik erst wiederentdeckt werden mußte. So wurde noch, als man bereits über die MAXWELLschen Gleichungen verfügte, nach sie physikalisch erklärenden Äthermodellen gesucht. Die Diskussion hierzu wurde dann mit der HERTZschen Einsicht beendet: „Maxwells Theorie ist Maxwells Gleichungssystem."

Seit Begründung der theoretischen Basis der Relativitäts- und Quantentheorie durch EINSTEIN und BOHR ist deutlich, daß die Mechanik zwar nicht über ihre Grenzen hinaus ausgedehnt werden darf, doch als Protophysik angesehen werden muß, mithin als ein Fundament der modernen Physik. Zugleich ist sie aber auch als eine naturwissenschaftliche Voraussetzung der materialistischen Naturdialektik zu verstehen.

Anmerkungen

[1]) In mehreren Arbeiten wurden diese Fragen untersucht und negativ beantwortet. Siehe z. B.: [32].

[2]) Auf die Bedeutung VOLTAIRES für die Verbreitung der NEWTONschen Mechanik wurde verschiedentlich hingewiesen. Siehe z. B.: E. DU BOIS-REYMOND [20], A. LANGE [24] und in neuerer Literatur H.-J. TREDER [29] und P. RUBEN [32].
Natürlich war VOLTAIRE nicht der einzige, der zur Mechanisierung der Mechanik beitrug. Doch soll in dieser Arbeit nicht die Geschichte der Mechanisierung, sondern die Tatsache dargestellt und charakterisiert werden, daß VOLTAIRE diese Uminterpretation initiiert hat.

[3]) Erst die NEWTONsche Theorie ist Physik im eigentlichen Sinne, da erst durch sie die physikalische Dynamik begründet wurde, zu der GALILEI wesentliche Vorarbeiten geleistet hatte. Alle Vorläufer dieser Theorie sind entweder Naturphilosophie oder reine Statik bzw. Kinematik. Es waren dies selbstverständlich *unabdingbare* naturwissenschaftliche, erkenntnistheoretische und weltanschauliche Voraussetzungen, um die NEWTONsche Physik als dynamische Theorie ausarbeiten zu können.

[4]) Obwohl HEGEL die Mechanik mit dem mechanischen (metaphysischen) Materialismus, mit einem mechanistischen Weltbild identifizierte, was in der vorliegenden Arbeit gerade als sachlich unbegründet nachgewiesen werden soll, seien seine Worte über NEWTON zitiert, die zwar dem Begründer der klassischen Mechanik unrecht tun, aber den Mechanizismus treffend charakterisieren: „Physik, hüte dich vor Metaphysik, war sein Wahlspruch: das heißt also, Wissenschaft hüte dich vor dem *Denken*. Und er sowohl als alle diese physischen Wissenschaften bis diesen Tag haben treulich darauf gehalten, als sie sich nicht auf eine Untersuchung ihrer Begriffe, das Denken der Gedanken, eingelassen haben. Die Physik kann aber doch nichts machen ohne Denken; ihre Kategorien, Gesetze hat sie nur durch das Denken — ohne dasselbe geht es nicht. Newton hat aber vorzüglich dazu beigetragen, die Reflexionsbestimmungen von Kräften in sie einzuführen; er hat die Wissenschaft auf den Standpunkt der Reflexion gehoben, statt der Gesetze der Phänomene die Gesetze der

Kräfte aufgestellt. Dabei ist er nun ein so vollkommener Barbar an Begriffen, daß es ihm wie einem anderen seiner Landsleute gegangen ist, der sich höchlich verwunderte, als er erfuhr, daß er in seinem ganzen Leben Prosa gesprochen hatte, indem er sich nicht bewußt, daß er so geschickt sei, dies erfuhr Newton nie, wußte nicht, daß er Begriffe hatte und mit Begriffen zu tun hatte, während er mit physischen Dingen zu tun zu haben meinte: Und stellte das höchste Gegenteil zu Böhm auf, der die sinnlichen Dinge als Begriffe handhabte und durch die Stärke seines Gemüts sich ihrer Wirklichkeit vollkommen bemächtigte und sie unterjochte, statt dessen Newton die Begriffe wie sinnliche Dinge handhabte und sie nahm wie man Stein und Holz anzufassen pflegt." ([19], 372–373.)

5) Vgl. auch die 1. Marxsche Feuerbach-These:
„Der Hauptmangel alles bisherigen Materialismus ... ist, daß der Gegenstand, die Wirklichkeit, Sinnlichkeit nur unter der Form des *Objekts oder der Anschauung* gefaßt wird; nicht aber als *sinnlich menschliche Tätigkeit, Praxis*, nicht subjektiv. Daher die *tätige* Seite abstrakt im Gegensatz zu dem Materialismus von dem Idealismus – der natürlich die wirkliche sinnliche Tätigkeit als solche nicht kennt – entwickelt." ([27], 5.)

6) „... Hypothesen erdenke ich nicht. Alles nämlich, was nicht aus den Erscheinungen folgt, ist eine *Hypothese*, und Hypothesen, seien sie nun metaphysische oder physische, mechanische oder diejenigen der verborgenen Eigenschaften, dürfen nicht in die Experimentalphysik aufgenommen werden. In dieser leitet man Sätze aus den Erscheinungen ab und verallgemeinert sie durch Induktion." ([1], 511.)

7) *1. Axiom:* Jeder Körper beharrt in seinem Zustande der Ruhe oder der geradlinigen und gleichförmigen Bewegung, wenn er nicht durch einwirkende Kräfte gezwungen wird, seinen Zustand zu ändern.

2. Axiom: Die Änderung der Bewegung ist der Einwirkung der bewegenden Kraft proportional und geschieht nach der Richtung derjenigen geraden Linie, nach welcher jene Kraft wirkt.

3. Axiom: Die Wirkung ist stets der Gegenwirkung gleich, oder die Wirkungen zweier Körper aufeinander sind stets gleich und von entgegegesetzter Richtung.

8) Auch die Einsteinsche Gravitationstheorie kann nicht alle

Schwierigkeiten der NEWTONschen Theorie lösen. Sie gestattet nicht, das Universum physikalisch derart zu erfassen, daß es aus sich selbst heraus für alle Zeiten bestehen kann (d. h., es selbstkonsistent zu beschreiben). Hinsichtlich der Stabilität astrophysikalischer Objekte mit endlicher Masse (z. B. Sterne, Galaxienkerne) hat sich das Problem sogar verschärft: Nach der EINSTEINschen Theorie stürzen bereits Objekte mit endlicher Masse in sich zusammen, sofern diese größer ist als eine bestimmte aus der Theorie folgende Grenzmasse.

9) Siehe Briefwechsel von HUYGENS und LEIBNIZ, z. B. HUYGENS am 11. 7. 1686 an FATIA DE DUILLIER, HUYGENS am 18. 11. 1686 an LEIBNIZ, LEIBNIZ am 20. 3. 1693 und im Oktober 1690 an HUYGENS oder die Arbeit von HUYGENS: Discours de la Cause de la Pesanteur. In: Oeuvres Complétes de Christiaan Huygens, publiées par la Société hollandaise des Sciences, 22 vol. La Haye 1888–1950; Bd. IX, S. 190, 523, 538, X, S. 428, XXI, 47. Vgl. auch das Vorwort von I. B. COHEN in [3].

10) Daß diese Problematik der Beziehungen von aktiven und passiven Prinzipien in neuer vertiefter Gestalt in der modernen Physik wieder auftaucht, belegt die erkenntnistheoretische Diskussion der Allgemeinen Relativitätstheorie. Vgl. hierzu [36].

11) Die klassische Mechanik wird hier in dem Sinne als Protophysik bezeichnet, daß bei der Weiterentwicklung der Physik immer wieder auf die ursprünglichen Fragestellungen und Grundbegriffe dieser physikalischen Theorie zurückgegriffen werden muß. Dieser Begriff von Protophysik ist nicht mit dem von HUGO DINGLER entwickelten und mit dem von der konstruktiven Wissenschaftstheorie geprägten zu verwechseln. Zu dem hier verwandten Begriff von Protophysik vgl. [30] und [31], 21, 50, 55, 71.

12) NEWTON war insbesondere mit der Beschreibung der Gravitation als Fernwirkung unzufrieden. Im 3. Brief an BENTLEY schreibt er: „Es ist unfaßbar, daß nichtbelebte rohe Materie ohne Vermittlung durch irgendetwas, das nicht materiell ist, etwas bewirken, auf andere Materie einwirken sollte ohne Kontakt, wie es sein müßte, wenn die Gravitation im Sinne EPIKURS ihr wesentlich und inhärent ist. ... Daß ein Körper per Distanz auf einen anderen wirken kann ... ohne Vermittlung von irgendetwas, durch das die Aktion und Kraft von einem zum anderen transportiert wird, ist eine große Absurdität.“ ([2], 302.)

13) Möglicherweise sind in diesem Sinne seine Worte in Scholium generale gemeint: „Wir kennen nicht die Substanzen der Dinge ... von den Eigenschaften schließen wir, daß die Dinge selbst existieren, und wir nennen sie Substanzen: aber wir haben eine Idee von den Substanzen nicht mehr als ein blinder Mann von der Farbe.“ ([1], 360.)

14) Außer den bereits zitierten Belegen seien hier zusätzlich noch zwei Textstellen genannt. Im 4. Brief schreibt NEWTON an BENTLEY: „Die Hypothese, daß das Weltsystem durch mechanische Prinzipien aus der gleichmäßig über den Himmel verteilten Materie abgeleitet werden kann, ist mit meinem System nicht vereinbar.“ ([2], 310.) In Frage 28 der „Optik“ finden wir die Worte: „Das Hauptziel der Naturphilosophie (gemeint ist die Naturwissenschaft – d. Hrsg.) ist, von den Erscheinungen aus zu argumentieren, ohne Hypothesen zu ersinnen, und Ursachen aus Wirkungen abzuleiten, bis wir zur allerletzten Ursache gelangen, die bestimmt nicht mechanischer Art ist.“ ([3], 369.)

15) Vgl. auch einen Brief an den Grafen d'Argental v. 27. 1. 1737, in dem VOLTAIRE schreibt: „Im übrigen lebe ich als Philosoph, studiere eifrig, sehe wenig Leute, versuche, Newton zu verstehen und ihn verständlich zu machen.“ ([13], 67.)

16) Vgl. z. B. die Erzählung „Zadig“: „... und alles, was du auf dem winzigen Stäubchen, auf dem du geboren bist, wahrnimmst, hat seinen bestimmten Platz und seine bestimmte Zeit nach dem umwandelbaren Gesetz dessen, der alles umfaßt. ... *Aber es gibt keinen Zufall*, alles ist Prüfung, Strafe, Belohnung oder Vorsehung.“ (Hervorhebung – d. V.), ([8], 92.)

17) Im „Philosophischen Wörterbuch“ unter dem Stichwort „Atheist“ schreibt VOLTAIRE: „So offenbart der Bau des besser erkannten Weltalls einen Baumeister, und die vielen immer gleich bleibenden Gesetze lassen auf einen Gesetzgeber schließen. Die vernünftige Philosophie hat also den Atheismus überwunden, dem die finstre Theologie Waffen in die Hand gab.“ ([7], 65/66.) Und in einem seiner kleinen Romane: „Eine bewundernswerte Kunst läßt alle Planeten regelmäßig um die Sonne kreisen, während die Sonne sich selbst dreht. Es muß unbedingt jemand, der ebenso gelehrt ist wie die Royal Society in London, alles so wunderbar eingerichtet haben, und man müßte ein Hexenmeister sein, um den Schlüssel zu finden.“ ([9], 428. Vgl. außerdem [6], 25, 26, 27, 28, 76.)

[18]) Der folgende Text illustriert diese Kraftauffassung VOLTAIRES, Gott „hat den Planeten die Kraft gegeben, mit der sie sich von Westen nach Osten bewegen. Er hat bewirkt, daß sich diese Planeten und die Sonne um ihre Achsen drehen. Er hat allen Körpern ein Gesetz aufgegeben, nach dem sie alle gleicherweise nach ihrem Mittelpunkt streben. Schließlich hat er Tiere geformt, denen er eine tätige Kraft gegeben hat, mit der sie Bewegung hervorbringen." ([6], 76.)

[19]) Das, was heute als kinetische Energie bezeichnet wird, nämlich $\frac{m}{2}\dot{r}^2$, nannte LEIBNIZ — wie bereits im Kapitel II erwähnt — „Kraft". Er setzte die Änderung dieser Größe (1. Ableitung nach der Zeit) proportional dem r^{-2}-Ausdruck für die Gravitation, also für das, was bei NEWTON Kraft bedeutet.

[20]) Verbal unterschied das auch NEWTON nicht, aber er arbeitete als Physiker; er wußte, was die Mechanik leistet und was über sie hinaus oder neben ihr vom philosophischen Gesichtspunkt für das Naturverständnis angenommen werden muß oder könnte. Daher sind seine diesbezüglichen Worte anders zu werten als die VOLTAIREschen.

[21]) VOLTAIRE hat möglicherweise später eine tiefere Einsicht in das Verhältnis von Mathematik und Physik sowie in die Bedeutung der experimentellen Methode gewonnen, als er selber physikalische Versuche (z. B. über die Natur des Feuers) durchzuführen begann. Für die Popularisierung der NEWTONschen Lehre wurde das aber nicht wirksam.

[22]) „Universalität kommt jedoch nicht den Dingen selbst zu, denn die Dinge sind in ihrer Existenz sämtlich einzeln; selbst diejenigen Wörter und Ideen sind es, die ihrer Bedeutung nach allgemein sind. Wenn wir somit die Einzeldinge beiseite lassen, so sind die Generalia, die übrigbleiben, nur Schöpfungen, die von uns selbst stammen. Ihr allgemeiner Charakter besteht in nichts anderem als in der ihnen vom Verstande verliehenen Fähigkeit, viele Einzelheiten zu bezeichnen oder zu vertreten. Denn ihre Bedeutung ist nichts weiter als eine Beziehung, die der menschliche Geist ihnen beigelegt hat." ([16], 16, 17.)

[23]) Hiermit wird nicht behauptet, die Aussagen der Naturwissenschaft seien rein subjektiv bestimmt — wie das mitunter als Argument vorgebracht wird —, da selbstverständlich der MARXsche Arbeitsbegriff zugrunde gelegt wird.

Literaturverzeichnis

[1] NEWTON, ISAAC: Mathematische Prinzipien der Naturlehre. Hrsg. v. J. PH. WOLFERS. Berlin 1872.
[2] NEWTON, ISAAC: Briefe an W. Bentley. In: Isaac Newton's Papers and Letters On Natural Philosophy. Ed. by I. B. COHEN. Cambridge/Massachusetts 1958.
[3] NEWTON, ISAAC: Opticks. With a foreword by A. EINSTEIN, an introduction by Sir E. WITTAKER, a preface by I. B. COHEN. Dover 1952.
[4] NEWTON, ISAAC: Brief an H. Oldenburg v. 1672. Zitiert bei I. B. COHEN in: [3].
[5] VOLTAIRE: Sammlung verschiedener Briefe des Herrn von *Voltaire*, die Engelländer und andere Sachen betreffend. Jena 1747.
[6] VOLTAIRE: Élémens de philosophie de Newton. In: Oeuvres complètes de Voltaire. Tome trente-uniéme. De l'imprimerie de la société littéraire-typographieque 1784.
[7] VOLTAIRE: Abbé — Beichtkind — Cartesianer. Philosophisches Wörterbuch. Leipzig 1965.
[8] VOLTAIRE: Zadig. In: VOLTAIRE, Sämtliche Romane und Erzählungen in zwei Bänden. Leipzig 1960, Bd. I.
[9] VOLTAIRE: Die Ohren des Grafen von Chesterfield. In: Sämtliche Romane und Erzählungen in zwei Bänden. a. a. O., Bd. II.
[10] VOLTAIRE: Mikromegas. In: VOLTAIRE, Sämtliche Romane und Erzählungen in zwei Bänden. a. a. O., Bd. II.
[11] VOLTAIRE: Brief an die Marquise du Deffand v. 24. 5. 1764. In: Briefe aus dem alten Frankreich. Übertragen und hrsg. v. W. LANGNER. Leipzig 1941.
[12] VOLTAIRE: Brief an den Marquis de Villevieille v. 26. 8. 1768. In: Briefe aus dem alten Frankreich. a. a. O.
[13] VOLTAIRE: Brief an den Grafen d'Argental v. 27. 1. 1737. In: Voltaire in seinen schönsten Briefen. Ausgewählt, übersetzt und kommentiert v. H. MISSENHARTER. Stuttgart 1953.
[14] VOLTAIRE: Brief an Horace Walpole v. 15. 7. 1768. In: Voltaire in seinen schönsten Briefen. a. a. O.
[15] DESCARTES, RENÉ: Regeln zur Ausrichtung der Erkenntniskraft. Berlin 1972.
[16] LOCKE, JOHN: Über den menschlichen Verstand. Berlin 1962, Bd. II.

[17] LEIBNIZ, GOTTFRIED WILHELM: Briefwechsel mit Clarke. In: Philosophische Schriften. Hrsg. v. GEBHARDT. Berlin 1875, Bd. VII.

[18] LAPLACE, PIERRE SIMON DE: Philosophischer Versuch über die Wahrscheinlichkeit. Hrsg. v. R. v. MISES. Leipzig 1932.

[19] HEGEL, GEORG WILHELM FRIEDRICH: Vorlesungen über die Geschichte der Philosophie. Leipzig 1971, Bd. III.

[20] DU BOIS-REYMOND, EMIL: Voltaire als Naturforscher. In: Reden von Emil du Bois-Reymond. Erste Folge. Leipzig 1886.

[20a] DU BOIS-REYMOND, EMIL: Zu Diderots Gedächtnis. In: Reden von Emil du Bois-Reymond. a. a. O.

[21] DU BOIS-REYMOND, EMIL: Brief an Eugen Dreher. Zitiert nach E. DREHER, Die Grundlagen der exakten Naturwissenschaft im Lichte der Kritik. Dresden 1900.

[22] HELMHOLTZ, HERMANN V.: Philosophische Vorträge und Aufsätze. Berlin 1971.

[23] HERTZ, HEINRICH: Die Prinzipien der Mechanik. In: Gesammelte Werke von Heinrich Hertz. Leipzig 1894, Bd. III.

[24] LANGE, FRIEDRICH ALBERT: Geschichte des Materialismus. Leipzig 1902, Bd. I.

[25] MARX, KARL: Die Doktordissertation. In: MEW, Ergänzungsband. Erster Teil. Berlin 1968.

[26] MARX, KARL: Ökonomisch-philosophische Manuskripte. In: MEW, Ergänzungsband. a. a. O.

[27] MARX, KARL: Thesen über Feuerbach. In: MEW, Bd. 3, Berlin 1958.

[28] MARX, KARL: Das Kapital. Bd. I. In: MEW, Bd. 23, Berlin 1962.

[29] TREDER, HANS-JÜRGEN: Elementare Kosmologie. Berlin 1975.

[30] TREDER, HANS-JÜRGEN: Das Korrespondenzprinzip und die Bedeutung von Quanten- und Relativitätstheorie. In: Spektrum 7 (1976) 2.

[31] ROMPE, ROBERT, und HANS-JÜRGEN TREDER: Über Physik. Studien zu ihrer Stellung in Wissenschaft und Gesellschaft. Berlin 1979.

[32] RUBEN, PETER: Mechanik und Dialektik, untersucht am Streit zwischen Cartesianern und Leibnizianern über das wahre Maß der bewegenden Kraft. In: Mikrokosmos — Makrokosmos, Bd. II. Berlin 1967.

[33] RUBEN, PETER: Geschichtliche Bildung und theoretisches Konzept der klassischen bürgerlichen Naturanschauung. In: Naturphilosophie — Von der Spekulation zur Wissenschaft. Hrsg. v. H. HÖRZ, R. LÖTHER, S. WOLLGAST. Berlin 1969.
[34] BUHR, MANFRED, und GERD IRRLITZ: Der Anspruch der Vernunft. Berlin 1968.
[35] v. BORZESZKOWSKI, HORST-HEINO, und RENATE WAHSNER: Kosmologie — Physik oder Metaphysik? In: Deutsche Zeitschrift für Philosophie **26** (1978) 2.
[36] v. BORZESZKOWSKI, HORST-HEINO, und RENATE WAHSNER: Erkenntnistheoretischer Apriorismus und Einsteins Theorie. Einstein in seiner Beziehung zu Newton und Kant. In: Deutsche Zeitschrift für Philosophie **27** (1979) 2.

Isaac Newton

Mathematische Prinzipien der Naturlehre

Vorwort an den Leser

Die Alten hielten (nach *Pappus'* Angabe) die *Mechanik* für sehr wichtig bei der Erforschung der Natur, und die Neuern haben, nachdem sie die Lehre von den substantiellen Formen und den verborgenen Eigenschaften aufgegeben, angefangen die Erscheinungen der Natur auf mathematische Gesetze zurückzuführen. Es erschien daher zweckmäßig, im vorliegenden Werke die *Mathematik* so weit auszuführen, als sie sich auf die *Physik* bezieht.

Die Alten stellten die Mechanik auf zweifache Weise dar, als *rationale*, welche durch Beweisführung mit Genauigkeit vorwärtsschreitet, und als *praktische*. Zur letztern gehören alle Handfertigkeiten, von denen auch der Name Mechanik abgeleitet ist. Da aber die Künstler nicht sehr genau zu Werke zu gehen pflegen, so unterscheidet man dermaßen zwischen Mechanik und der Geometrie, daß man alles Genaue zur letztern, alles weniger Genaue zur erstern zählt. Die begangenen Fehler darf man jedoch nicht der Kunst, sondern den Künstlern zuschreiben. Wer nämlich weniger genau zu Werke geht, ist ein unvollkommener Mechaniker; derjenige hingegen, welcher aufs genaueste arbeiten könnte, würde der vollkommenste aller Mechaniker sein.

Die Darstellung von geraden Linien und Kreisen, welche der Geometrie als Grundlage dienen, gehört auch der Mechanik an. Die Geometrie lehrt nämlich *nicht*, wie man solche Linien beschreibt, sie setzt dies als bekannt voraus. Sie verlangt, daß der Anfänger vorher gelernt habe, dieselben genau darzustellen, bevor er die Schwelle der Geometrie betritt. Sie lehrt hierauf, wie man durch diese Operationen Aufgaben lösen kann. Gerade Linien und Kreise beschreiben, sind Aufgaben, nicht der Geometrie, sondern der Mechanik; erstere lehrt die Anwendung derselben, und es gereicht ihr zum Ruhme, daß sie mit so wenigen, von anderswo hergenommenen Prinzipien soviel leistet. Die Geometrie hat demnach ihre Basis in der praktischen Mechanik, und sie ist derjenige Teil der allgemeinen Mechanik, welcher die Kunst, genau zu messen, aufstellt und beweist.

Da aber die Handfertigkeiten hauptsächlich bei der Bewegung der Körper in Anwendung kommen, so bezieht man gewöhnlich die *Geometrie* auf die Größen, die *Mechanik* auf die Bewegung. In diesem Sinne ist die *rationale Mechanik* die genau dargestellte und erwiesene Wissenschaft, welche von den aus gewissen Kräften hervorgehenden Bewegungen und umgekehrt den zu gewissen Bewegungen erforderlichen Kräften handelt. Diesen Teil hatten die Alten in den *fünf Kräften*, welche sich auf Handfertigkeiten beziehen, ausgebildet. Sie betrachteten dabei die *Schwere* (da sie keine Kraft der Hand ist) kaum weiter als bei den Gewichten, welche durch jene Kräfte bewegt werden sollen. Wir aber, die wir nicht die Kunst, sondern die wir die Wissenschaft zu Rate ziehen und die wir nicht über die Kräfte der Hand, sondern die der Natur schreiben, betrachten hauptsächlich diejenigen Umstände, welche sich auf Schwere und Leichtigkeit, auf die Kraft der Elastizität und den Widerstand der Flüssigkeiten und auf andere derartige anziehende oder bewegende Kräfte beziehen, und stellen daher unsere Betrachtungen als *Mathematische Prinzipien der Naturlehre* auf.

Alle Schwierigkeit der Physik besteht nämlich dem Anschein nach darin, aus den Erscheinungen der Bewegung die Kräfte der Natur zu erforschen und hierauf durch diese Kräfte die übrigen Erscheinungen zu erklären. Hierzu dienen die allgemeinen Sätze, welche im ersten und zweiten Buche behandelt werden. Im dritten Buche haben wir, zur Anwendung derselben, das Weltsystem erklärt. Dort ist nämlich aus den Erscheinungen am Himmel, vermittelst der in den ersten Büchern mathematisch bewiesenen Sätze, die *Kraft der Schwere* abgeleitet, vermöge welcher die Körper sich bestreben, der Sonne und den einzelnen Planeten sich zu nähern. Aus derselben Kraft werden dann, gleichfalls vermittelst mathematischer Sätze, die Bewegungen der Planeten, Kometen, des Mondes und des Meeres abgeleitet.

Möchte es gestattet sein, die übrigen Erscheinungen der Natur auf dieselbe Weise aus mathematischen Prinzipien abzuleiten! Viele Beweggründe bringen mich zu der Vermutung, daß diese Erscheinungen alle von gewissen Kräften abhängen können. Durch diese werden die Teilchen der Körper nämlich, aus noch nicht bekannten Ursachen, entweder gegeneinander getrieben und hängen alsdann als reguläre Körper zusammen, oder sie weichen voneinander zurück und fliehen sich gegenseitig. Bis jetzt haben die Physiker es vergebens versucht, die Natur durch diese unbekannten Kräfte zu erklären; ich hoffe jedoch, daß die hier aufgestellten Prinzipien entweder über diese oder irgend eine richtigere Verfahrungsweise Licht verbreiten werden.

Bei der Herausgabe dieses Werkes hat *Edmund Halley*, dieser höchst scharfsinnige und vielseitig gelehrte Mann, vielfache Mühe verwandt. Er hat nicht nur die Korrektur und die Holzschnitte besorgt, sondern war überhaupt auch derjenige, welcher mich zur Abfassung dieses Werkes veranlaßt hat. Da er nämlich von mir einen Beweis der Gestalt, welche die Bahnen der Himmelskörper haben, verlangt hatte; so bat er mich, ich möchte denselben der *Königlichen Gesellschaft* mitteilen. Diese bewirkte hierauf durch ihre Aufforderung und Oberleitung, daß ich anfing, an die Herausgabe des Werks zu denken. Nachdem ich aber mit den Ungleichheiten der Mondbewegung den Anfang gemacht hatte, beschäftigte ich mich mit den Gesetzen und dem Maße der Schwere und anderer Kräfte, mit den Bahnen, welche Körper beschreiben, die nach beliebigen gegebenen Gesetzen angezogen werden, ferner mit der Bewegung mehrerer Körper unter sich, mit der Bewegung der Körper in widerstehenden Mitteln, den Kräften, der Dichtigkeit und Bewegung dieser Mittel, endlich mit den Kometenbahnen und ähnlichen Untersuchungen. Ich glaubte aber, die Herausgabe einige Zeit verschieben zu müssen, um das Übrige ausfeilen und mit der ersten Untersuchung vereint veröffentlichen zu können. Dasjenige, was sich auf die Bewegung des Mondes bezieht (und freilich unvollkommen ist), habe ich in den Zusätzen des § 107 zusammengefaßt, damit ich nicht gehalten wäre, einzelne weitläufiger auseinanderzusetzen, als der Sache wert ist, und dasselbe gesondert zu beweisen, wodurch die Reihenfolge der übrigen Sätze eine Unterbrechung erlitten haben würde. Einzelnes, was ich noch spät auffand, wollte ich lieber an nicht ganz passenden Stellen einfügen, als die Zahl der Sätze und der Zitate ändern.

Möge alles mit Eifer gelesen werden, Mängel in einer so schwierigen Materie den Leser weniger zum Tadel als zu neuen Versuchen und gefälliger Ergänzung veranlassen! Hierum bitte ich denselben recht dringend.

Cambridge, den 8. Mai 1686 Is. *Newton*

Erklärungen

Erklärung 1. Die Größe der Materie wird durch ihre Dichtigkeit und ihr Volumen vereint gemessen.

Eine doppelt so dichte Luft im doppelten Raume ist von vierfacher Größe; dasselbe gilt von Schnee oder Staub, welche durch Flüssigwerden oder Druck verdichtet werden. Dasselbe findet auch bei allen Körpern statt, die durch irgendwelche Ursachen auf verschiedene Weise verdichtet werden. Auf das Mittel, welches etwa die Zwischenräume der Teile frei durchdringen kann, nehme ich hier keine Rücksicht.

Diese Größe der Materie werde ich im folgenden unter dem Namen *Körper* oder *Masse* verstehen, und sie wird durch das Gewicht des jedesmaligen Körpers bekannt. Daß die Masse dem Gewichte proportional sei, habe ich durch sehr genau angestellte Pendelversuche gefunden, wie später gezeigt werden wird.

Erklärung 2. Die Größe der Bewegung wird durch die Geschwindigkeit und die Größe der Materie vereint gemessen.

Die Bewegung des Ganzen ist die Summe der Bewegungen der einzelnen Teile. Daher ist sie eine *doppelte* in einem doppelt so großen Körper bei gleicher Geschwindigkeit und eine *vierfache* in einem doppelt so großen Körper bei doppelter Geschwindigkeit.

Erklärung 3. Die Materie besitzt das Vermögen zu widerstehen; deshalb verharrt jeder Körper, soweit es an ihm ist, in einem Zustande der Ruhe oder der gleichförmigen geradlinigen Bewegung.

Diese Kraft ist stets dem Körper proportional und unterscheidet sich nur in der Art der Auffassung von der Trägheit der Materie. Die Trägheit der Materie bewirkt, daß jeder Körper von seinem Zustande der Ruhe oder der Bewegung nur schwer abgebracht wird, weshalb auch diese der Materie eigentümliche Kraft mit dem sehr bezeichnenden Namen: *Kraft der Trägheit* belegt werden könnte. Es übt daher der Körper diese Kraft nur bei der Änderung seines Zustandes aus, der durch eine andere an ihm angebrachte Kraft bewirkt werden soll, und erstere wirkt, unter verschiedenen Gesichtspunkten, bald als *widerstehende*, bald als *angreifende* Kraft. *Widerstehend*, insofern der Körper, zur Erhaltung seines Zustandes, der angebrachten Kraft entgegenstrebt; *angreifend*, insofern er, indem er der Kraft des entgegenstehenden Hindernisses nur sehr schwer nachgibt, den Zustand des letztern zu ändern versucht. Gewöhnlich schreibt man den Widerstand den ruhenden, den Angriff den sich bewegenden Körpern zu; allein Bewegung und Ruhe, wie sie gewöhnlich aufgefaßt werden, unterscheiden sich voneinander durch die Weise der Beziehung, und es ruhen nicht immer diejenigen Körper, welche man gewöhnlich als ruhend ansieht.

Erklärung 4. Eine angebrachte Kraft ist das gegen einen Körper ausgeübte Bestreben, seinen Zustand zu ändern, entweder den der Ruhe oder den der gleichförmigen geradlinigen Bewegung.

Diese Kraft besteht nur in dem Bestreben, und sie verbleibt, nachdem sie dieses ausgeübt hat, nicht im Körper. Dieser verharret nämlich in jedem neuen Zustande nur vermöge der Kraft der Trägheit. Die beigebrachte Kraft ist verschiedenen Ursprungs, wie z. B. durch Stoß, Druck, Zentripetalkraft.

Erklärung 5. Die Zentripetalkraft bewirkt, daß ein Körper gegen irgendeinen Punkt als Zentrum gezogen oder gestoßen wird oder auf irgendeine Weise dahin zu gelangen strebt.

Hierher gehört die *Schwere*, vermöge welcher ein Körper sich dem Mittelpunkte der Erde zu nähern sucht; die *magnetische Kraft*, durch welche das Eisen zum Pole des Magneten hingezogen wird, und jene *Kraft*, welche es auch immer sei, durch welche die Planeten beständig von der geradlinigen Bewegung abgezogen und in krummen Linien sich zu bewegen gezwungen werden. Ein in der Schleuder herumgedrehter Stein hat das Bestreben, sich von der herumtreibenden Hand zu entfernen; er spannt durch dieses Bestreben die Schleuder an, und zwar desto stärker, je schneller er herumgedreht wird, und er fliegt davon, sobald man ihn losläßt. Die jenem Bestreben entgegengesetzte Kraft, durch welche die Schleuder den Stein beständig gegen die Hand zurückzieht und ihn im Kreise festhält, nenne ich die *Zentripetalkraft*, weil sie gegen die Hand, als den Mittelpunkt des Kreises, gerichtet ist. Dasselbe findet bei allen Körpern statt, welche im Kreise herumgetrieben werden. Sie haben alle das Bestreben, sich vom Mittelpunkte ihrer Bahn zu entfernen, und wenn nicht eine jenem Bestreben entgegengesetzte Kraft da wäre, wodurch sie gebunden und in ihren Bahnen zurückgehalten werden, welche Kraft ich *Zentripetalkraft* nenne, so würden sie längs einer geraden Linie mit gleichförmiger Bewegung fortgehen. Ein Projektil würde, wenn es von der Schwerkraft befreit wäre, nicht zur Erde abgelenkt werden, sondern geradlinig gegen den Himmel fortschreiten und zwar mit gleichförmiger Bewegung, wenn nur der Widerstand der Luft aufgehoben wäre. Durch die Schwere wird es vom geradlinigen Laufe abgezogen und beständig gegen die Erde gelenkt, und zwar stärker oder schwächer nach Verhältnis seines Gewichtes und der Geschwindigkeit seiner Bewegung. Je kleiner sein Gewicht nach Verhältnis der Menge der Materie und je größer die Geschwindigkeit ist, mit welcher es fortgeworfen wird, desto weniger wird es vom geradlinigen Wege abweichen und desto länger ihn fortsetzen. Wenn eine Bleikugel mit gegebener Geschwindigkeit längs einer horizontalen Linie von der Spitze eines Berges fortgeschossen wird und auf einer krummen Linie 2 Meilen weit fortgeht, ehe sie auf die Erde fällt, so würde sie mit der doppelten Geschwindigkeit etwa doppelt so weit, mit 10facher etwa 10mal so weit fortgehen, wenn nur der Widerstand der Luft aufgehoben wäre. Durch Vergrößerung der Geschwindigkeit könnte nach Belieben die Entfernung, in welche sie geworfen wird, vergrößert und die Krümmung der beschriebenen Linien vermindert werden; dergestalt, daß sie endlich erst in einer Entfernung von 10° oder 30° oder 90° niederfiele, oder auch um die ganze Erde herumliefe, oder endlich gen Himmel fortginge und diese abweichende Bewegung ins Unendliche fortsetzte. Ebenso wie das Projektil in eine Bahn gebracht werden und so die ganze Erde umlaufen könnte, kann auch der Mond entweder durch die Schwerkraft, wenn er nur schwer ist, oder durch eine andere ihn gegen die Erde drängende Kraft stets vom geradlinigen Wege zur Erde hingezogen und in seine Bahn gebogen werden. Ohne eine solche Kraft kann er nicht in derselben erhalten werden. Diese Kraft würde ferner, wenn sie angemessen kleiner wäre, ihn nicht stark genug vom geradlinigen Wege ablenken, hingegen, wenn sie zu groß wäre, ihn mehr als hinreichend zur Erde ablenken und gegen diese hinführen. Es ist daher notwendig, daß sie gerade von der richtigen Größe sei. Aufgabe der Mathematik ist es, die Kraft zu finden, durch welche ein Körper in einer gegebenen Bahn und mit gegebener Geschwindigkeit erhalten werden könne, und umgekehrt den krummlinigen Weg zu finden, auf welchem ein von einem gegebenen Orte und mit gegebener

Geschwindigkeit ausgegangener Körper durch eine gegebene Kraft abgelenkt wird.

Die Größe der Zentripetalkraft ist von dreierlei Art: *absolut*, *beschleunigend* und *bewegend*.

Erklärung 6. Die absolute Größe der Zentripetalkraft ist das größere oder kleinere Maß derselben, nach Verhältnis der wirkenden Ursache, welche vom Mittelpunkte nach den umgebenden Teilen sich fortpflanzt.

So ist die magnetische Kraft größer in dem einen, kleiner in dem andern Magneten, je nach der Größe des Magneten und der Intensität seiner Kraft.

Erklärung 7. Die beschleunigende Größe der Zentripetalkraft ist derjenigen Geschwindigkeit proportional, welche sie in einer gegebenen Zeit erzeugt.

So ist die Kraft desselben Magneten größer in kleiner, und kleiner in großer Entfernung. Die Kraft der Schwere größer in *Tälern*, kleiner auf den Spitzen sehr hoher Berge (wie Pendelversuche gezeigt haben), und noch kleiner (wie später gezeigt werden wird) in größeren Abständen von der Erde. In gleichen Abständen ist sie aber überall dieselbe, weil sie alle fallenden Körper (schwere oder leichte, große oder kleine) nach aufgegebenem Widerstande des Äthers gleich stark beschleunigt.

Erklärung 8. Die bewegende Größe der Zentripetalkraft ist der Bewegung proportional, welche sie in einer gegebenen Zeit hervorbringt.

So ist das Gewicht größer in einem großen, kleiner in einem kleinen Körper, und in demselben Körper größer in der Nähe der Erde, kleiner am Firmament. Diese Kraft ist des ganzen Körpers Streben oder Neigung zum Zentrum und (wie man zu sagen pflegt) sein Gewicht. Bekannt wird sie immer durch die ihr entgegengesetzte und gleiche

Kraft, durch welche das Herabsteigen des Körpers verhindert werden kann.

Man kann der Kürze wegen diese auf dreifache Weise betrachtete Größe der Kraft absolute, beschleunigende und bewegende Kraft nennen und sie zur gegenseitigen Unterscheidung auf die nach dem Mittelpunkte strebenden Körper, den Ort der Körper und den Mittelpunkt der Kräfte beziehen. *Die bewegende Kraft auf den Körper*, als ein Streben und Hinneigung des Ganzen gegen das Zentrum, welches aus der Hinneigung der einzelnen Teile zusammengesetzt ist. *Die beschleunigende Kraft auf den Ort des Körpers*, als eine wirkende Ursache, welche sich vom Zentrum aus nach den einzelnen es umgebenden Orten, zur Bewegung der in denselben befindlichen Körper, fortpflanzt. *Die absolute Kraft auf das Zentrum*, welches mit einer Ursache begabt ist, ohne welche die bewegenden Kräfte sich nicht durch den umgebenden Raum fortpflanzen würden. Diese Ursache mag nun irgendein Zentralkörper (wie der Magnet im Zentrum der magnetischen, die Erde im Zentrum der Schwerkraft) oder irgendwie unsichtbar sein. Dies ist wenigstens der *mathematische* Begriff derselben, denn die *physischen* Ursachen und Sitze der Kräfte ziehe ich hier nicht in Betracht.

Die beschleunigende Kraft verhält sich daher zur bewegenden wie die Geschwindigkeit zur Bewegung. Die Größe der Bewegung entsteht nämlich aus dem Produkte der Geschwindigkeit in die Masse, und die bewegende Kraft aus dem Produkte der beschleunigenden Kraft in dieselbe Masse, indem die Summe der Wirkungen, welche doch die beschleunigende Kraft in den einzelnen Teilchen des Körpers hervorbringt, die bewegende Kraft des ganzen Körpers ist. Daher verhält sich in der Nähe der Erdoberfläche, wo die beschleunigende Kraft, d. h. die Kraft der Schwere, in allen Körpern dieselbe ist, die bewegende Kraft der Schwere oder das Gewicht wie der Körper. Steigt man aber zu Gegenden auf, in denen die beschleunigende Kraft der Schwere geringer wird, so wird das Gewicht gleichmäßig vermindert und stets dem Produkt aus der beschleunigenden Kraft der Schwere in den Körper proportional sein. So wird in Gegenden, wo die beschleunigende Kraft halb so groß ist, das Gewicht eines Körpers um die Hälfte vermindert. Ferner nenne ich die Anziehungen und den Stoß in demselben Sinne beschleunigend und bewegend. Die Benennung: Anziehung, Stoß oder Hinneigung gegen den Mittelpunkt nehme ich ohne Unterschied und untereinander vermischt an, indem ich diese Kräfte nicht im physischen, sondern nur im mathematischen Sinne betrachte. Der Leser möge daher aus Bemerkungen dieser Art nicht schließen, daß ich die Art und Weise der Wirkung oder die physische Ursache erklären, oder auch, daß ich den Mittelpunkten (welche geometrische Punkte sind) wirkliche und physische Kräfte beilege, indem ich sage: die Mittelpunkte ziehen an, oder es finden Mittelpunktskräfte statt.

Anmerkung

Bis jetzt habe ich zu erklären versucht, in welchem Sinne weniger bekannte Benennungen in der Folge zu verstehen sind. *Zeit*, *Raum*, *Ort* und *Bewegung* als allen bekannt, erkläre ich nicht. Ich bemerke nur, daß man gewöhnlich diese Größen nicht anders als in bezug auf die Sinne auffaßt und so gewisse Vorurteile entstehen, zu deren Aufhebung man sie passend in absolute und relative, wahre und scheinbare, mathematische und gewöhnliche unterscheidet.

I. Die *absolute*, *wahre* und *mathematische Zeit* verfließt an sich und vermöge ihrer Natur gleichförmig und ohne Beziehung auf irgend einen äußeren Gegenstand. Sie wird so auch mit dem Namen *Dauer* belegt.

Die *relative*, *scheinbare* und *gewöhnliche Zeit* ist ein fühlbares und äußerliches, entweder genaues oder ungleiches, Maß der Dauer, dessen man sich gewöhnlich statt der wahren Zeit bedient, wie Stunde, Tag, Monat, Jahr.

II. Der *absolute Raum* bleibt vermöge seiner Natur und ohne Beziehung auf einen äußern Gegenstand stets gleich und unbeweglich.

Der *relative Raum* ist ein Maß oder ein beweglicher Teil des erstern, welcher von unsern Sinnen durch seine Lage gegen andere Körper bezeichnet und gewöhnlich für den unbeweglichen Raum genommen wird. Zum Beispiel ein Teil des Raumes innerhalb der Erdoberfläche; ein Teil der Atmosphäre; ein Teil des Himmels, bestimmt durch seine Lage gegen die Erde. Der absolute und relative Raum sind dasselbe an Art und Größe, aber sie bleiben es nicht immer an Zahl. Bewegt sich z. B. die Erde, so ist der Raum unserer Atmosphäre, welcher in bezug auf unsere Erde immer derselbe bleibt, bald der eine, bald der andere Teil des absoluten Raumes, in welchen die Atmosphäre übergeht, und ändert sich so beständig.

III. Der *Ort* ist ein Teil des Raumes, welchen ein Körper einnimmt, und, nach Verhältnis des Raumes, entweder *absolut* oder *relativ*.

Er ist ein Teil des Raumes, nicht aber der Platz oder die Lage des Körpers oder die ihn umgebende Oberfläche. Denn die Orte gleicher fester Körper sind stets einander gleich, wogegen die Oberflächen wegen der Unähnlichkeit der Gestalt meistenteils ungleich sind. Die Lage eines Körpers hat aber eigentlich gar keine Größe und ist nicht so sehr ein Ort als ein Verhältnis des Ortes. Die Bewegung des Ganzen ist identisch mit der Summe der Bewegungen seiner einzelnen Teile, daher die Ortsveränderung des Ganzen identisch mit der Summe der Ortsveränderungen seiner einzelnen Teile. Er befindet sich daher innerhalb des ganzen Körpers.

IV. Die *absolute Bewegung* ist die Übertragung des Körpers von einem absoluten Orte nach einem andern absoluten Orte; die *relative Bewegung* die Übertragung von einem relativen Orte nach einem andern relativen Orte.

In einem segelnden Schiffe ist der *relative Ort* eines Körpers die Gegend des Schiffes, in welcher der letztere sich befindet, oder derjenige Teil des ganzen innern Raumes, welchen der Körper ausfüllt und welcher daher gleichzeitig mit dem Schiffe fortbewegt wird. *Relative Ruhe* ist das Verharren des Körpers in derselben Gegend des Schiffes oder demselben Teile des ganzen innern Raumes. *Wahre Ruhe* hingegen ist das Verharren des Körpers in demselben Teile jenes unbewegten Raumes, in welchem das Schiff selbst mit seinem hohlen Raume und all seinem Inhalt sich bewegt. Wenn daher die Erde ruhte, so würde der Körper, welcher *relativ* im Schiffe ruhet, sich *wirklich und absolut* mit derselben Geschwindigkeit bewegen, mit welcher das Schiff sich bewegt. Bewegt sich hingegen die Erde auch, so entsteht die *wahre und absolute* Bewegung des Körpers teils aus der relativen Bewegung des Schiffes auf der Erde, teils aus den relativen Bewegungen des Schiffes auf der Erde und des Körpers im Schiffe, und aus den beiden letzteren Bewegungen ergibt sich die relative Bewegung des Körpers auf der Erde.

Bewegt sich z. B. der Teil der Erde, in welchem das Schiff sich befindet, gegen Osten mit einer Geschwindigkeit von 10010 Teilen; das durch Wind und Segel angetriebene Schiff hingegen gegen Westen mit einer Geschwindigkeit von 10 Teilen; geht endlich der Schiffer im Schiffe gegen Osten mit einer Geschwindigkeit von 1 Teile; so bewegt sich der letztere *wirklich und absolut* im unbewegten Raume gegen Osten mit einer Geschwindigkeit von 10001 Teilen und relativ auf der Erde gegen Westen mit einer Geschwindigkeit von 9 Teilen.

Die *absolute* Zeit wird in der Astromomie von der *relativen* durch die Zeitgleichung unterschieden. Die natürlichen Tage, welche gewöhnlich als Zeitmaße für gleich gehalten werden, sind nämlich eigentlich ungleich. Diese Ungleichheit verbessern die Astronomen, indem sie die Bewegung der Himmelskörper nach der richtigen Zeit messen. Es ist möglich, daß keine gleichförmige Bewegung existiere, durch welche die Zeit genau gemessen werden kann, alle Bewegungen können beschleunigt oder verzögert werden, allein der Verlauf der *absoluten* Zeit kann nicht geändert werden. Dieselbe Dauer und dasselbe Verharren findet für die Existenz aller Dinge statt; mögen die Bewegungen geschwind oder langsam oder Null sein. Ferner wird diese Dauer von ihren durch die Sinne wahrnehmbaren Maßen unterschieden und, mittelst der astronomischen Gleichung, aus ihnen entnommen. Die Notwendigkeit dieser Gleichung bei der Bestimmung der Erscheinungen wird aber sowohl durch die Anwendung einer Pendeluhr als auch durch die Verfinsterungen der Jupiter-Trabanten erwiesen.

Wie die Reihenfolge der Zeitteile ist auch die der Raumteile unveränderlich. Bewegt man diese von ihrem Orte, so werden sie (sozusagen) von sich selbst entfernt. Die Zeiten und die Räume sind die Orte ihrer selbst und aller Dinge; in der Zeit, in bezug auf die Aufeinanderfolge, im Raume, in bezug auf die Lage aller Dinge. Das Wesen der Räume ist, daß sie Orte sind; daß ein ursprünglicher Ort bewegt werde, ist absurd. Diese sind daher die absoluten Orte, und aus der Übertragung von einem Orte zum andern entsteht die absolute Bewegung.

Weil aber diese Teile des Raumes weder gesehen noch vermittelst unserer Sinne voneinander unterschieden werden können, nehmen wir statt ihrer wahrnehmbare Maße an. Aus der Lage und Entfernung der Dinge von einem Körper, welchen wir als unbeweglich betrachten, erklären wir nämlich alle Orte. Hierauf schätzen wir auch alle Bewegungen in bezug auf bestimmte Orte, insofern wir wahrnehmen, daß die Körper sich von ihnen entfernen. So bedienen wir uns, und nicht unpassend, in menschlichen Dingen statt der *absoluten* Orte und Bewegungen der *relativen*; in der Naturlehre hingegen muß man von den Sinnen abstrahieren. Es kann nämlich der Fall sein, daß kein wirklich ruhender Körper existiert, auf welchen man die Orte und Bewegungen beziehen könne.

Absolute und relative Ruhe und Bewegung unterscheiden sich voneinander durch ihre Eigenschaften, Ursachen und Wirkungen. Eine Eigenschaft der absoluten Ruhe besteht darin, daß wirklich ruhende Körper unter ich ruhen. Da es nun möglich sein kann, daß irgendsein Körper in der Nähe der Fixsterne oder weit jenseits derselben absolut ruhe, man aber durch die gegenseitige Lage der Körper in unserer Nähe nicht wissen kann, ob einer von diesen gegen jenen entfernten dieselbe Lage behält, so kann die wahre Ruhe aus der Lage dieser unter sich nicht abgeleitet werden.

Eine *Eigenschaft* der Bewegung besteht darin, daß Teile, welche die gegebene Lage gegen das Ganze beibehalten, an der Bewegung des letztern teilnehmen. Alle Teile sich drehender Körper haben nämlich das Bestreben, sich von der Achse der Bewegung zu entfernen, und der Stoß bewegter Körper entspringt aus den vereinigten Stößen ihrer einzelnen Teile. Wenn daher bewegte Körper sich herumdrehen, so bewegen sich die Teile, welche relativ in den sich drehenden Körpern ruhen. Daher kann man die absolute und wahre Bewegung nicht durch die Übertragung aus der Nähe von Körpern, welche als ruhende angesehen werden, ableiten. Man kann äußere Körper nicht bloß als ruhende ansehen, sondern sie müssen wirklich ruhen; sonst werden alle eingeschlossenen Teile, außerdem daß sie aus der Nähe der sich umdrehenden entfernt werden, auch an den wahren Bewegungen der letztern teilnehmen. Findet diese Entfernung nicht statt, so werden sie doch nicht wahrhaft ruhen, sondern nur als ruhende angesehen werden. Es verhalten sich nämlich die sich umdrehenden Teile zu den eingeschlossenen wie der äußere Teil eines Ganzen zum innern oder wie die Rinde zum Kern. Wird aber die Rinde bewegt, so bewegt sich auch der Kern, ohne sich aus der Nähe der Rinde zu entfernen, als Teil des Ganzen ebenfalls.

Der vorhergehenden Eigenschaft ist diejenige verwandt, daß, im Fall ein Ort sich bewegt, der in diesem befindliche Körper an dieser Bewegung teilnimmt; ein Körper, welcher sich aus einem bewegten Orte entfernt, teilt auch die Bewegung seines Ortes. Daher sind alle Bewegungen, welche von bewegten Orten aus erfolgen, nur Teile der ganzen und absoluten Bewegungen. Eine jede ganze Bewegung wird zusammengesetzt aus der Bewegung des Körpers von seinem ersten Orte, aus der Bewegung dieses Ortes von seinem Ort, u. s. w. f., bis man zu einem unbewegten Orte gelangt, wie in dem oben erwähnten Beispiele des Schiffers. Ganze und absolute Bewegungen können daher nur durch unbewegte Orte erklärt werden, und deshalb habe ich diese eben auf unbewegte, die relativen Bewegungen auf bewegte Orte bezogen. *Unbewegte Orte* sind aber nur solche, welche alle von Ewigkeit zu Ewigkeit dieselbe gegenseitige Lage beibehalten, also immer unbewegt bleiben und einen Raum bilden, welchen ich *unbeweglich* nenne.

Die *Ursachen*, durch welche wahre und relative Bewegungen verschieden sind, sind die Kräfte, welche zur Erzeugung der Bewegung auf die Körper eingewirkt haben. Eine wahre Bewegung wird nur erzeugt oder abgeändert durch Kräfte, welche auf den Körper selbst einwirken, wogegen relative Bewegungen erzeugt und abgeändert werden können, ohne daß die Kräfte auf diesen Körper einwirken. Es genügt schon, daß sie auf den andern Körper, auf welchen man diesen bezieht, einwirken; weicht der andere Körper alsdann zurück, so ändert sich auch die Beziehung, und hierin besteht eben die *relative* Ruhe und Bewegung des Körpers. Umgekehrt wird die *wahre* Bewegung des Körpers stets durch auf ihn einwirkende Kräfte geändert, wogegen die *relative* Bewegung durch diese Kräfte nicht notwendig geändert wird. Wirken nämlich dieselben Kräfte auch auf die andern Körper, auf welche man jenen bezieht, so ein, daß die relative Lage beibehalten wird, so bleibt die Beziehung, woraus relative Bewegung hervorgeht, unverändert. Jede relative Bewegung kann sich demnach ändern, wenn die wahre unverändert bleibt, und ungeändert bleiben, wenn letztere sich ändert. Daher besteht die wahre Bewegung keineswegs in Beziehungen dieser Art.

Die *wirkenden Ursachen*, durch welche absolute und relative Bewegungen voneinander verschieden sind, sind die *Fliehkräfte* von der Achse der Bewegung. Bei einer nur relativen Kreisbewegung existieren diese Kräfte nicht, aber sie sind kleiner oder größer, je nach Verhältnis der Größe der Bewegung.

Man hänge z.B. ein Gefäß an einem sehr langen Faden auf, drehe dasselbe beständig im Kreise herum, bis der Faden durch die Drehung sehr steif wird; hierauf fülle man es mit Wasser und halte es zugleich mit dem letzteren in Ruhe. Wird es nun durch eine plötzlich wirkende Kraft in entgegengesetzte Kreisbewegung versetzt und hält diese, während der Faden sich ablöst, längere Zeit an, so wird die Oberfläche des Wassers anfangs eben sein, wie vor der Bewegung des Gefäßes, hierauf, wenn die Kraft allmählich auf das Wasser einwirkt, bewirkt das Gefäß, daß dieses (das Wasser) merklich sich umzudrehen anfängt. Es entfernt sich nach und nach von der Mitte und steigt an den Wänden des Gefäßes in die Höhe, indem es eine hohle Form annimmt. (Diesen Versuch habe ich selbst gemacht.) Durch eine immer stärkere Bewegung steigt es mehr und mehr an, bis es in gleichen Zeiträumen mit dem Gefäße sich umdreht und relativ in demselben ruhet. Dieses Aufsteigen deutet auf ein Bestreben, sich von der Achse der Bewegung zu entfernen, und durch einen solchen Versuch wird die wahre und absolute kreisförmige Bewegung des Wassers, welche der relativen hier ganz entgegengesetzt ist, erkannt und gemessen. Im Anfange, als die *relative* Bewegung des Wassers im Gefäße am größten war, verursachte dieselbe kein Bestreben, sich von der Achse zu entfernen. Das Wasser suchte nicht, sich dem Umfange zu nähern, indem es an den Wänden emporstieg, sondern blieb eben, und die *wahre* kreisförmige Bewegung hatte daher noch nicht begonnen. Nachher aber, als die relative Bewegung des Wassers abnahm, deutete sein Aufsteigen an den Wänden des Gefäßes das Bestreben an, von der Achse zurückzuweichen, und dieses Bestreben zeigte die stets wachsende wahre Kreisbewegung des Wassers an, bis diese endlich am größten wurde, wenn das Wasser selbst *relativ* im Gefäße ruhte. Jenes Streben hängt nicht von der Übertragung des Wassers in bezug auf die umgebenden Körper ab, und deshalb kann die *wahre* Kreisbewegung nicht durch eine wieder solche Übertragung erklärt werden. Einfach ist die wirkliche kreisförmige Bewegung eines jeden sich umdrehenden Körpers, dem einfachen Streben gleichsam als eigentümliche und angemessene Wirkung entsprechend. Die *relativen* Bewegungen sind nach den mannigfachen Beziehungen auf unsere äußeren Körper unzählig, als Schatten der Beziehung sind sie aller *wahren* Wirkungen bar; außer insofern, als sie an jener *einfachen* und *wahren* Bewegung teilnehmen.

Daher werden nach den Ansichten derjenigen, welche unser Sonnensystem innerhalb des Fixsternhimmels sich umdrehen und die Planeten mit sich führen lassen, die Planeten und einzelnen Teile des Himmels, welche *relativ* in den ihnen zunächst gelegenen Teilen ruhen, in Wahrheit sich bewegen. Sie ändern nämlich ihre gegenseitige Lage (anders als es bei den wahrhaft ruhenden geschieht) und nehmen, zugleich mit den Teilen des Himmels fortgetragen, an der Bewegung der letzteren teil; sie haben als Teile rotierender ganzer Systeme das Bestreben, sich von ihren Achsen zu entfernen.

Die *relativen* Größen sind daher nicht die Größen selbst, deren Namen sie tragen, sondern deren wahrnehmbare Maße (wahre oder irrtümliche), deren man sich gewöhnlich statt der gemessenen Größen bedient. Sollen aber aus dem Gebrauche die Bedeutungen der Worte definiert werden, so hat man unter den Namen: *Zeit*, *Raum*, *Ort* und *Bewegung* eigentlich diese wahrnehmbaren Maße zu verstehen, und die Rede fällt ungewöhnlich und rein mathematisch aus, wenn die gemessenen Größen hierunter verstanden werden.

Ferner tun diejenigen der heiligen Schrift Gewalt an, welche diese Namen aus den dort aufgeführten gemessenen Größen übersetzen, aber nicht weniger besudeln diejenigen die Mathematik und die Naturlehre, welche die *wahren* Größen mit den *relativen* und den gewöhnlichen Maßen derselben verwechseln.

Die *wahren* Bewegungen der einzelnen Körper zu erkennen und von den *scheinbaren* scharf zu unterscheiden ist übrigens sehr schwer, weil die Teile jenes unbeweglichen Raumes, in denen die Körper sich wahrhaft bewegen, nicht sinnlich erkannt werden können. Die Sache ist jedoch nicht gänzlich hoffnungslos. Es ergeben sich nämlich die erforderlichen Hilfsmittel, teils aus den scheinbaren Bewegungen, welche die Unterschiede der wahren sind, teils aus den Kräften, welche den wahren Bewegungen als wirkende Ursachen zugrunde liegen.

Werden z. B. zwei Kugeln in gegebener gegenseitiger Entfernung mittelst eines Fadens verbunden und so um den gemeinschaftlichen Schwerpunkt gedreht, so erkennt man aus der Spannung des Fadens das Streben der Kugeln, sich von der Achse der Bewegung zu entfernen, und kann daraus die Größe der kreisförmigen Bewegung berechnen. Brächte man hierauf beliebige gleiche Kräfte an beiden Seiten der Kugeln zugleich an, um die Kreisbewegung zu vergrößern oder zu verkleinern, so würde man aus der vergrößerten oder verminderten Spannung des Fadens die Vergrößerung oder Verkleinerung der Bewegung erkennen und hieraus endlich diejenigen Seiten der Kugeln erkennen können, auf welche die Kräfte einwirken müßten, damit die Bewegung am stärksten vergrößert würde, d. h. die hintere Seite oder diejenige, welche bei der Kreisbewegung nachfolgt. Sobald man aber die nachfolgende und die ihr entgegengesetzte vorangehende Seite erkannt hätte, würde man auch die Richtung der Bewegung erkannt haben. Auf diese Weise könnte man sowohl die Größe als auch die Richtung dieser kreisförmigen Bewegung in jedem unendlich großen leeren Raume finden, wenn auch nichts Äußerliches und

Erkennbares sich dort befände, womit die Kugeln verglichen werden könnten. Würden nun in jenem Raume einige sehr entfernte Körper aufgestellt, welche unter sich eine gegebene Lage beibehalten, wie die Fixsterne in der Gegend des Himmels, so könnte man aus der relativen Bewegung der Kugeln unter den Körpern nicht erkennen, ob diesen oder jenen die Bewegung zuzuschreiben sei. Achtet man aber auf den Faden und findet man seine Spannung so, wie die Bewegung der Kugeln sie erfordert, so kann man daraus schließen, daß die Kugeln sich bewegen und die Körper ruhen, und wird dann endlich aus der Bewegung der Kugeln unter den Körpern die Richtung der Bewegung folgern. Auf die wahren Bewegungen aus ihren Ursachen, Wirkungen und scheinbaren Unterschieden zu schließen, und umgekehrt, aus den wahren oder scheinbaren Bewegungen die Ursachen und Wirkungen abzuleiten, wird im folgenden ausführlicher gelehrt werden. Zu diesem Ende habe ich die folgende Abhandlung verfaßt.

Grundsätze oder Gesetze der Bewegung

1. Gesetz. Jeder Körper beharrt in seinem Zustande der Ruhe oder der gleichförmigen geradlinigen Bewegung, wenn er nicht durch einwirkende Kräfte gezwungen wird, seinen Zustand zu ändern.

Geschosse verharren in ihrer Bewegung, insofern sie nicht durch den Widerstand der Luft verzögert und durch die Kraft der Schwere von ihrer Richtung abgelenkt werden. Ein Kreisel, dessen Teile vermöge der Kohäsion sich beständig aus der geradlinigen Bewegung entfernen, hört nur insofern auf, sich zu drehen, als der Widerstand der Luft (und die Reibung) ihn verzögert. Die großen Körper der Planeten und Kometen aber behalten ihre fortschreitende und kreisförmige Bewegung in weniger widerstehenden Mitteln längere Zeit bei.

2. Gesetz. Die Änderung der Bewegung ist der Einwirkung der bewegenden Kraft proportional und geschieht nach der Richtung derjenigen geraden Linie, nach welcher jene Kraft wirkt.

Wenn irgendeine Kraft eine gewisse Bewegung hervorbringt, so wird die doppelte eine doppelte, die dreifache eine dreifache erzeugen; mögen diese Kräfte zugleich und auf einmal oder stufenweise aufeinander folgend einwirken. Da diese Bewegung immer nach demselben Ziele wie die erzeugende Kraft gerichtet ist, so wird sie, im Fall, daß der Körper vorher in Bewegung war, entweder, wenn die Richtung übereinstimmt, hinzugefügt oder, wenn sie unter einem schiefen Winkel einwirkt, mit ihr nach den Richtungen beider zusammengesetzt.

3. Gesetz. Die Wirkung ist stets der Gegenwirkung gleich, oder die Wirkungen zweier Körper aufeinander sind stets gleich und von entgegengesetzter Richtung.

Jeder Gegenstand, welcher einen andern drückt oder zieht, wird ebenso stark durch diesen gedrückt oder gezogen. Drückt jemand einen Stein mit dem Finger, so wird dieser vom Steine gedrückt. Zieht ein Pferd einen an einem Seil befestigten Stein fort, so wird das erstere gleich stark gegen den letzteren zurückgezogen, denn das nach beiden Seiten gespannte Seil wird durch dasselbe Bestreben schlaff zu werden, das Pferd gegen den Stein und diesen gegen jenes drängen; es wird ebenso stark das Fortschreiten des einen verhindern als das Fortrükken des andern befördern. Wenn irgendein Körper auf einen andern stößt und die Bewegung des letztern irgendwie verändert, so wird ersterer in seiner eigenen Bewegung dieselbe Änderung, nach entgegengesetzter Richtung, durch die Kraft des andern (wegen der Gleichheit des wechselseitigen Druckes) erleiden. Diesen Wirkungen werden die Änderungen nicht der Geschwindigkeiten, sondern der Bewegungen nämlich bei Körpern, welche nicht anderweitig verhindert sind, gleich. Die Änderungen der Geschwindigkeiten nach entgegengesetzten Richtungen sind nämlich, weil die Bewegungen sich gleich ändern, den Körpern *umgekehrt* proportional. Es gilt dieses Gesetz auch bei den Anziehungen, wie in der nächsten Anmerkung gezeigt werden wird.

Zusatz 1. Ein Körper beschreibt in derselben Zeit durch Verbindung zweier Kräfte die Diagonale eines Parallelogrammes, in welcher er, vermöge der einzelnen Kräfte, die Seiten beschrieben haben würde.

Wird der Körper durch die Kraft M allein von A nach B und durch die Kraft N allein von A nach C gezogen, so vollende man das Parallelogramm $ABCD$, und es wird der Körper durch beide vereinten Kräfte in derselben Zeit von *A* nach *D* gezogen. Da nämlich die Kraft *N* längs der Linie *AC* ∥ *BD* wirkt, so wird diese Kraft nach dem 2. Gesetz nichts an der Geschwindigkeit

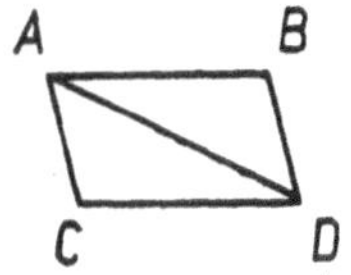

Abb. 1

ändern, mit welcher sich der Körper, vermöge der Kraft *M*, jener Linie *BD* nähert. Der Körper wird daher in *derselben* Zeit zur Linie *BD* gelangen, die Kraft *N* mag einwirken oder nicht, und wird daher am Ende jener Zeit sich irgendwo auf *BD* befinden. Auf dieselbe Weise folgt, daß er am Ende jener Zeit sich irgendwo auf der Linie *CD* befinden wird; er muß sich also notwendig im Punkte *D*, wo beide Linien zusammentreffen, befinden. Nach dem 1. Gesetz wird er geradlinig von *A* nach *D* fortgehen.

Zusatz 2. Hieraus ergibt sich die Zusammensetzung der geradlinig wirkenden Kräfte *AD* aus irgendwelchen zwei schiefwirkenden *AB* und *BD* und umgekehrt die Zerlegung einer geradlinigen Kraft *AD* in die beliebigen schiefen *AB* und *BD*. Diese Zusammensetzung und Zerlegung wird in der Mechanik vollständig bestätigt.

Gehen etwa vom Mittelpunkte *O* eines Rades ungleiche Radien *OM*, *ON* aus und tragen dieselben an den Fäden *MA*, *NP* die Gewichte *A* und *P*, so werden die Kräfte gesucht, welche diese Gewichte zur Bewegung des Rades hervorbringen. Durch den Mittelpunkt *O* ziehe man die gerade Linie *KOL*, welche in *K* und *L* auf die Richtung der Fäden perpendikulär ist. Aus *O* beschreibe man mit dem größern der beiden Abstände *OK* und *OL*, hier *OL*, als Radius einen Kreis, welcher den Faden

MA in *D* schneidet. Man ziehe *OD*, ferner $AC \parallel OD$ und *DX* perpendikulär auf *DO*. Da es gleichgültig ist, ob die Punkte *K*, *L*, *D* der Fäden an die Ebene des Rades befestigt sind oder nicht, so werden die Gewichte dasselbe bewirken, mag man sie an den Punkten *K* und *L* oder denen *D* und *L* anfügen. Die Kraft des Gewichtes *A*

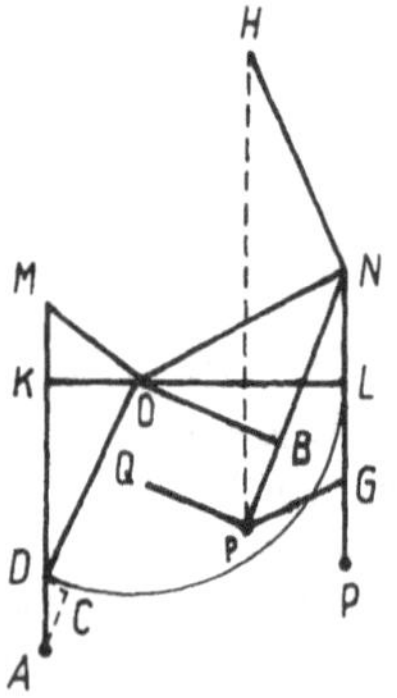

Abb. 2

werde durch die Länge *AD* ausgedrückt und dieselbe in die beiden Seitenkräfte *AC* uund *CD* zerlegt, von denen *AC* den Radius *DO* geradlinig vom Zentrum fortzieht und nichts zur Umdrehung des Rades beitragen kann, *DC* hingegen den Radius *DO* perpendikulär angreift und dasselbe bewirkt, als wenn sie perpendikulär auf $OL = OD$ wirkte. Ihre Wirkung wird daher derjenigen Kraft *P* gleich sein, wenn

$$P:A = CD:DA$$

ist. Da nun

$$\triangle ADC \sim \triangle DOK,$$

haben wir

$$CD:DA = KO:OD = KO:OL.$$

Demnach werden die Gewichte *A* und *P*, welche sich *umgekehrt* wie die in gerader Linie liegenden Radien *OK* und *OL* verhalten, gleiche Intensität besitzen und so im

Gleichgewicht stehen. (Dies ist die sehr bekannte Eigenschaft der Waage, des Hebels und der Winde.) Ist eines von beiden Gewichten größer als diesem Verhältnis entsprechend, so wird seine Kraft, in bezug auf Drehung des Rades, um so größer sein.

Hängt das Gewicht $p = P$ teils am Faden Np, und liegt es teils auf der schiefen Ebene pG, so ziehe man pH senkrecht auf den Horizont und NH perpendikulär auf pG, und es kann alsdann die Kraft p, welche durch die Linie pH ausgedrückt wird, in die Seitenkräfte pN und HN zerlegt werden. Ist nun die Ebene pQ perpendikulär auf den Faden pN und schneidet sie die andere Ebene pG in einer dem Horizonte parallelen Linie; liegt ferner das Gewicht p bloß auf den Ebenen pQ und pG, so wird es gegen diese Respektive mit den Kräften pN und HN drücken. Entfernt man daher die Ebene pQ, damit das Gewicht den Faden anspanne; so wird dieser, welcher die Stelle der fortgenommenen Ebene vertritt, durch dieselbe Kraft pN angezogen, welche vorher gegen letztere drückte. Es verhält sich daher die Spannung dieses schiefen Fadens pN zu der des senkrechten PN wie

$$pN : pH.$$

Verhält sich also, wenn OB auf pN perpendikulär gezogen wird,

$$p : A = OK : OB$$

und ist zugleich

$$p : A = pH : pN,$$

so werden beide gleich viel zur Umdrehung des Rades beitragen und sich gegenseitig im Gleichgewicht halten, wie jeder leicht versuchen kann.

Das Gewicht p, welches auf jenen beiden schiefen Ebenen liegt, befindet sich in derselben Lage wie ein Keil zwischen den inneren Flächen eines gespaltenen Körpers, und es werden so die Kräfte des Keiles und Hammers bekannt. Nämlich die Kräfte, womit der erstere gegen die Flächen pQ und pG drückt, verhalten sich zu der senkrechten Kraft, mit welcher der Hammer wirkt, wie bezüglich

$$pN : pH$$

$$HN : pH;$$

also auch die Kräfte, durch welche pQ und pG gedrückt werden, wie

$$pN : HN.$$

Auch die Kraft der Schraube wird durch eine ähnliche Zerlegung der Kräfte bestimmt, weil sie (die Schraube) ein mittelst eines Hebels getriebener Keil ist.

Die vielseitige Anwendung dieses Zusatzes ist daher klar, und seine Wahrheit wird um so vielfältiger erwiesen, als die gesamte, von den Schriftstellern auf verschiedenen Wegen dargestellte Mechanik von dem Gesagten abhängig ist. Hieraus werden nämlich auf leichte Weise die Kräfte der Maschinen abgeleitet, welche aus Rädern, Hebeln, beweglichen Rollen, Schrauben, gespannten Seilen, gerade oder schräg ansteigenden Gewichten und den übrigen mechanischen Potenzen zusammengesetzt zu werden pflegen. Ebenso verhält es sich mit den Kräften der Nerven, wodurch die Knochen der Tiere bewegt werden.

Zusatz 3. Die Größe der Bewegung, welche man erhält, indem man von der Summe der nach einer Richtung stattfindenden Bewegungen die Summe der nach entgegengesetzter Richtung stattfindenden subtrahiert, wird durch eine gegenseitige Wirkung der Körper aufeinander nicht geändert.

Nach dem 3. Gesetz ist die Wirkung der Gegenwirkung gleich, und nach dem 2. Gesetz bringen beide in der Bewegung gleiche und entgegengesetzte Änderungen hervor.

Findet daher die Bewegung nach derselben Richtung statt, so wird der Teil derselben, welcher dem vorangehenden Körper zugelegt wird, dem nachfolgenden genommen, so daß die Summe unverändert dieselbe bleibt. Begegnen sich die Körper, so verlieren beide gleich viel von ihrer Bewegung, und der Unterschied der nach entgegengesetzten Richtungen stattfindenden Bewegungen bleibt derselbe.

Ist etwa ein sphärischer Körper A 3mal so groß wie ein anderer B, hat ersterer eine Geschwindigkeit $= 2$, letzterer, in derselben Richtung nachfolgend, $= 10$, so verhält sich die Größe der Bewegung von A zu der von B, wie

$$2 \cdot 3 : 1 \cdot 10 = 6 : 10,$$

und ihre Summe ist $= 16$. Wenn nun beim Zusammentreffen beider A 3, 4 oder 5 Teile gewinnt, so wird B ebenso viele verlieren, demnach A 9, 10 oder 11, B hingegen 7, 6 oder 5 Teile Bewegung besitzen und die Summe beider stets $= 16$ bleiben. Gewinnt A 9, 10, 11 oder 12 Teile, und schreitet er daher nach dem Zusammentreffen in derselben Richtung mit der Größe der Bewegung von respektive 15, 16, 17, 18 Teilen fort; so verliert B hingegen ebenso viele Teile und schreitet nach dem Zusammentreffen respektive mit 1 Teil Bewegung in der früheren Richtung fort, er ruhet oder geht mit 1 Teil oder 2 Teilen Bewegung zurück, nachdem er seine 10 Teile Bewegung und sozusagen 1 oder 2 Teile mehr verloren hat. Die Summe der Bewegungen beider Körper bleibt dabei stets

$$15 + 1,\ 16 + 0,\ 17 - 1,\ 18 - 2,$$

also unverändert $= 16$, wie vor dem Zusammentreffen.

Ist aber die Größe der Bewegung bekannt, mit welcher die Körper nach ihrer Trennung fortschreiten, so erhält man die Geschwindigkeit eines jeden, indem man setzt, daß dieselbe vor und nach dem Zusammentreffen der

Größe der Bewegung vor- und nachher proportional sei. Zum Beispiel: Im letzten Falle war die

Größe der Bewegung des Körpers A
vor dem Zusammentreffen = 6,
Größe der Bewegung des Körpers A
nach dem Zusammentreffen = 18,
seine Geschwindigkeit *vor* dem Zusammentreffen = 2,
seine Geschwindigkeit *nach* dem Zusammentreffen = x,
daher $6:18 = 2:x$, also $x = 6$.

Sind die Körper entweder *nicht* sphärisch gestaltet oder treffen sie, indem sie sich längs verschiedener gerader Linien bewegen, schief aufeinander, so muß man, um ihre Bewegung nach der Zurückwerfung zu finden, zuerst die Lage der Ebene bestimmen, welche die Körper im Punkte des Zusammentreffens berührt. Hierauf hat man bei der Bewegung beider Körper (Zusatz 2) zwischen zweien zu unterscheiden, der einen auf diese Ebene perpendikulären, der andern ihr parallelen. Die letztere bleibt in beiden Körpern, weil diese nur längs der auf die Ebene perpendikulären Richtung aufeinander wirken, vor und nach dem Zusammentreffen dieselbe, den perdendikulären Bewegungen hingegen muß man gleiche und entgegengesetzte Änderungen beilegen, so daß die Summe der dem gleichen Ziele und Unterschied der nach entgegengesetzten Zielen gerichteten Bewegungen dieselbe wie vorher bleibt.

Aus Zurückwerfungen dieser Art pflegen auch die kreisförmigen Bewegungen der Körper um ihre Mittelpunkte hervorzugehen, aber diese Fälle betrachte ich im Folgenden nicht, und es würde zu weitläufig sein, alles Hierhergehörige zu beweisen.

Zusatz 4. Der gemeinschaftliche Schwerpunkt zweier oder mehrerer Körper ändert seinen Zustand der Ruhe oder Bewegung durch die Wirkung der Körper unter sich nicht, und ersterer wird daher (unter Ausschließung äußerer Wirkungen und Hindernisse) entweder ruhen oder sich gleichförmig in gerader Linie bewegen.

Wenn zwei Punkte nämlich mit gleichförmiger geradliniger Bewegung fortschreiten und ihr gegenseitiger Abstand in einem gegebenen Verhältnis geteilt wird; so wird der teilende Punkt entweder ruhen oder sich gleichförmig in gerader Linie fortbewegen. Dies wird später in § 58 und Zusatz für die Bewegung in derselben Ebene bewiesen und kann auf dieselbe Weise für die Bewegung im Raume dargetan werden. Bewegen sich daher beliebig viele Körper gleichförmig in geraden Linien fort, so wird der gemeinschaftliche Schwerpunkt zweier beliebiger von ihnen entweder ruhen, oder gleichförmig und geradlinig fortschreiten, weil die Linie, welche die Schwerpunkte dieser Körper verbindet, durch den gemeinschaftlichen Schwerpunkt in einem gegebenen Verhältnis geteilt wird. Auf dieselbe Weise wird der gemeinschaftliche Schwerpunkt dieser beiden und eines beliebigen dritten Körpers entweder ruhen oder sich gleichförmig und geradlinig fortbewegen, weil dieser Schwerpunkt die Verbindungslinie vom Schwerpunkte des dritten Körpers mit dem gemeinschaftlichen Schwerpunkte der beiden erstern in einem gegebenen Verhältnis teilt. Ebenso verhält es sich mit dem gemeinschaftlichen Schwerpunkte dieser drei Körper und eines vierten, usw. ins Unendliche.

In einem Systeme von Körpern, welche sowohl von allen gegenseitigen als auch von allen von außen her angebrachten Wirkungen frei sind und daher einzeln gleichförmig und geradlinig sich bewegen, wird der gemeinschaftliche Schwerpunkt entweder ruhen oder sich gleichförmig und geradlinig bewegen.

Da ferner in dem Systeme zweier Körper, welche aufeinander wirken, die Abstände der Schwerpunkte beider vom gemeinschaftlichen Schwerpunkte sich *indirekt* wie die Körper verhalten, so werden ihre relativen Bewegungen, womit sie sich dem gemeinschaftlichen Schwerpunkte nähern oder von ihm entfernen, einander gleich sein. Ebenso wird dieser Schwerpunkt durch gleiche und entgegengesetzte Änderungen in den Bewegungen, also durch die Wirkungen dieser Körper aufeinander, weder beschleunigt noch verzögert, noch erleidet er eine Änderung in seinem Zustande der Ruhe oder der Bewegung. In einem Systeme mehrerer Körper ändert der gemeinschaftliche Schwerpunkt aller niemals seinen Zustand der Ruhe oder der Bewegung, wenn je zwei Körper unter sich aufeinander wirken. Denn der gemeinschaftliche Schwerpunkt dieser beiden ändert infolge jener Wirkung keineswegs seinen Zustand, der Schwerpunkt der übrigen erleidet gar nichts von derselben, weil sie sich nicht auf sie erstreckt. Der Abstand dieser beiden besondern Schwerpunkte wird nun aber durch den gemeinschaftlichen Schwerpunkt aller Körper in Stücke geteilt, welche den Summen der Körper, deren Schwerpunkte jene sind, indirekt proportional sind. Da nun jene beiden Schwerpunkte ihren Zustand der Ruhe oder der Bewegung beibehalten, so ist dasselbe beim gemeinschaftlichen Schwerpunkte aller der Fall. In einem solchen Systeme sind aber alle Wirkungen entweder zwischen je zwei Körpern oder aus den Wirkungen zwischen je zweien zusammengesetzt, und sie werden daher niemals auf die Änderung des Zustandes der Ruhe oder der Bewegung, in welchem der gemeinschaftliche Schwerpunkt sich befindet, von Einfluß sein. Da der letztere, wenn jene Körper nicht aufeinander wirken, entweder ruhet oder längs irgendeiner geraden Linie gleichförmig fortschreitet, so wird er darin fortfahren, ohne daß die Wirkungen der Körper unter sich hinderlich sind, wenn er nicht durch von außen her angebrachte Kräfte aus seinem Zustande herausgebracht wird. Es findet daher für ein System von Körpern dasselbe Gesetz, in bezug auf das Verharren im Zustande der Ruhe oder der Bewegung, statt, welches für einzelne Körper gilt. Die fortschreitende Bewegung sowohl eines einzelnen Körpers als auch eines Systemes mehrerer Körper muß nämlich stets nach der Bewegung des Schwerpunktes abgeschätzt werden.

Zusatz 5. Körper, welche in einen gegebenen Raum eingeschlossen sind, haben dieselbe Bewegung unter sich; dieser Raum mag ruhen oder sich gleichförmig und geradlinig, nicht aber im Kreise fortbewegen.

Die Unterschiede der Bewegungen nach derselben Seite und die Summe derer nach entgegengesetzter Richtung sind nämlich (der Annahme zufolge) anfangs in beiden Fällen dieselben, und aus diesen Unterschieden oder Summen entspringen Bewegungen und Stöße, durch welche die Körper aufeinander wirken. Es werden daher nach dem 2. Gesetz die Wirkungen des Zusammentreffens in beiden Fällen gleich sein und deshalb die Bewegungen unter sich in dem einen Falle gleich bleiben den Bewegungen unter sich im andern Falle. Dasselbe kann durch einen Versuch deutlich erwiesen werden. Alle Bewegungen finden auf dieselbe Weise in einem Schiffe statt, mag dieses ruhen oder sich gleichförmig und geradlinig fortbewegen.

Zusatz 6. Wenn Körper sich untereinander auf irgendeine Weise bewegen und gleiche beschleunigende Kräfte nach parallelen Richtungen auf sie einwirken; so fahren alle fort, sich auf dieselbe Weise untereinander zu bewegen, als wenn sie nicht durch jene Kräfte angetrieben würden.

Jene Kräfte werden nämlich, indem sie gleich stark (nach Verhältnis der Größe der zu bewegenden Körper) und nach parallelen Richtungen wirken, alle Körper (was die Geschwindigkeit betrifft) nach dem 2. Gesetz gleich fortbewegen und daher nie die Bewegung und Lage untereinander ändern.

Anmerkung

Bis jetzt habe ich die Prinzipien dargestellt, welche von den Mathematikern angenommen und durch vielfältige Versuche bestätigt worden sind. Durch die ersten zwei Gesetze und die ersten zwei Zusätze fand *Galilei*, daß der Fall schwerer Körper im doppelten Verhältnis der Zeit stehe und daß die Bewegung der geworfenen Körper in Parabeln erfolge, übereinstimmend mit der Erfahrung, insoweit jene Bewegungen nicht durch den Widerstand der Luft etwas verzögert werden. Von denselben Gesetzen und Zusätzen sind die Beweise abhängig, welche in betreff der Dauer der Pendelschwingungen, unterstützt durch die tägliche Erfahrung an den Uhren, aufgestellt worden sind. Wenn ein Körper fällt, so flößt ihm die gleichförmige Schwere, indem sie in den einzelnen gleichen Zeitteilchen gleich stark wirkt, gleiche Kräfte ein und erzeugt gleiche Geschwindigkeiten. In der ganzen Zeit flößt sie die ganze Kraft ein und erzeugt die ganze Geschwindigkeit, beide der Zeit proportional. Die in proportionalen Zeiten beschriebenen Wege verhalten sich aber wie die Geschwindigkeiten und die Zeiten zusammengesetzt, d. h. sie stehen im doppelten Verhältnis der Zeiten. Wird ein Körper aufwärts geworfen, so flößt ihm die gleichförmige Schwere Kräfte ein und nimmt ihm den Zeiten proportionale Geschwindigkeiten. Die Zeit des Aufsteigens zur größten Höhe verhält sich wie die fortzunehmenden Geschwindigkeiten und jene Höhen wie die Geschwindigkeiten und Zeiten zusammengesetzt, oder sie stehen im doppelten Verhältnis der Geschwindigkeiten. Die Bewegungen eines längs einer geraden Linie geworfenen Körpers, welche aus dem Wurfe hervorgehen muß, wird mit der Bewegung zusammengesetzt, die aus der Schwere entspringt.

Könnte der Körper *A*, vermöge der Wurfbewegung allein, in einer gegebenen Zeit die gerade Linie *AB* beschreiben und, vermöge der Fallbewegung allein, in derselben Zeit die Höhe *AC* zurücklegen, so wird er sich, wenn man das Parallelogramm $ABDC$ vollendet, bei zusammengesetzter Bewegung, am Ende jener Zeit im Punkte D befinden. Die Kurve AED, welche er beschreibt, ist eine Parabel, welche AB in A berührt und deren Ordinate BD proportional AB ist. Aus den-

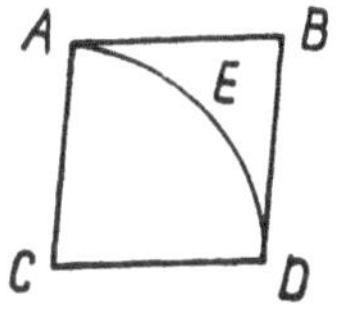

Abb. 3

selben Gesetzen und dem dritten haben *Christoph Wren*, *Johann Wallis* und *Christian Huygens*, die ersten Geometer unseres Jahrhunderts, die Regeln für den Zusammenstoß und die Zurückwerfung zweier Körper, jeder für sich gefunden und fast zu derselben Zeit der Königlichen Sozietät mitgeteilt, wobei sie (was die Gesetze betrifft) durchaus miteinander übereinstimmten. Zuerst machte *Wallis*, hierauf *Wren* und dann *Huygens* seine Erfindung bekannt, und der zweite zeigte der Sozietät die Richtigkeit seiner Erfindung an einem Pendelversuche, den der berühmte *Mariotte* in seinem eigenen Werke auseinanderzusetzen für würdig erachtete. Damit dieser Versuch aufs schärfste mit der Theorie übereinstimme, muß man sowohl auf den Widerstand der Luft als auf die Elastizität der zusammenstoßenden Körper Rücksicht nehmen.

Es hängen zwei Körper A und B an den parallelen und gleichen Fäden CA und DB von den Mittelpunkten C und D herab. Von diesen Mittelpunkten und mit diesen Halbmessern werden die Halbkreise EAF und GBH beschrieben, welche durch die Halbmesser CA und DB halbiert werden. Nun bringe man den Körper A nach dem beliebigen Punkte R des Bogens EAF und lasse ihn von dort, nachdem B fortgenommen ist, fallen; er möge nach Zurücklegung einer Schwingung zum Punkte V zurückkehren. Alsdann ist RV die durch den Widerstand der Luft bewirkte Verzögerung. Ist nun $ST = 1/4\, RV$ und in der Mitte von RV liegend, dergestalt, daß

$$RS = TV$$

und

$$RS : ST = 3 : 2,$$

so drückt dieser Bogen ST sehr nahe die Verzögerung aus, welche der Widerstand der Luft während des Herabfallens von S bis A hervorbringt. Hierauf bringe man den

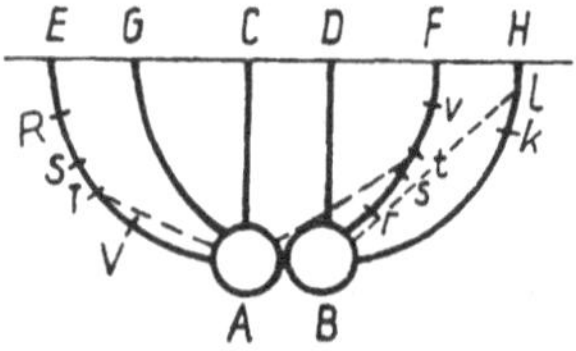

Abb. 4

Körper B wieder an seine Stelle zurück. Fällt der Körper A jetzt von S herab, so wird seine Geschwindigkeit im Zurückwerfungspunkte A ohne merklichen Fehler ebenso groß sein, als wenn er im luftleeren Raume vom Punkte T herabgefallen wäre. Diese Geschwindigkeit kann man durch die Sehne TA darstellen; denn es ist ein bekannter Satz der Geometrie, daß die Geschwindigkeit eines Pendels im tiefsten Punkte sich wie die Sehne des durchlaufenenen Bogens verhält. Nachdem die Körper einander zurückgeworfen haben, gelange A nach s und B nach k, und während B fortgenommen wird, falle A von v herab und gelange nach Zurücklegung einer Schwingung bis r zurück. Ist dann

$$st = 1/4 rv$$

und in der Mitte von rv gelegen, dergestalt daß

$$rs = tv;$$

so stellt die Sehne *tA* sehr nahe die Geschwindigkeit dar, welche der Körper *A* nach der Zurückwerfung im Punkte *A* hatte, indem *t* jenen wahren und verbesserten Ort bezeichnet, zu welchem *A* ohne den Widerstand der Luft hätte gelangen müssen. Nach derselben Methode kann man den Ort *k* verbessern, zu welchem *B* aufsteigt, und den Ort *l* bestimmen, zu welchem er im leeren Raume aufgestiegen sein würde. Auf diese Weise kann man alle Versuche so anstellen, als ob wir uns im luftleeren Raume befinden. Endlich muß man den Körper *A* auf die Bewegung im Punkte *A*, unmittelbar *vor* dem Zusammentreffen, hierauf auf die Sehne *tA* beziehen, um dieselbe unmittelbar *nach* der Zurückwerfung zu bestimmen. Ebenso hat man den Körper *B* auf die Sehne *lB* zu beziehen, um seine Bewegung unmittelbar nach der Zurückwerfung zu erhalten.

Nach derselben Methode muß man, im Fall die Körper von verschiedenen Orten herabfallen, die Bewegung beider *vor* und *nach* der Zurückwerfung suchen und erst dann die Bewegung beider miteinander vergleichen, um die Wirkungen des Zusammentreffens zu erforschen.

Auf diese Weise habe ich mit Pendeln von 10′ Länge Versuche angestellt, und zwar sowohl mit gleichen als ungleichen Körpern. Hierbei richtete ich es so ein, daß die Körper aus sehr weiten Entfernungen von 8′, 12′ oder 16′ zusammentreffen, und fand, wenn die Körper sich gegenseitig direkt begegneten, stets ohne einen Fehler von 3″, wie groß die Änderung der Bewegung beider Körper nach entgegengesetzten Richtungen war; ferner auch, daß die Wirkung der Gegenwirkung stets gleich war. Fiel *A* auf den ruhenden Körper *B* mit 9 Teilen Bewegung und ging er mit Verlust von 7 Teilen nach der Zurückwerfung mit 2 Teilen weiter, so sprang *B* mit jenen 7 Teilen zurück.

Begegneten beide einander, *A* mit 12, *B* mit 6 Teilen, und ging ersterer mit 2 Teilen zurück, so kehrte der letztere mit 8 um, indem beiderseits 14 Teile fortgenommen waren. Werden nämlich von der Bewegung des Körpers *A* 12 Teile fortgenommen, so bleibt gar keine übrig, und nimmt man noch 2 mehr fort, so erfolgt eine Bewegung von 2 Teilen in entgegengesetzter Richtung. Ebenso erhält *B*, nach Fortnahme von 14 Teilen von seinen 6 Teilen Bewegung, nach entgegengesetzter Richtung eine Bewegung von 8 Teilen.

Bewegten sich die Körper nach derselben Richtung, *A* geschwinder mit 14, *B* langsamer mit 5 Teilen, und bewegte sich ersterer nach dem Zusammentreffen mit 5 Teilen weiter; so hatte *B* eine Bewegung = 14, nachdem 9 Teile von *A* auf *B* übertragen waren usw. Durch das Zusammentreffen und Stoßen beider Körper wurde die Größe der Bewegung niemals geändert, wie man aus der Summe der nach derselben und dem Unterschiede der nach entgegengesetzten Richtungen stattfindenden Bewegungen schloß; denn einen Fehler von 1 bis 2″ möchte ich der Schwierigkeit, alles einzelne hinreichend genau auszuführen, zuschreiben. Schwierig war es, sowohl die Pendel gleichzeitig loszulassen, damit die Körper sich im untersten Punkte *AB* berührten, als auch die Punkte *s* und *k* zu bezeichnen, zu denen die Körper nach dem Zusammentreffen aufstiegen. Aber auch in den Bällen selbst brachte ungleiche Dichtigkeit der Teile und eine aus andern Ursachen ungleiche Textur Fehler hervor.

Damit nun niemand den Einwurf mache, die Regel, zu deren Beweis dieser Versuch erdacht worden ist, setze entweder absolut harte oder wenigstens vollkommen elastische Körper voraus, welche man in der Natur nicht findet; so füge ich hinzu, daß die beschriebenen Versuche ebensosehr bei weichen als harten Körpern erfolgen und daher keinesweges von der Bedingung der Härte abhängen. Will man nämlich den Versuch mit nicht vollkommen harten Körpern anstellen, so hat man nur die Zurückwerfung in einem bestimmten Verhältnis, nach der Größe der elastischen Kraft, zu vermindern. In der Theorie von *Wren* und *Huygens* kehrten absolut harte Körper voneinander mit der Geschwindigkeit des Zusammentreffens zurück. Bestimmter wird dies bei vollkommen elastischen Körpern bestätigt. Bei unvollkommen elastischen Körpern ist die Geschwindigkeit der Rückkehr zugleich mit der elastischen Kraft zu vermindern, weil diese (außer wenn die Teile des Körpers beim Zusammentreffen verletzt werden oder irgendeine Ausdehnung, wie unter dem Hammer, erleiden) gewiß und bestimmt ist und bewirkt, daß die Körper voneinander mit einer relativen Geschwindigkeit zurückkehren, welche zu der relativen Geschwindigkeit des Zusammentreffens in einem gegebenen Verhältnis steht. Dies habe ich mit Bällen versucht, welche aus Wolle zusammengewickelt und fest zusammengedrückt waren.

Indem ich zuerst die Pendel losließ und die Größe der Zurückwerfung maß, fand ich die Größe der elastischen Kraft. Hierauf bestimmte ich durch diese Kraft die Größe der Zurückwerfung in andern Fällen des Zusammentreffens, und die Versuche stimmten hiermit überein. Die Bälle kehrten voneinander mit einer relativen Geschwindigkeit zurück, welche sich zu der des Zusammentreffens ungefähr wie

$$5:9$$

verhielt. Fast dieselbe Geschwindigkeit fand bei Bällen von Stahl statt, während sie bei andern von Kork ein wenig geringer war. Bei gläsernen war das Verhältnis ungefähr wie

$$15:16.$$

Auf diese Weise ist das 3. Gesetz, so weit es den Stoß und die Zurückwerfung betrifft, durch die Theorie bewiesen, und die Erfahrung stimmt damit vollkommen überein.

Bei den Anziehungen zeige ich die Sache folgendermaßen. Zwischen zwei Körpern A und B, welche sich gegenseitig anziehen, denke man sich ein Hindernis aufgestellt, wodurch ihr Zusammentreffen unmöglich wird. Wird A stärker gegen B als dieser gegen jenen gezogen, so wird das Hindernis stärker durch A als durch B gedrückt und daher nicht im Gleichgewicht bleiben. Der stärkere Druck wird überwiegend sein und bewirken, daß das aus beiden Körpern und dem Hindernis zusammengesetzte System sich geradlinig nach B hin bewegt und im freien Raume mit einer beschleunigten Bewegung ins Unendliche fortgeht. Dies ist absurd und widerspricht dem ersten Gesetze, nach welchem das System in seinem Zustand einer Ruhe oder der gleichförmigen geradlinigen Bewegung verharren

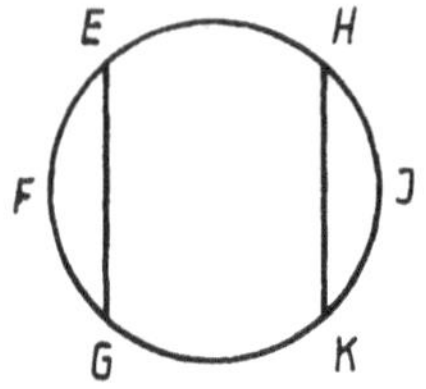

Abb. 5

müßte. Die Körper werden daher gleich stark gegen das Hindernis drücken und gegeneinander gezogen werden. Ich habe dies mit einem Magneten und einem Eisenstabe versucht. Befinden sich beide in zwei besonderen Gefäßen, welche im ruhigen Wasser nebeneinander schwimmen, so stoßen sie einander nicht fort, sondern suchen durch die beiderseitige gleiche Anziehung fortwährend einander näher zu kommen und bleiben, wenn sie endlich in den Zustand des Gleichgewichts getreten sind, in Ruhe. So findet auch die Schwere zwischen der Erde und ihren Teilen wechselseitig statt. Man schneide die Erde FJ durch eine beliebige Ebene EG in die beiden Stücke EGF und EGJ; alsdann werden die wechselseitigen Gewichte derselben einander gleich sein. Wenn man nämlich durch eine andere Ebene

$$HK \parallel EG$$

das größere Stück EJG in die zwei Teile $EGKH$ und HKJ zerlegt, von denen $HKJ = EGF$ ist; so wird offenbar das mittlere Stück *EGKH* durch sein eigenes Gewicht nach keinem der beiden äußern sich hinneigen, sondern zwischen ihnen sozusagen im Gleichgewicht schweben und ruhen. Der äußere Teil *HKJ* liegt aber mit seinem ganzen Gewichte auf dem mittlern und drängt diesen gegen den andern äußern *EGF*. Daher wird die Kraft, womit die Summe der Teile

$$HKJ + EGKH$$

oder der ganze Teil *EGJ* gegen den Teil *EGF* gezogen wird, gleich dem Gewicht von *HKJ*, d. h. gleich dem des Teiles *EGF*. Die wechselseitigen Gewichte beider Teile *EGJ* und *EGF* sind demnach einander gleich; wäre dies nicht der Fall, so müßte die im freien Äther schwimmende Erde dem größern Gewichte nachgeben und vor ihm fliehend sich ins Unendliche entfernen.

So wie Körper, deren Geschwindigkeiten sich *indirekt* wie die ihnen innewohnenden Kräfte verhalten, beim Zusammenstoßen und bei der Zurückwerfung gleich vermögend sind, so vermögen in den mechanischen Instrumenten die bewegenden Kräfte dasselbe und halten sich bei entgegengesetzten Bestrebungen einander im Gleichgewicht, wenn die Geschwindigkeiten sich *indirekt* wie die Kräfte verhalten. So sind Gewichte gleich fähig, die Arme einer Waage zu bewegen, wenn sie beim Schwingen der letztern sich *indirekt* wie ihre Geschwindigkeiten auf- und abwärts verhalten, d. h. Gewichte, welche geradlinig auf- und absteigen, sind gleichvermögend, wenn sie sich *indirekt* wie die Abstände ihrer Aufhängepunkte von der Achse verhalten. Steigen sie auf schiefen Ebenen oder andern angebrachten Gegenständen schräg auf und ab, so sind sie gleichvermögend, wenn sie sich *indirekt* wie die *vertikalen* Auf- und Absteigungen verhalten, und zwar wie die vertikalen, weil diese die Richtung der Schwere angeben. Ebenso wird bei der Winde oder der Hebemaschine die Kraft der Hand, welche das Seil geradlinig anzieht, die Last im Gleichgewicht erhalten, wenn sie sich zu der gerade oder schräg ansteigenden Last *indirekt* verhält, wie die Geschwindigkeit der Hand zur Geschwindigkeit der perpendikulär ansteigenden Last. Bei Uhren und ähnlichen Instrumenten, welche aus kleinen Rädern zusammengesetzt sind, halten die Kräfte zur Fortbewegung und Hemmung der Räder sich gegenseitig im Gleichgewicht, wenn sie sich *indirekt* wie die Geschwindigkeiten der Räder verhalten, an denen sie angebracht sind. Die Kraft der Schraube einer Presse verhält sich zur Kraft der Hand, welche die Mutter umdreht, wie die kreisförmige Bewegung der letztern zur fortschreitenden Geschwindigkeit der Presse gegen den Körper. Die Kräfte, mit denen der Keil gegen beide Seiten eines gespaltenen Holzes drückt, verhalten sich zur Kraft des Hammers gegen den Keil wie die Geschwindigkeit des letztern nach der Richtung, in welcher der Schlag des Hammers erfolgt, zu der Geschwindigkeit, mit welcher die Teile des Holzes, senkrecht gegen die Seiten des Keils, auseinanderweichen. Ebenso verhält es sich mit allen Maschinen. Die Wirkung und der Gebrauch derselben besteht darin, daß wir durch Verminderung der Geschwindigkeit die Kraft vermehren und umgekehrt, wodurch in geeigneten Instrumenten jeder Art die Aufgabe gelöst wird: eine *gegebene Last durch eine gegebene Kraft zu bewegen* oder irgendeinen gegebenen Widerstand durch eine gegebene Kraft zu überwinden.

Werden die Maschinen so gebaut, daß die Geschwindigkeit des wirkenden und des widerstehenden Teiles sich *indirekt* wie die Kräfte verhalten; so wird die wirkende Kraft dem Widerstande das Gleichgewicht halten, und ist sie (erstere) größer, so wird sie den letzteren überwinden. Ist sie so bedeutend größer, daß auch aller derjenige Widerstand überwunden wird, welcher aus der Reibung der zusammenhängenden und voneinander zu trennenden Körper und endlich aus den zu hebenden Gewichten zu entspringen pflegt, so wird nach Überwindung jedes Widerstandes die überflüssige Kraft eine ihr selbst proportionale Beschleunigung der Bewegung teils in den Teilen der Maschine, teils im widerstehenden Körper hervorbringen.

Übrigens ist es nicht unsere Absicht, die Mechanik hier zu behandeln, wir wollten nur zeigen, wie weit das dritte Gesetz sich erstreckt und mit welcher Bestimmtheit es stattfindet. Denn wenn die Wirkung nach der wirkenden Ursache, nach der Kraft und Geschwindigkeit vereint abgeschätzt wird und man die Gegenwirkung nach der Geschwindigkeit der einzelnen Teile und den aus der Reibung, Kohäsion, dem Gewicht und der Beschleunigung hervorgehenden widerstehenden Kräften bestimmt; so werden Wirkung und Gegenwirkung bei jedem Gebrauch von Instrumenten einander stets gleich sein. Wie weit auch die wirkende Ursache vermittelst des Instrumentes fortgepflanzt und zuletzt an jedem widerstehenden Körper angebracht werde; nach der letzten Bestimmung wird sie immer dieser Gegenwirkung gleich sein.

Vom Weltsystem

Einleitung zum Dritten Buch

In den vorhergehenden Büchern habe ich die Prinzipien der Naturlehre dargestellt, jedoch nicht physische, sondern nur mathematische, aus denen man nämlich in physikalischen Untersuchungen Schlüsse ziehen kann. Es sind das die Gesetze und Bedingungen der Bewegungen und Kräfte, welche sich hauptsächlich auf die Naturlehre beziehen. Damit dieselben aber nicht unfruchtbar erschienen, habe ich sie durch gewisse physikalische Anmerkungen erläutert, in denen ich dasjenige behandelte, was allgemein und hauptsächlich die Grundlage der Physik zu sein scheint, wie die Dichtigkeit und den Widerstand der Körper, die von Körpern leeren Räume, die Bewegung des Lichtes und des Schalles. Es bleibt noch übrig, daß wir nach jeden Prinzipien die Einrichtung des Weltsystems kennenlernen.

Aus diesem Grunde hatte ich das dritte Buch in populärer Form geschrieben, damit es von mehreren gelesen würde. Diejenigen aber, welche die vorausgesetzten Prinzipien nicht hinreichend eingesehen haben, würden die Kraft der Folgerungen nicht fassen und die Vorurteile nicht ablegen, an welche sie sich seit vielen Jahren gewöhnt haben. Aus diesem Grunde habe ich, damit die Sache nicht in einen Streit hineingezogen werde, die Summe jenes Buches nach mathematischer Weise in Sätze übertragen, damit dieselben nur von denjenigen gelesen würden, welche die Prinzipien vorher entwickelt haben. Da aber sehr viele Sätze dort vorkommen, welche auch die der Mathematik kundigen Leser zu lange aufhalten könnten, so will ich niemanden veranlassen, sie alle zu entwickeln. Es dürfte hinreichend sein, wenn man die Erklärungen, die Gesetze der Bewegungen und die drei ersten Abschnitte des ersten Buches aufmerksam durchläse, hierauf zu diesem Buche vom Weltsystem überginge und die übrigen hier zitierten Sätze der früheren Bücher nach Belieben zu Rate zöge.

Regeln zur Erforschung der Natur

1. Regel. An Ursachen zur Erklärung natürlicher Dinge nicht mehr zuzulassen, als wahr sind und zur Erklärung jener Erscheinungen ausreichen.

Die Physiker sagen: Die Natur tut nichts vergebens, und vergeblich ist dasjenige, was durch vieles geschieht und durch weniger ausgeführt werden kann. Die Natur ist nämlich einfach und schwelgt nicht in überflüssigen Ursachen der Dinge.

2. Regel. Man muß daher, so weit es angeht, gleichartigen Wirkungen dieselben Ursachen zuschreiben.

So dem Atmen der Menschen und der Tiere, dem Falle der Steine in Europa und Amerika, dem Lichte des

Küchenfeuers und der Sonne, der Zurückwerfung des Lichtes auf der Erde und der Planeten.

3. Regel. Diejenigen Eigenschaften der Körper, welche weder verstärkt noch vermindert werden können und welche allen Körpern zukommen, an denen man Versuche anstellen kann, muß man für Eigenschaften aller Körper halten.

Die Eigenschaften der Körper werden nämlich nur durch Versuche bekannt, und man muß daher diejenigen für allgemeine halten, welche im allgemeinen mit den Versuchen übereinstimmen und die weder vermindert noch aufgehoben werden können. Offenbar kann man weder, dem Verlauf der Versuche zuwider, Träume ersinnen, noch sich von der Analogie der Natur entfernen, da diese einfach und mit sich übereinstimmend zu sein pflegt. Die *Ausdehnung* des Körpers wird nur durch die Sinne erkannt und nicht bei allen wahrgenommen; weil man sie aber bei allen wahrnehmbaren Körpern antrifft, nimmt man sie bei allen an. Daß mehrere Körper hart sind, erfahren wir durch Versuche. Die Härte des Ganzen entspringt aus der Härte der Teile, und hieraus schließen wir mit Recht, daß nicht nur die wahrnehmbaren Teile dieser Körper, sondern auch die unzerlegbaren Teilchen aller Körper hart sind. Daß alle Körper *undurchdringlich* sind, leiten wir nicht aus der Vernunft, sondern aus Versuchen ab. Alles, was wir unter Händen haben, finden wir undurchdringlich, und daraus schließen wir, daß die *Undurchdringlichkeit* eine Eigenschaft aller Körper ist. Daß alle Körper *beweglich* sind und vermöge einer gewissen Kraft, welche wir die Kraft der Trägheit nennen, in der Bewegung oder Ruhe verharren, schließen wir daraus, daß wir diese Eigenschaften an allen betrachteten Körpern wahrgenommen haben. Die Ausdehnung, Härte, Undurchdringlichkeit, Beweglichkeit und Kraft der Trägheit des Ganzen entspringt aus denselben Eigenschaften der Teile; hieraus schließen wir, daß die kleinsten Teile der Körper ebenfalls ausgedehnt, hart, undurchdringlich, beweglich und mit der Kraft der Trägheit begabt sind. Hierin besteht die Grundlage der gesamten Naturlehre. Ferner lernen wir aus den Erscheinungen, daß die sich wechselseitig berührenden Teile der Körper voneinander getrennt werden können. Daß man durch Rechnung die Teile noch in kleinere zerlegen könne, ist aus der Mathematik bekannt; ob man diese so zerlegt gedachten Teile durch Kräfte der Natur darstellen könne, ist ungewiß. Wenn es sich aber durch einen Versuch ergäbe, daß einige unzerlegte Teilchen, durch Zerbrechung eines harten und festen Körpers, eine Teilung vertrügen; so würden wir daraus nach dieser Regel schließen, daß nicht nur zerlegte Teile trennbar seien, sondern daß auch unzerlegte ins Unendliche geteilt werden können.

Sind endlich alle Körper in der Umgebung der Erde gegen diese schwer, und zwar im Verhältnis der Menge der Materie in jedem; ist der Mond gegen die Erde nach Verhälntis seiner Masse und umgekehrt unser Meer gegen den Mond schwer; hat man ferner durch Versuche und astronomische Beobachtungen erkannt, daß alle Planeten wechselseitig gegeneinander und die Kometen gegen die Sonne schwer sind; so muß man nach dieser Regel behaupten, daß alle Körper gegeneinander schwer seien. Stärker ist der Beweis in bezug auf die allgemeine Schwere als auf die Undurchdringlichkeit der Körper, über welche letztere wir keinen Versuch und keine Beobachtung der Himmelskörper haben. Ich behaupte aber doch nicht, daß die Schwere den Körpern wesentlich zukomme. Unter eigentümlicher Kraft begreife ich die Kraft der Trägheit, welche unveränderlich ist, wogegen die Schwere mit der Entfernung von der Erde abnimmt.

4. Regel. In der Experimentalphysik muß man die, aus den Erscheinungen durch Induktion geschlossenen, Sätze, wenn nicht entgegengesetzte Voraussetzungen vorhanden sind, entweder genau oder sehr nahe für wahr halten, bis andere Erscheinungen eintreten, durch welche sie entweder größere Genauigkeit erlangen oder Ausnahmen unterworfen werden.

Dies muß geschehen, damit nicht das Argument der Induktion durch Hypothesen aufgehoben werde.

Allgemeine Anmerkung

Die Hypothese der Wirbel unterliegt vielen Schwierigkeiten. Damit nämlich jeder Planet um die Sonne Flächen beschreiben könne, welche der Zeit proportional sind, müßten die Umlaufszeiten der Teile ihres Wirbels im doppelten Verhältnis ihres Abstandes von der Sonne stehen. Damit die Umlaufszeiten der Planeten im 3/2ten Verhältnis ihrer Abstände von der Sonne ständen, müßten die Umlaufszeiten der Teile ihrer Wirbel im 3/2ten Verhältnis ihrer Abstände stehen. Damit ferner die kleinen Wirbel, welche sich um den Saturn, den Jupiter und andere Planeten drehen, für sich bestehen und sich frei im Wirbel der Sonne bewegen könnten, müßten die Umlaufszeiten der Teile des Sonnenwirbels gleich sein. Die Umdrehungen der Sonne und der Planeten um ihre Achsen, welche mit den Bewegungen der Wirbel übereinstimmen müßten, weichen aber weit von diesen Proportionen ab. Die Kometen haben sehr regelmäßige Bewegungen, sie befolgen bei ihren Umläufen dieselben Gesetze wie die Planeten, und ihr Lauf kann nicht durch Wirbel erklärt werden. Sie gehen nämlich mit sehr exzentrischen Bewegungen in alle Teile des Himmels, was nur geschehen kann, wenn man die Wirbel aufhebt.

Die geworfenen Körper erleiden hiernieden keinen andern Widerstand als den der Luft, und im *Boyle*schen Vakuum hört aller Widerstand auf, so daß eine dünne Feder und festes Gold dort mit gleicher Geschwindigkeit fallen. Dasselbe findet in den Himmelsräumen oberhalb unserer Atmosphäre statt. In ihnen müssen sich alle Körper ganz frei bewegen und also die Planeten und Kometen ihre Umläufe in Bahnen, welche der Art und Lage nach gegeben sind, zurücklegen, indem sie die oben erklärten Gesetze befolgen. Sie werden nach den Gesetzen der Schwere in ihren Bahnen verharren, aber die ursprüngliche und regelmäßige Lage der letztern konnten sie *nicht* durch diese Gesetze erlangen.

Die sechs Hauptplaneten bewegen sich um die Sonne in Kreisen, welche um die letztere konzentrisch sind, sie befinden sich sehr nahe in derselben Ebene, und ihre Bewegungen haben dieselbe Richtung. Die zehn Monde, welche sich um die Erde, den Jupiter und den Saturn in Kreisen drehen, die um diese Planeten konzentrisch sind, bewegen sich in derselben Richtung und sehr nahe in den Ebenen dieser Planetenbahnen. Alle diese so regelmäßigen Bewegungen entspringen nicht aus mechanischen Ursachen, da die Kometen sich in sehr exzentrischen Bahnen und nach allen Gegenden des Himmels frei bewegen. Vermöge dieser Art von Bewegung gehen die letzteren sehr schnell und leicht durch die Planetenbahnen und sind in ihrem Aphel, wo ihre Bewegung sehr langsam ist und sie längere Zeit verweilen, so weit voneinander entfernt, daß ihre gegenseitige Anziehung fast unmerklich ist. Diese bewundernswürdige Einrichtung der Sonne, der Planeten und Kometen hat nur aus dem Ratschlusse und der Herrschaft eines in alles eingehenden und allmächtigen Wesens hervorgehen können. Wenn jeder Fixstern das Zentrum eines dem unserigen ähnlichen Systemes ist, so muß das Ganze, da es das Gepräge eines und desselben Zwecks trägt, bestimmt *einem* und demselben Herrscher unterworfen sein. Das Licht der Fixsterne ist von derselben Natur wie das der Sonne, und alle Systeme senden einander ihr Licht zu. Ferner sieht man, daß derjenige, welcher diese Welt eingerichtet hat, die Fixsterne in ungeheure Entfernungen voneinander gestellt hat, damit diese Kugeln nicht, vermöge ihrer Schwerkraft, aufeinanderfallen.

Dieses unendliche Wesen beherrscht alles, nicht als Weltseele, sondern als Herr aller Dinge. Wegen dieser Herrschaft pflegt unser Herr Gott *παντοκρατωρ*, das heißt der *Herr über Alles*, genannt zu werden. Denn das

Wort Gottes (Deus) bezieht sich auf Diener, und die Gottheit ist die Herrschaft Gottes nicht über einen eigentlichen Körper, wie diejenigen annahmen, welche Gott einzig zur Weltseele machen, sondern über Diener. Der höchste Gott ist ein unendliches, ewiges und durchaus vollkommenes Wesen; ein Wesen aber, wie vollkommen es auch sei, wenn es keine Herrschaft ausübte, würde nicht Gott sein. Wir sagen nämlich wohl: *mein Gott, unser Gott, der Gott Israels, der Gott der Götter, der Herr der Herrn;* aber wir sagen nie: *mein Ewiger, euer Ewiger, der Ewige Israels, der Ewige der Götter* und ebensowenig: *mein Unendlicher,* noch *mein Vollkommener*; weil diese Bezeichnungen sich nicht auf unterworfene Wesen beziehen. Das Wort *Gott* (Deus) bezeichnet bisweilen *Herr*[1]), aber jeder *Herr* ist nicht *Gott.* Die Herrschaft eines geistigen Wesens ist es, was *Gott* ausmacht; sie ist wahr im wahren Gott, die höchste im höchsten und die erdichtete im erdichteten Gotte. Es folgt hieraus, daß der wahre Gott ein lebendiger, einsichtiger und mächtiger Gott, daß er über dem Weltall erhaben und durchaus vollkommen ist. Er ist ewig und unendlich, allmächtig und allwissend, das heißt, er währt von Ewigkeit zu Ewigkeit, von Unendlichkeit zu Unendlichkeit, er regiert alles, er kennt alles, was ist oder was sein kann. Er ist weder die Ewigkeit noch die Unendlichkeit, aber er ist ewig und unendlich; er ist weder die Dauer noch der Raum, aber er währt fort und ist gegenwärtig; er währt stets fort und ist überall gegenwärtig, er existiert stets und überall, er macht den Raum und die Dauer aus. Da jedes Teilchen des Raumes *beständig* existiert und jeder unteilbare Moment der Dauer *überall* fortwährt; so kann man nicht behaupten, daß der-

---

[1]) *Pocok* leitet das Wort Gott (*Deus*) vom arabischen Worte *Du* (Genitiv Di) ab, welches *Herr* bedeutet, und in diesem Sinne werden die Fürsten *Götter* genannt. (Psalm 84, V. 6, und Joh. Kap. 10, V. 45.) *Moses* wird der Gott seines Bruders *Aron* und des Königs *Pharao* genannt (Exodus, Kap, 4, V. 16 und Kap. 7, V. 1), und in demselben Sinne wurden sonst die Seelen der Fürsten von den Heiden Götter genannt, aber mit Unrecht, denn nach ihrem Tode haben sie keine Herrschaft mehr. (Bemerkung des Verfassers.)

jenige, welcher der Herr und Verfertiger aller Dinge ist, *nie* und *nirgend* existiere. Jede Seele, welche zu verschiedenen Zeiten, durch verschiedene Sinne und durch die Bewegung mehrerer Organe denkt, ist stets eine und dieselbe unteilbare Person. Es gibt aufeinanderfolgende Teile in der Dauer und nebeneinander stehende Teile im Raume; es gibt aber nichts Ähnliches in dem, was die Person des Menschen ausmacht, oder in seinem denkenden Prinzip, und noch viel weniger wird dergleichen in der denkenden Substanz Gottes stattfinden. Jeder Mensch, soweit er ein fühlendes Wesen ist, ist während seines ganzen Lebens und in allen verschiedenen Organen seiner Sinne ein und derselbe Mensch. Ebenso ist Gott überall und beständig ein und derselbe Gott. Er ist überall gegenwärtig, und zwar nicht nur *virtuell*, sondern auch *substantiell*; denn man kann nicht wirken, wenn man nicht ist. Alles wird in ihm bewegt und ist in ihm enthalten,[1]) aber ohne wechselseitige Einwirkung; denn Gott erleidet nichts durch die Bewegung der Körper, und seine Allgegenwart läßt sie keinen Widerstand empfinden. Es ist klar, daß der höchste Gott notwendig existiere, und vermöge derselben Notwendigkeit existiert er *überall* und *zu jeder Zeit*. Hieraus folgt auch, daß er durchaus sich selbst ähnlich ist, ganz Ohr, Auge, Gehirn, Arm, Gefühl, Einsicht und Wirksamkeit auf eine keineswegs menschliche und noch weniger körperliche, sondern durch-

---

[1]) Die Alten hatten diesen Gedanken, wie aus der Weise hervorzugehen scheint, nach welcher sich *Pythagoras* nach *Cicerodenatura deorum* Lib. I und *Thales* und *Anaxagoras* ausdrücken. Ebenso *Virgil* in *Georgicon*, Buch IV, V. 220 und *Aneis*, Buch VI, V. 721: *Philo* im Anfange des Buches I der *Allegorie* und *Aratus* in seinen Erscheinungen (Phaenomena). Ebenso verhält es sich in der Heiligen Schrift: *Paulus*, *Apostelgeschichte*, Kap. 17, V. 27 und 28; *Johannes* in seinem Evangelium, Kap. 14, V. 2; *Moses* im *Deuteronomium*, Kap. 4, V. 39, und Kap. 10, V. 14; *David* in *Psalm* 139, V. 7, 8 und 9, *Salomo* im *1. Buch der Könige*, Kap. 8, V. 27; *Hiob*, Kap. 22, V. 12, 13 und 14; *Jeremia*, Kap. 23, V. 23 und 24. Die Heiden dachten sich, daß die Sonne, der Mond, die Sterne, die Seelen der Menschen und alle anderen Teile der Welt Stücke des höchsten Wesens ausmachten und daß man ihnen Verehrung schuldig sei. (Bemerkung des Verfassers.)

aus unbekannte Weise. Ebenso wie der Blinde keine Idee von den Farben hat, haben wir auch durchaus keine Idee von der Weise, wie der weiseste Gott fühlt und alle Dinge erkennt. Er hat weder einen Körper, noch eine körperliche Gestalt; er kann also weder gesehen noch gehört noch berührt werden, und man darf ihn unter keiner fühlbaren Gestalt anbeten. Wir haben wohl eine Vorstellung von seinen Eigenschaften, aber keine von seinen Bestandteilen. Wir sehen nur die Gestalt und Farbe der Körper, wir hören ihre Töne, wir fühlen ihre äußere Oberfläche, wir riechen und schmecken sie; was aber die inneren Substanzen betrifft, so erkennen wir sie weder durch irgendeinen Sinn noch durch Nachdenken, und noch weniger haben wir eine Vorstellung von der Substanz Gottes. Wir kennen ihn nur durch seine Eigenschaften und Attribute, durch die höchst weise und vorzügliche Einrichtung aller Dinge und durch ihre Endursachen; wir bewundern ihn wegen seiner Vollkommenheiten, wir verehren und beten ihn an wegen seiner Herrschaft. Wir als Untertanen beten ihn an, denn Gott ohne Vorsehung, ohne Herrschaft und ohne Endursachen ist nichts anderes als die Bestimmung (*Fatum*) und die Natur.

Die blinde metaphysische Notwendigkeit, welche stets und überall dieselbe ist, kann keine Veränderung der Dinge hervorbringen; die ganze, in bezug auf Zeit und Ort herrschende Verschiedenheit aller Dinge kann nur von dem Willen und der Weisheit eines notwendig existierenden Wesens herrühren. Man sagt allegorisch: Gott sieht, hört, redet, lacht, liebt, haßt, wünscht, gibt, nimmt an, freut sich, zürnt, kämpft, arbeitet, bauet, konstruiert, weil alles dasjenige, was man von Gott sagt, von irgendeiner Vergleichung mit menschlichen Dingen entnommen ist. Diese Vergleichungen, wenn sie auch sehr unvollkommen sind, geben indessen doch eine schwache Vorstellung von ihm.

Dies hatte ich von Gott zu sagen, dessen Werke zu untersuchen, die Aufgabe der Naturlehre ist.

Ich habe bisher die Erscheinungen der Himmelskörper

und die Bewegungen des Meeres durch die Kraft der Schwere erklärt, aber ich habe nirgends die Ursache der letzteren angegeben. Diese Kraft rührt von irgendeiner Ursache her, welche bis zum Mittelpunkte der Sonne und der Planeten dringt, ohne irgendetwas von ihrer Wirksamkeit zu verlieren. Sie wirkt nicht nach Verhältnis der *Oberfläche* derjenigen Teilchen, worauf sie einwirkt (wie die mechanischen Ursachen), sondern nach Verhältnis der Menge fester Materie, und ihre Wirkung erstreckt sich nach allen Seiten hin, bis in ungeheure Entfernungen, indem sie stets im doppelten Verhältnis der letzteren abnimmt. Die Schwere gegen die Sonne ist aus der Schwere gegen jedes ihrer Teilchen zusammengesetzt, und sie nimmt mit der Entfernung von der Sonne genau im doppelten Verhältnis der Abstände ab, und dies geschieht bis zur Bahn des Saturns, wie die Ruhe der Aphelien der Planeten beweist; sie erstreckt sich ferner bis zu den äußeren Aphelien der Kometen, wenn diese Aphelien in Ruhe sind.

Ich habe noch nicht dahin gelangen können, aus den Erscheinungen den Grund dieser Eigenschaften der Schwere abzuleiten, und Hypothesen erdenke ich nicht. Alles nämlich, was nicht aus den Erscheinungen folgt, ist eine *Hypothese*, und Hypothesen, seien sie nun metaphysische oder physische, mechanische oder diejenigen der verborgenen Eigenschaften, dürfen nicht in die Experimentalphysik aufgenommen werden. In dieser leitet man die Sätze aus den Erscheinungen ab und verallgemeinert sie durch Induktion. Auf diese Weise haben wir die Undurchdringlichkeit, die Beweglichkeit, den Stoß der Körper, die Gesetze der Bewegung und der *Schwere* kennengelernt. Es genügt, daß die Schwere existiere, daß sie nach den von uns dargelegten Gesetzen wirke und daß sie alle Bewegungen der Himmelskörper und des Meeres zu erklären imstande sei.

Es würde hier der Ort sein, etwas über die geistige Substanz hinzuzufügen, welche alle festen Körper durchdringt und in ihnen enthalten ist. Durch die Kraft und

Tätigkeit dieser geistigen Substanz ziehen sich die Teilchen der Körper wechselseitig in den kleinsten Entfernungen an und haften aneinander, wenn sie sich berühren. Durch sie wirken die elektrischen Körper in den größten Entfernungen, sowohl, um die nächsten Körperchen anzuziehen, als auch, sie abzustoßen. Mittelst dieses geistigen Wesens strömt das Licht aus, wird zurückgeworfen, gebeugt, gebrochen und erwärmt die Körper. Alle Gefühle werden erregt und die Glieder der Tiere nach Belieben bewegt, durch die Vibrationen desselben, welche sich von den äußeren Organen der Sinne mittelst der festen Fäden der Nerven bis zum Gehirn und hierauf von diesem zu den Muskeln fortpflanzen. Diese Dinge lassen sich aber nicht mit wenigen Worten erklären, und man hat noch keine hinreichende Anzahl von Versuchen, um genau die Gesetze bestimmen und beweisen zu können, nach welchen diese allgemeine geistige Substanz[1]) wirkt.

---

[1]) Englisch: „this electric and elastic spirits" bzw. am Anfang des Absatzes „a certain most subtle spirit". Newton meint hier offensichtlich mit dem, was Wolfers schlechthin als „geistige Substanz" übersetzt, einen sehr feinen Äther. (d. Hrsg.)

Isaac Newton

Optik oder Abhandlung von den Spiegelungen, Brechungen, Beugungen und den Farben des Lichtes

Vorbemerkung Newtons zur Ausgabe von 1717

In dieser zweiten Ausgabe dieser Optik habe ich die mathematischen Abhandlungen, die am Ende der vorigen Ausgabe publiziert wurden, als nicht zum Thema gehörig weggelassen. Und am Ende des Dritten Buches habe ich einige Fragen angefügt. Um zu zeigen, daß ich die Gravitation nicht für eine wesentliche Eigenschaft der Körper halte, habe ich eine Frage hinzugefügt, die sich auf deren Ursache bezieht. Ich spreche über sie in Form einer Frage, weil ich mit ihr im Hinblick auf die Belange des Experiments noch nicht zufrieden bin.

16. Juli 1717 I. N.

Frage 21

Ist nicht das Medium (Äther — d. Hrsg.) viel dünner in den dichten Körpern der Sonne, der Sterne, Planeten und Kometen als in den leeren Himmelsräumen zwischen ihnen? Und wird es beim Fortgang von ihnen zu großen Entfernungen nicht unaufhörlich dichter und dichter und hierdurch zur Ursache der Gravitation jener großen Körper gegeneinander und ihrer Teile gegenüber den Körpern, und wird nicht jeder Körper danach streben, sich von den dichteren Teilen des Mediums zu den dünneren zu bewegen? Denn wenn dieses Medium innerhalb des Sonnenkörpers dünner wäre als an seiner Oberfläche und dort dünner als ein hundertstel Inch vom Sonnenkörper entfernt und dort dünner als ein fünfzigstel Inch vom Sonnenkörper entfernt und ferner dünner als auf der *Saturn*bahn, so sehe ich keinen Grund, warum das Anwachsen der Dichte irgendwo enden und sich nicht eher über alle Entfernungen von der Sonne bis zum *Saturn* und darüber hinaus fortsetzen sollte. Und obwohl die Dichte in großen Entfernungen nur außerordentlich langsam anwachsen kann, so kann sie, falls die elastische Kraft dieses Mediums doch außerordentlich groß wäre, dazu ausreichen, die Körper von den dichteren Teilen des Mediums zu den dünneren zu treiben mit all der Macht, die wir Gravitation nennen. Und daß die elastische Kraft dieses Mediums ausnehmend groß ist, kann von der Schnelligkeit ihrer Vibrationen herrühren. Der Schall legt ungefähr 1140 *Englische* Fuß pro Sekunde zurück, und in sieben oder acht Minuten legt er etwa hundert *Englische* Meilen zurück. Das Licht bewegt sich in etwa sieben oder acht Minuten von der Sonne zu uns, eine Entfernung, die ungefähr 70000000 *Englische* Meilen beträgt, vorausgesetzt die Horizontalparallaxe der Sonne beträgt 12″. Und damit die Vibrationen oder Schwingungen dieses Mediums diese plötzlich wechselnden Zustände müheloser Fortpflanzung und müheloser Reflexion verursachen können, müssen sie schneller als Licht sein und folglich 700000mal schneller als der Schall. Und daher muß die elastische Kraft dieses Mediums im Verhältnis zu ihrer Dichte mehr als 700000 × 700000 (d. h. mehr als 490000000000) mal größer sein als die elastische Kraft der Luft im Verhältnis zu ihrer Dichte ist. Denn die Geschwindigkeiten der Schwingungen des elastischen Mediums verhalten sich subduplikat zu den Elastizitäten und den Dünnigkeiten des Mediums.

Da die Attraktion in kleinen Magneten im Verhältnis zu ihrem Volumen stärker ist als in großen und die Gravitation an der Oberfläche der kleinen Planeten im Verhältnis zu ihrem Volumen größer ist als bei den großen Planeten und die kleinen Körper durch die elektrische Attraktion viel mehr bewegt werden als die großen, so kann die Feinheit der Lichtstrahlen sehr viel zur Kraft des Agens beitragen, durch das sie gebrochen werden.

Und falls irgendjemand annehmen würde, daß *Äther* (wie unsere Luft) Teilchen enthielte, die bestrebt sind, voreinander zurückzuweichen (denn ich weiß nicht, was dieser *Äther* ist), und daß seine Teilchen beträchtlich kleiner wären als die der Luft oder sogar als die des Lichtes, so kann die außerordentliche Kleinheit seiner Teilchen zur Größe der Kraft beitragen, durch die jene Teilchen voreinander zurückweichen können und dadurch jenes Medium sehr viel dünner und elastischer als Luft machen, wodurch es viel weniger den Bewegungen von Projektilen widerstehen und viel mehr auf große Körper drücken kann durch sein Bestreben, sich selbst auszudehnen.

Frage 28

Sind nicht alle Hypothesen fehlerhaft, in denen vorausgesetzt wird, daß Licht in einem Druck oder einer Bewegung besteht, die durch ein flüssiges Medium fortgepflanzt werden? Denn in all diesen Hypothesen sind die Phänomene des Lichtes bisher durch die Annahme erklärt worden, daß sie aus neuen Modifikationen der Strahlen entstehen, und das ist eine fehlerhafte Voraussetzung.

Falls Licht nur in dem Druck bestünde, der ohne tatsächliche Bewegung fortgepflanzt wird, so wäre es nicht in der Lage, die Körper zu bewegen und zu erwärmen, die es brechen und reflektieren. Falls es in einer Bewegung bestünde, die instantan über jede Entfernung fortgepflanzt wird, so würde dies in jedem Moment in jedem strahlenden Teilchen eine unendliche Kraft erfordern, um jene Bewegung zu erzeugen. Und falls es in einem Druck oder einer Bewegung bestünde, die entweder instantan oder im Verlaufe einer gewissen Zeitspanne fortgepflanzt werden, würde es sich in den Schatten hineinbeugen. Denn Druck oder Bewegung können in einer Flüssigkeit nicht in geraden Linien hinter ein Hindernis, das einen Teil der Bewegung abbremst, fortgepflanzt werden, sondern sie werden sich in das ruhende Medium, das hinter dem Hindernis liegt, hineinbeugen und ausbreiten. Gravitation ist nach unten gerichtet, aber der Druck des Wassers, der von der Gravitation herrührt, wirkt mit gleicher Kraft in alle Richtungen und wird gleich schnell und mit gleich großer Kraft sowohl seitwärts als auch nach unten, sowohl durch gekrümmte als auch durch verengte Passagen fortgepflanzt. Die Wellen auf der Oberfläche von stehendem Wasser, die an einem breiten Hindernis, das Teile von ihnen stoppt, seitwärts vorbeigehen, werden gebeugt und breiten sich danach allmählich in dem ruhigen Wasser hinter dem Hindernis aus. Die Wellen, Schwingungen oder Vibrationen der Luft, aus denen der Schall besteht, werden offensichtlich gebeugt, wenn auch nicht so stark wie die Wellen des Wassers. Denn eine Glocke oder Kanone kann hinter einem Hügel gehört werden, der den Anblick des schallerzeugenden Körpers verhindert, und Schall pflanzt sich durch gekrümmte Rohre genau so gut fort wie durch gerade. Aber es ist nicht bekannt, daß Licht gekrümmten Wegen folgt oder sich in den Schatten beugt. Denn die Fixsterne werden nicht mehr gesehen, wenn irgendeiner der Planeten dazwischentritt. Dasselbe gilt für Teile der Sonne durch das Dazwischentreten des Mondes, des *Merkur* oder der *Venus*. Die Strahlen, die nahe am Rande eines Körpers vorbeigehen, werden durch die Wirkung des Körpers ein bißchen gebeugt, wie wir oben gezeigt haben; aber diese Beugung erfolgt nicht zum Schatten hin, sondern vom Schatten weg, und geschieht nur beim Vorbeigang der Strahlen am Körper und in sehr kleinen Entfernungen von ihm. Sobald der Strahl hinter dem Körper ist, geht er geradeaus.

Die anomale Brechung des Kalkspats durch sich ausbreitenden Druck oder sich ausbreitende Bewegung hat meines Wissens bisher niemand zu erklären versucht außer *Huygens*, der zu diesem Zwecke zwei verschieden vibrierende Medien innerhalb des Kristalls angenommen hat. Als er aber die Brechung in zwei aufeinanderfolgenden Teilen des Kristalls untersuchte und zu den oben erwähnten Resultaten kam, gab er selbst zu, daß ihre Erklärung nicht möglich ist. Denn Drucke oder Bewegungen, die, ausgehend von einem leuchtenden Körper, durch ein uniformes Medium fortgepflanzt werden, müssen auf allen Seiten gleich sein, während es durch jene Experimente so scheint, als ob die Lichtstrahlen an ihren verschiedenen Seiten unterschiedliche Eigenschaften haben. *Huygens* vermutete, daß die Schwingungen des *Äthers* beim Durchgang durch den ersten Kristall gewisse neue Modifikationen erfahren, die die Fortpflanzung in diesem oder jenem Medium innerhalb des zweiten Kristalls bestimmen könnten, entsprechend der Position jenes Kristalls.

Aber welche Modifikationen das sein könnten, konnte er nicht sagen, noch fiel ihm etwas ein, das in diesem Punkte befriedigend gewesen wäre. Und, falls er gewußt hätte, daß die anomale Brechung nicht von den neuen Modifikationen abhängt, sondern von den ursprünglichen und unveränderlichen Dispositionen der Strahlen, wäre es ihm schwierig erschienen zu erklären, wie jene Dispositionen, von denen er annahm, daß sie den Strahlen beim ersten Kristall eingeprägt sind, vor ihrem Auftreffen auf jenen Kristall in ihnen vorhanden sein können, und allgemein, wie alle Strahlen, die durch leuchtende Körper emittiert werden, jene Dispositionen von Anbeginn in sich haben können. Mir wenigstens scheint das unerklärlich zu sein, wenn Licht nichts anderes ist als Druck oder Bewegung, die durch den *Äther* fortgepflanzt werden.

Und es ist so schwer, durch diese Hypothesen zu erklären, wie Strahlen sich abwechselnd plötzlich in Zuständen müheloser Reflexion oder müheloser Ausbreitung befinden können, wenn man nicht eventuell annehmen könnte, daß es im ganzen Raum zwei vibrierende Äthermedien gibt und daß die Vibrationen des einen von ihnen Licht darstellen und die Vibrationen des anderen schneller sind und, sooft wie sie die Vibrationen des ersten einholen, sie in jene plötzlichen Zustände versetzen. Aber wie zwei *Äther*, von denen einer auf den anderen wirkt und auf den folglich zurückgewirkt wird, über den ganzen Raum verstreut sein können, ohne die Bewegungen gegenseitig zu verzögern, zu zerstreuen und zu vermengen, ist undenkbar. Dagegen, daß die Himmel mit einem flüssigen Medium angefüllt sind, erwächst, sofern dieses nicht sehr dünn ist, ein großer Einwand aus den regelmäßigen und sehr dauerhaften Bewegungen der Planeten und Kometen auf allen möglichen Bahnen durch die Himmel. Und daher ist klar, daß die Himmel frei von allem merkbaren Widerstand und folglich von aller merkbaren Materie sind.

Denn die Widerstandskraft des flüssigen Mediums erwächst teilweise aus der Reibung der Teile des Mediums und teilweise aus der *Vis inertiae* der Materie. Der Teil des Widerstandes eines sphärischen Körpers, der aus der Reibung der Teile des Mediums erwächst, ist nahezu dem Durchmesser oder höchstens dem Produkt des Durchmessers mit der Geschwindigkeit des sphärischen Körpers gleich. Und der Teil des Widerstandes, der aus der *Vis inertiae* der Materie erwächst, ist gleich dem Quadrat jenes Produktes. Durch diese Differenz können die zwei Arten des Widerstandes in irgendeinem Medium voneinander unterschieden werden; und indem man sie unterscheidet, stellt sich heraus, daß fast der ganze Widerstand von Körpern ausreichender Größe, die sich in Luft, Wasser oder Quecksilber bewegen, und von flüssigkeitsähnlichen Körpern mit ausreichender Geschwindigkeit aus der *Vis inertiae* der Teile der Flüssigkeit erwächst.

Jener Teil der Widerstandskraft irgendeines Mediums nun, der aus der Zähigkeit oder Reibung der Teile des Mediums erwächst, kann durch Teilung der Materie in kleinere Teile und dadurch, daß man die Teile glatter und schlüpfriger macht, verringert werden. Aber jener Teil des Widerstandes, der aus der *Vis inertiae* erwächst, ist der Dichte der Materie proportional und kann weder durch Teilung der Materie in kleinere Teile noch durch irgendein anderes Mittel als durch Verminderung der Dichte des Mediums verringert werden. Und aus diesen Gründen ist die Dichte der flüssigen Medien ihrem Widerstand weitgehend proportional. Flüssigkeiten, die sich nicht sehr in der Dichte unterscheiden, wie Wasser, Weingeist, Terpentin und heißes Öl, unterscheiden sich nicht sehr in ihrem Widerstand. Wasser ist dreizehn- oder vierzehnmal leichter als Quecksilber und folglich dreizehn- oder vierzehnmal dünner, und sein Widerstand ist im selben Verhältnis kleiner als der von Quecksilber oder so ungefähr, wie ich durch Experimente gefunden habe, die mit einem Pendel gemacht wurden. Und in der dünneren Luft ist der Widerstand noch geringer, und er wird schließlich durch Verdünnung der Luft unmerklich. Denn kleine Federn, die in freier Luft fallen, erfahren einen großen Widerstand, aber in einem großen Glas, das gut von Luft geleert ist, fallen sie so schnell wie Blei oder Gold, wie ich in Versuchen verschiedene Male gesehen habe. Daher scheint der Widerstand noch im Verhältnis zur Dichte der Flüssigkeit abzunehmen. Denn ich habe durch keinerlei Experimente gefunden, daß die Körper, die sich in Quecksilber, Wasser oder Luft bewegen, irgendeinen merkbaren Widerstand erfahren als den, der aus der Dichte und der Zähigkeit jener merkbaren Flüssigkeiten erwächst, einen Widerstand, wie sie ihn erfahren würden, wenn die Poren jener Flüssigkeiten und aller anderen Räume mit einer dichten und feinen Flüssigkeit erfüllt wären. Wenn nun der Widerstand in einem gut von Luft entleertem Gefäß hundertmal geringer als in offener Luft wäre, so würde er ungefähr millionenmal kleiner als in Quecksilber sein. Aber er scheint in solch einem Gefäß viel kleiner zu sein und noch viel kleiner in den Himmeln, in der Höhe von drei- oder vierhundert Meilen über der Erde oder darüber. Denn Mr. *Boyle* hat gezeigt, daß Luft über zehntausendmal in Glasgefäßen verdünnt werden kann; und die Himmel sind viel entleerter als irgendein Vakuum, das wir in unteren

Schichten herstellen können. Denn da die Luft durch das Gewicht der darüberliegenden Atmosphäre zusammengedrückt wird und die Dichte der Luft der sie komprimierenden Kraft proportional ist, folgt durch Rechnung, daß in einer Höhe von etwa siebeneinhalb *Englischen* Meilen über der Erde die Luft viermal dünner als an der Erdoberfläche ist; und in einer Höhe von fünfzehn Meilen ist sie sechzehnmal dünner als an der Erdoberfläche; und in einer Höhe von 22 1/2, 30 und 38 Meilen ist sie 64-, 256- bzw. 1024mal dünner oder so ungefähr; und in einer Höhe von 76, 152, 228 Meilen ist sie ungefähr 1000000-, 1000000000000- bzw. 1000000000000000000-mal dünner und so weiter.

Wärme fördert sehr stark die Fluidität durch Verringerung der Zähigkeit der Körper. Sie macht viele Körper flüssig, die in der Kälte nicht flüssig sind, und vergrößert die Fluidität zäher Flüssigkeiten wie Öl, Balsam und Honig und verkleinert dadurch ihren Widerstand. Aber sie verkleinert den Widerstand von Wasser nicht merklich, wie es der Fall wäre, wenn ein merklicher Teil des Wasserwiderstandes von der Reibung oder Zähigkeit seiner Teile herrühren würde. Und daher erwächst der Widerstand des Wassers hauptsächlich und fast vollständig aus der *Vis inertiae* seiner Materie; und folglich, wenn die Himmel so dicht wie Wasser wären, so würden sie keinen viel kleineren Widerstand als Wasser haben; wenn sie so dicht wie Quecksilber wären, so würden sie keinen viel kleineren Widerstand als Quecksilber haben; wenn sie absolut dicht wären oder voller Materie ohne irgendwelches *Vacuum* (vorausgesetzt, Materie ist niemals so fein und flüssig), so würden sie einen größeren Widerstand als Quecksilber haben. Eine massive Kugel würde in solch einem Medium, wenn sie einen Weg von der dreifachen Länge ihres Durchmessers zurücklegt, über die Hälfte ihrer Bewegung verlieren, und eine nicht massive Kugel (so wie es die Planeten sind) würde schneller abgebremst werden. Und um daher Platz zu machen für die regelmäßigen und dauerhaften Bewegungen der

Planeten und Kometen, ist es notwendig, die Himmel von aller Materie zu befreien, ausgenommen vielleicht einige dünne Nebel, Dämpfe oder Ausdünstungen, die von den Atmosphären der Erde, der Planeten und Kometen und von einem solchen außerordentlich dünnen Äthermedium, wie wir es oben beschrieben haben, herrühren. Ein dichtes Fluidum kann keinen Nutzen für die Erklärung der Naturphänomene haben; die Planeten- und Kometenbewegungen werden besser ohne ein solches erklärt. Es dient nur dazu, die Bewegungen der großen Himmelskörper zu stören und zu bremsen, und läßt das Gefüge der Natur erschlaffen; und in den Poren der Körper dient es nur dazu, die vibrierenden Bewegungen ihrer Teile, worin ihre Wärme und Aktivität besteht, zu stoppen. Und da es von keinem Nutzen ist und die Operationen der Natur hindert und sie erschlaffen läßt, so gibt es keinen Beweis für seine Existenz, und es sollte daher abgelehnt werden. Und wenn es abgelehnt wird, werden damit auch die Hypothesen abgelehnt, nach denen Licht im Druck oder in der Bewegung besteht, die durch solch ein Medium fortgepflanzt werden.

Für die Ablehnung solch eines Mediums spricht die Autorität jener ältesten und geehrtesten Philosophen *Griechenlands* und *Phöniziens*, die ein *Vacuum* und Atome und die Gravitation der Atome zu den ersten Prinzipien ihrer Philosophie machten, wobei sie die Gravitation stillschweigend einer anderen Ursache zuschoben als der dichten Materie. Die späteren Philosophen verbannen die Überlegung über eine solche Ursache aus der Naturphilosophie, indem sie vorgeben, alle Dinge mechanisch zu erklären und andere Ursachen in die Metaphysik verweisen: Es ist aber das Hauptanliegen der Naturphilosophie, ohne spekulative Hypothesen von den Phänomenen auszugehen und die Ursachen aus den Wirkungen herzuleiten, bis wir zur allerersten Ursache kommen, die gewiß nicht mechanisch ist; und ihre Aufgabe ist es nicht nur, den Mechanismus der Welt zu enthüllen, sondern hauptsächlich die folgenden und ähnliche Fragen zu lösen. Was ist an den Orten, die fast ohne Materie sind? Und wie kommt es, daß Sonne und Planeten einander anziehen, ohne daß dichte Materie dazwischen liegt? Wie kommt es, daß die Natur nichts umsonst tut? Und woher kommt all die Ordnung und Schönheit, die wir in der Welt sehen? Wozu dienen die Kometen, und wie kommt es, daß sich alle Planeten im gleichen Sinne auf konzentrischen Bahnen bewegen, während sich die Kometen in jeder Weise auf sehr exzentrischen Bahnen bewegen; und was hindert die Fixsterne daran, aufeinander zu fallen? Wodurch sind die Körper der Lebewesen so kunstvoll konstruiert, und für welche Zwecke sind ihre verschiedenen Teile bestimmt? Ist das Auge ohne Kenntnis der Optik und das Ohr ohne Kenntnis der Akustik konstruiert? Wie folgen die Bewegungen des Körpers aus dem Willen, und woher rührt der Instinkt der Tiere? Ist nicht das Sensorium der Tiere jener Ort, an dem sich die sensitive Substanz befindet und zu dem die wahrnehmbaren Eigenarten der Dinge durch die Nerven und das Gehirn geleitet werden, damit sie hier, indem sie dieser Substanz unmittelbar gegenwärtig sind, wahrgenommen werden? Und wenn diese Dinge auf die rechte Art betrachtet werden, zeigt sich dann nicht aus den Erscheinungen, daß es ein unkörperliches, intelligentes und allgegenwärtiges Wesen gibt, das im unendlichen Raum, als wäre er in seinem Sensorium, die Dinge in ihrem Innersten durchschaut und sie direkt wahrnimmt und sie völlig begreift, weil sie unmittelbar in ihm gegenwärtig sind, während nur Abbildungen dieser Dinge durch die Sinnesorgane zu unserem kleinen Sensorium geleitet werden, die dort durch das, was in uns wahrnimmt und denkt, gesehen und betrachtet werden. Und obwohl nicht jeder wahre Schritt, der in dieser Philosophie getan wird, uns unmittelbar zur Kenntnis der ersten Ursache führt, so bringt er uns ihr doch näher, und aus diesem Grunde muß er sehr hoch gewertet werden.

Frage 31

Haben die kleinen Teilchen der Körper nicht bestimmte Kräfte, Fähigkeiten, Potenzen, durch die sie par distance wirken können, nicht nur auf Lichtstrahlen, um sie zu reflektieren, zu brechen und zu beugen, sondern auch aufeinander, wodurch sie einen größeren Teil der Naturphänomene hervorbringen? Denn es ist gut bekannt, daß die Körper durch die Attraktion der Gravitation, des Magnetismus und der Elektrizität aufeinander einwirken, und diese Beispiele zeigen den Tenor und Weg der Natur und machen es nicht unwahrscheinlich, daß es noch mehr attraktive Kräfte gibt als diese. Denn die Natur ist sehr harmonisch und mit sich in Übereinstimmung. Wie diese Attraktionen hervorgerufen sein können, das will ich hier nicht berücksichtigen. Was ich Attraktion nenne, das kann hervorgerufen sein durch Impulse oder durch irgendwelche anderen mir unbekannten Mittel. Ich benutze dieses Wort hier nur, um generell irgendeine Kraft zu bezeichnen, durch die die Körper einander vorwärtstreiben, was auch die Ursache sein mag. Denn wir müssen von den Naturphänomenen lernen, was die Körper gegenseitig anzieht und was die Gesetze und Eigenschaften der Attraktion sind, bevor wir die Ursache erforschen, durch die die Attraktion hervorgerufen worden ist. Die Attraktionen der Gravitation, des Magnetismus und der Elektrizität reichen bis zu so wahrnehmbaren Distanzen, daß man sie mit bloßem Auge beobachten kann, und es könnte andere geben, die bis zu so kleinen Distanzen reichen, daß sie bisher der Beobachtung entzogen waren, und vielleicht reicht die elektrische Attraktion bis zu solch kleinen Distanzen, sogar ohne durch Reibung hervorgerufen worden zu sein.

Denn wenn Weinsteinsalz *per Deliquium* [durch Wasseraufnahme] flüssig wird, geschieht das nicht durch eine Attraktion zwischen den Teilchen des Weinsteinsalzes und den Teilchen des Wassers, die in der Form von Dampf in der Luft schwimmen? Und warum wird gewöhnliches Salz oder Salpeter oder Vitriol *per Deliquium* nicht flüssig, bloß aus Mangel an solch einer Attraktion? Oder warum zieht Weinsteinsalz nicht mehr Wasser aus der Luft als eine gewisse in bestimmtem Verhältnis zur Quantität des Salzes stehende Menge, wenn nicht aus Mangel an attraktiver Kraft, nachdem es mit Wasser gesättigt ist? Kommt es daher nur von dieser attraktiven Kraft, daß Wasser, das allein bei sanfter lauwarmer Hitze destilliert, aus dem Weinsteinsalz nicht ohne große Hitze destilliert werden kann? Und kommt es nicht von einer attraktionsähnlichen Kraft zwischen den Vitriolölteilchen und den Wasserteilchen her, daß Vitriolöl der Luft eine große Menge Wasser entzieht und, nachdem es gesättigt ist, nichts mehr entzieht und das Wasser sehr schwer destillieren läßt? Wenn Wasser und Vitriolöl, die nacheinander in dasselbe Gefäß gegossen werden, in der Mischung sehr heiß werden, beweist diese Hitze nicht eine große Bewegung unter den Teilen der Flüssigkeit? Und beweist diese Bewegung nicht, daß die Teile der zwei Flüssigkeiten in der Mischung mit Ungestüm verschmelzen und in der Folge mit beschleunigter Bewegung aufeinander zustürzen? Wenn *Aqua fortis* [Scheidewasser] oder Vitriolspiritus, das auf Eisenfeilspäne gegossen wird, die Feilspäne unter großer Hitze und Aufwallung auflöst, ist dann diese Hitze und Aufwallung nicht durch eine ungestüme Bewegung der Teile bewirkt, und beweist diese Bewegung nicht, daß die Säureteile der Flüssigkeit mit Ungestüm auf die Teile des Metalls zustürzen und kräftig in seine Poren fließen, bis sie zwischen seine entlegensten Teilchen gelangen und, indem sie jene Teilchen umgeben, sie von der Hauptmasse des Metalls lösen und sie in Freiheit setzen, so daß sie in das Wasser abfließen? Und wenn die Säureteilchen, die allein bei leichter Hitze destillieren würden, von den Teilchen des Metalls nicht ohne heftige Hitze abgetrennt werden können, bestätigt das nicht die Attraktion zwischen ihnen?

Wenn Vitriolspiritus, der auf gewöhnliches Salz oder Salpeter gegossen wird, mit dem Salz aufwallt und sich mit ihm verbindet und bei der Destillation der Spiritus des gewöhnlichen Salzes oder des Salpeters viel leichter übergeht, als er es zuvor getan hätte, und der Säureteil des Vitriolspiritus zurückbleibt, beweist das nicht, daß das fixierte Alkali des Salzes den Säurespiritus des Vitriols viel stärker anzieht als seinen eigenen Spiritus und nicht fähig ist, beide zu halten, und seinen eigenen gehen läßt? Und wenn Vitriolöl durch sein Gewicht von Salpeter abgezogen und von beiden Bestandteilen ein gemischter Spiritus des Salpeters destilliert worden ist und beide Teile dieses Spiritus auf einen Teil von Gewürznelken- oder Kümmelöl oder schweren Öls pflanzlicher oder tierischer Substanzen oder von Terpentinöl, das mit etwas Schwefelbalsam eingedickt worden ist, gegossen und die Flüssigkeiten in der Mischung so sehr heiß werden wie beim Entzünden einer Flamme, beweist diese große und plötzliche Hitze nicht, daß die beiden Flüssigkeiten sich mit Ungestüm mischen und daß ihre Teile in der Mischung mit beschleunigter Bewegung aufeinander zustürzen und mit größter Kraft aneinanderstoßen? Hat es nicht den gleichen Grund, daß gut rektifizierter Weingeist, wird er auf denselben gemischten Spiritus gegossen, aufflammt und daß *Pulvis fulmians* [Leuchtpulver], bestehend aus Schwefel, Salpeter und Weinsteinsalz, mit einer plötzlicheren und ungestümeren Explosion hochgeht als Schießpulver, nämlich den, daß die Säurealkohole von Schwefel und Salpeter aufeinander und auf das Weinsteinsalz mit so großem Ungestüm wie bei einem Zusammenprall zustürzen, um das Ganze auf einmal in Dampf und Flamme zu verwandeln? Wo die Auflösung langsam vor sich geht, erzeugt sie eine langsame Aufwallung und eine sanfte Wärme, und wo sie schneller ist, erzeugt sie eine größere Aufwallung mit mehr Wärme, und wo sie sofort geschieht, zieht sich die Aufwallung mit einer Feuer und Flamme gleichen Hitze in plötzlichen Blasen oder ungestümer Explosion zusammen. Wenn z. B. *in vacuo* ein Quentchen des oben genannten gemischten Salpeterspiritus auf ein halbes Quentchen Kümmelöl gegossen wird, blitzt die Mixtur unmittelbar wie Schießpulver auf und zersprengt den ausgepumpten Behälter, ein sechs Inch weites und acht Inch tiefes Glas. Und sogar grob pulverisierter Schwefel, der mit einer gleichen Menge von Eisenfeilspänen und etwas Wasser zu einem Teig gemacht wird, reagiert auf das Eisen und wird in fünf oder sechs Stunden zu heiß, um ihn berühren zu können, und entsendet eine Flamme.

Wenn wir im Vergleich zu diesen Experimenten die große Menge von Schwefel bedenken, die die Erde im Überfluß hat, und die Wärme der inneren Erdteile und die heißen Quellen und die feurigen Berge und die Dünste, die schlagenden Wetter, die Erdbeben, die heißen stickigen Ausdünstungen, die Hurrikane und Wolkenbrüche, können wir erkennen, daß im Innern der Erde Schwefeldämpfe reichlich vorhanden und mit den Mineralien in Gärung begriffen sind und mitunter mit plötzlichem Funkeln und einer Explosion Feuer fangen und, wenn sie sich in unterirdische Löcher zwängen, diese Löcher unter großer Erschütterung der Erde wie beim Sprengen einer Mine zerbersten. Dann fühlt sich der Dampf, der durch die Explosion erzeugt wurde und aus den Poren der Erde ausströmt, heiß an und wirkt erstickend und erzeugt Stürme und Hurrikane, und manchmal bewirkt er Erdrutsche oder daß die See brodelt und trägt das Wasser in Tropfen hinauf, die durch ihr Gewicht wieder in Wolkenbrüchen herabfallen. Auch einige Schwefeldämpfe steigen immer dann, wenn die Erde trocken ist, in die Luft auf, gären hier mit Salpetersäure und verursachen mitunter, indem sie ein Feuer entfachen, Blitz und Donner und feurige Meteore. Denn die Luft ist angefüllt mit Säuredämpfen und fähig, Gärungen anzuregen, wie sich beim Rosten von Eisen und Kupfer, beim Entzünden von Feuer durch Anblasen, beim Klopfen des Herzens durch das Atmen zeigt. Nun sind die oben genannten Bewegungen — wie gezeigt — so groß und ungestüm, daß in den Gärungen die Teilchen der Körper, die fast ruhen, durch ein sehr potentes Prinzip in neue Bewegungen versetzt werden, das auf sie nur wirkt, wenn sie sich einander nähern, und das verursacht, daß sie sich treffen und mit großem Ungestüm aneinanderstoßen und mit der Bewegung heiß werden und einander in Stücke schlagen und in Luft und Dampf und Flamme vergehen.

Wenn Weinsteinsalz, indem es in die Lösung irgendeines Metalls gegossen wird, *per deliquium* das Metall ausfällt und es in der Form von Schlamm auf den Boden der Flüssigkeit herabfallen läßt, beweist das nicht, daß die Säureteilchen durch das Weinsteinsalz stärker angezogen werden als durch das Metall und durch die stärkere Attraktion von dem Metall zu dem Weinsteinsalz gehen? Und daher, wenn eine Lösung von Eisen in *Aqua fortis* den *Lapis Calaminaris* auflöst und das Eisen frei werden läßt, oder eine Kupferlösung Eisen, das in sie eingetaucht wird, auflöst und das Kupfer frei werden läßt oder eine Silberlösung Kupfer auflöst und das Silber frei werden läßt oder eine Lösung von Quecksilber in *Aqua fortis*, indem sie auf Eisen, Kupfer, Zinn oder Blei gegossen wird, das Metall auflöst und das Quecksilber frei werden läßt, beweist das nicht, daß die Säureteilchen des *Aqua fortis* stärker von dem *Lapis Calaminaris* angezogen werden als durch Eisen und stärker von Eisen als von Kupfer und stärker von Kupfer als von Silber und stärker von Eisen, Kupfer, Zinn und Blei als von Quecksilber? Und hat es nicht den gleichen Grund, daß Eisen mehr *Aqua fortis* erfordert, um es aufzulösen, als Kupfer und Kupfer mehr als andere Metalle und daß von allen Metallen Eisen am leichtesten aufgelöst wird und am meisten zum Rosten neigt und gleich nach dem Eisen Kupfer?

Wenn Vitriolöl mit etwas Wasser gemischt oder *per deliquium* flüssig wird und in der Destillation das Wasser schwer aufsteigt und einige Teile des Vitriolöls in Form von Vitriolspiritus mitnimmt und dieser Spiritus, indem er auf Eisen, Kupfer oder Weinsteinsalz gegossen wird, sich mit den Körpern vereinigt und das Wasser frei werden läßt, zeigt das nicht, daß der Säurespiritus von dem Wasser angezogen wird und noch mehr als von dem Wasser von dem festen Körper angezogen wird und daher das Wasser frei werden läßt, um sich mit dem festen Körper zusammenzuschließen? Und hat es nicht den gleichen Grund, daß das Wasser und der Säurespiritus, der mit Essig, *Aqua fortis* und Salzspiritus gemischt wird, zusammenhängen und in der Destillation zusammen aufsteigen, wenn aber *Menstruum* [ein pharmazeutisches Lösungsmittel] auf Weinsteinsalz oder auf Blei oder auf Eisen oder auf irgendeinen festen Körper gegossen wird, den es auflösen kann, die Säure durch die stärkere Attraktion an dem Körper haftet und das Wasser frei werden läßt? Kommt es nicht auch von der gegenseitigen Attraktion, daß sich die Alkohole von Ruß und Seesalz vereinigen und sich zu Teilchen des Salmiak zusammensetzen, der weniger flüchtig ist als zuvor, weil gröber und freier von Wasser, und daß die Salmiakteilchen in der Sublimation die Antimonteilchen hinauftragen, die allein nicht sublimieren, und daß die Quecksilberteilchen, indem sie sich mit den sauren Teilchen des Salzspiritus vereinigen, das Quecksilbersublimat und mit den Schwefelteilchen Zinnober bilden, und daß sich die Teilchen des Weingeistes und des Harnspiritus, der gut rektifiziert wurde, verbinden und das Wasser, das sie aufgelöst hatte, frei werden lassen und einen festen Körper bilden, und daß beim Sublimieren des Zinnobers von Weinsteinsalz oder von Ätzkalk der Schwefel durch eine stärkere Attraktion des Salzes oder Ätzkalkes das Quecksilber frei werden läßt und bei dem festen Körper verbleibt, und daß beim Sublimieren von Quecksilbersublimat mit Antimon oder dem Regulus des Antimon der Salzspiritus das Quecksilber frei werden läßt und sich mit dem Antimonmetall verbindet, das es stärker anzieht, und bei ihm verbleibt, bis die Hitze groß genug ist, daß beide zusammen aufsteigen und dann das Metall in Form eines sehr schmelzbaren Salzes, das Antimonbutter genannt wird, mit hinauftragen, obwohl der Salzspiritus allein kaum so flüchtig ist wie Wasser und das Antimon allein so fest wie Blei?

Wenn *Aqua fortis* Silber auflöst und nicht Gold, *Aqua regia* [Königswasser] Gold und nicht Silber, kann man dann nicht sagen, daß *Aqua fortis* fein genug ist, Gold so gut wie Silber zu durchdringen, doch ihm die attraktive Kraft fehlt, es eindringen zu lassen, und daß *Aqua regia* fein genug ist, Silber so gut wie Gold zu durchdringen, ihm aber die attraktive Kraft fehlt, es eindringen zu lassen? Denn *Aqua regia* ist nichts anderes als *Aqua fortis*, das mit etwas Salzspiritus oder mit Salmiak gemischt wurde, und sogar gewöhnliches Salz, das in *Aqua fortis* aufgelöst wurde, befähigt das *Menstruum*, Gold aufzulösen, obwohl das Salz ein grober Körper ist. Wenn daher Salzspiritus Silber aus *Aqua fortis* ausfällt, geschieht das dann nicht dadurch, daß es von dem *Aqua fortis* angezogen und mit ihm vermischt und das Silber nicht angezogen und vielleicht zurückgestoßen wird? Und wenn Wasser Antimon aus dem Sublimat von Antimon und Salmiak oder aus Antimonbutter ausfällt, geschieht das nicht dadurch, daß es den Salmiak oder Salzspiritus auflöst, sich mit ihm vermischt, ihn abschwächt und das Antimon nicht angezogen und vielleicht zurückgestoßen wird? Liegt es nicht am Fehlen einer attraktiven Kraft zwischen den Teilen des Wassers und des Öls, des Quecksilbers und Antimons, des Bleis und Eisens, daß sich diese Substanzen nicht mischen, und liegt es nicht an einer schwachen Attraktion, daß Quecksilber und Kupfer sich schwer mischen, und an einer starken, daß Quecksilber und Zinn, Antimon und Eisen, Wasser und Salz sich leicht mischen? Und im allgemeinen, liegt es nicht an demselben Prinzip, daß Wärme homogene Körper zusammenfügt und heterogene trennt?

Wenn Arsenik mit Seife einen Regulus gibt und mit Quecksilbersublimat ein flüchtiges schmelzbares Salz wie Antimonbutter, zeigt das nicht, daß Arsenik, das eine total flüchtige Substanz ist, aus beständigen und flüchtigen Teilen zusammengesetzt ist, die durch gegenseitige

Attraktion stark zusammenhängen, so daß die flüchtigen nicht aufsteigen, ohne die beständigen mitzunehmen? Und daher, wenn eine gleiche Menge Weingeist und Vitriolöl zusammengetan werden und die Destillation zwei duftende und flüchtige Alkohole liefert, die sich miteinander nicht mischen wollen, und feste schwarze Erde zurückbleibt, zeigt das nicht, daß Vitriolöl aus flüchtigen und festen Teilen besteht, die durch Attraktion fest verbunden sind, so daß sie zusammen in Form eines flüchtigen, sauren, flüssigen Salzes aufsteigen müssen, bis der Weingeist die flüchtigen Teile anzieht und sie von den festen trennt? Und kann daher, weil Schwefelöl *per Campanam* [Schwefelammonium?] von gleicher Natur wie Vitriolöl ist, nicht geschlossen werden, daß Schwefel auch eine Mischung von flüchtigen und festen Teilen ist, die durch Attraktion so fest zusammenhängen, daß sie bei Sublimation zusammen aufsteigen. Durch Auflösung von Schwefelblumen in Terpentinöl und Destillation dieser Lösung wurde herausgefunden, daß Schwefel aus einem entflammbaren dicken Öl oder fettem Bitumen, einem sauren Salz, einer sehr festen Erde und aus ein bißchen Metall besteht. Die ersten drei wurden zu nicht sehr ungleichen Teilen gefunden, das vierte in einem so kleinen Quantum, wie es selten wert ist, berücksichtigt zu werden. Das saure Salz, in Wasser aufgelöst, ist dasselbe wie Schwefelöl *per Campanam* und, da es im Inneren der Erde reichlich vorhanden ist und insbesondere in Markasiten [Schwefelverbindungen, vor allem Kiese, Blenden und Glanze], verbindet es sich mit den anderen Bestandteilen des Markasits, mit Bitumen, Eisen, Kupfer und Erde und bildet mit ihnen Alaun, Vitriol und Schwefel. Mit Erde allein bildet es Alaun, mit dem Metall allein oder mit Metall und Erde zusammen bildet es Vitriol und mit Bitumen und Erde bildet es Schwefel. Daher kommt es, daß die Markasite so reich an jenen drei Mineralien sind. Und liegt es nicht an der gegenseitigen Attraktion der Bestandteile, daß sie zusammenkleben, um diese Mineralien zu bilden, und daß das Bitumen die anderen Bestandteile des Schwefels hinaufträgt, die ohne es nicht sublimieren würden? Die gleiche Frage kann bezüglich aller oder fast aller groben Körper in der Natur gestellt werden. Denn all die Teile der Tiere und Pflanzen sind aus flüchtigen und beständigen, flüssigen und festen Substanzen zusammengesetzt, wie sich durch ihre Analyse zeigt. Und das gilt auch für Salze und Mineralien, soweit die Chemiker bisher in der Lage gewesen sind, ihre Zusammensetzung zu prüfen.

Wenn Quecksilbersublimat mit frischem Quecksilber resublimiert und zu *Mercurius Dulcis* wird, das eine weiße, geschmacklose, kaum wasserlösliche Erde ist, und *Mercurius Dulcis*, das mit Salzspiritus resublimiert wurde, sich in Quecksilbersublimat zurückverwandelt, und wenn Metalle, die mit etwas Säure korrodiert wurden, sich in Rost verwandeln, der eine geschmacklose und nicht wasserlösliche Erde ist, und diese Erde, die mehr Säure absorbiert hat, zu einem metallischen Salz wird, und wenn einige Steine wie Bleispat, die in spezifischen *Menstrua* aufgelöst wurden, zu Salzen werden, zeigt all das nicht, daß Salze trockene Erde und wäßrige Säure sind, die durch Attraktion verbunden wurden, und daß die Erde nur mit so viel Säure, daß sie wasserlöslich wird, zu einem Salz werden kann? Entspringt der scharfe und stechende Geschmack der Säuren nicht der starken Attraktion, wobei die Säureteilchen heraufstürzen und die Teilchen der Zunge aufwühlen? Und wenn Metalle in sauren *Menstrua* aufgelöst werden und die Säuren danach in Verbindung mit dem Metall in anderer Weise wirken, so daß die Verbindung einen anderen Geschmack hat, viel milder als zuvor und manchmal sogar einen süßen, ist das nicht so, weil die Säuren an den Metallteilchen haften und dabei viel von ihrer Aktivität verlieren? Und wenn die Säure in einem zu kleinen Verhältnis vorhanden ist, um die Verbindung wasserlöslich zu machen, wird sie nicht durch das feste Haften am Metall inaktiv werden und ihren Geschmack verlieren und die Verbindung eine geschmacklose Erde sein? Denn solche Dinge, die nicht durch Feuchtigkeit auf der Zunge löslich sind, wirken nicht auf den Geschmack.

So wie die Gravitation das Meer rund um die dichteren und schwereren Teile des Erdballs fließen läßt, so kann die Attraktion bewirken, daß die wäßrige Säure rund um die dichteren und kompakteren Teilchen der Erde [gemeint ist die erdige Substanz der Teilchen einer Verbindung] fließt, um die Salzteilchen zu bilden. Denn anders würde die Säure nicht die Funktion eines Mediums zwischen Erde und gewöhnlichem Wasser erfüllen, das die Salze wasserlöslich macht. Weder würde Weinsteinsalz die Säure leicht von den aufgelösten Metallen abziehen noch die Metalle die Säure vom Quecksilber. Wie nun bei der großen Kugel von Erde und Meer die dichtesten Körper durch ihre Gravitation ins Wasser sinken und immer zum Zentrum der Kugel streben, so kann bei den Salzteilchen die dichteste Materie immer danach streben, sich dem Zentrum der Teilchen zu nähern, so daß ein Salzteilchen mit einem Chaos verglichen werden kann, das in der Mitte dicht, hart, trocken und erdig und an der Peripherie dünn, weich, feucht und wäßrig ist. Und folglich scheint es so zu sein, daß Salze von beständiger Natur sind, da sie selten zerstört werden, es sei denn durch das gewaltsame Abziehen ihrer wäßrigen Teile oder dadurch, daß man sie bei sanfter Fäulniswärme in die Poren der zentralen Erde sickern läßt, bis die Erde durch das Wasser aufgelöst ist und sich in kleine Partikel verteilt, die wegen ihrer Kleinheit die faulige Masse in schwarzer Farbe erscheinen lassen. Daran kann es auch liegen, daß die Teile der Tiere und Pflanzen ihre verschiedenen Formen erhalten und sich die Nahrung assimilieren, indem die leichte und feuchte Nahrung durch eine sanfte Wärme und Bewegung leicht ihre Struktur verändert, bis sie wie dichte, harte, trockene und dauerhafte Erde im Zentrum eines jeden Teilchens wird. Wenn aber die Nahrung zur Assimilation ungeeignet oder die zentrale Erde zu schwach wird, um sie aufzunehmen, so endet die Bewegung in Verwirrung, Fäulnis und Tod.

Wenn ein kleines Quantum irgendeines Salzes oder Vitriols in einem großen Quantum Wasser aufgelöst wird, so werden die Salz- oder Vitriolteilchen nicht zu Boden sinken, obwohl sie spezifisch schwerer sind als Wasser, sondern sich diffus gleichmäßig im ganzen Wasser verteilen und es in der oberen Schicht so salzhaltig wie am Boden machen. Und impliziert das nicht, daß die Salz- oder Vitriolteile voreinander zurückweichen und danach streben, sich auszubreiten, und so weit auseinandergehen wie die Wassermenge, in der sie schwimmen, es erlauben wird? Und impliziert dieses Streben nicht, daß sie eine repulsive Kraft haben, durch die sie voneinander wegschwimmen oder schließlich, daß sie das Wasser stärker anziehen als sich gegenseitig? Denn so wie alle Dinge im Wasser aufsteigen, die durch die Gravitationskraft der Erde weniger angezogen werden als Wasser, so müssen all die Salzteilchen, die im Wasser schwimmen und weniger angezogen werden als irgendein Salzteilchen, vor diesem Teilchen zurückweichen und den Weg für das stärker angezogen werdende Wasser freigeben.

Wenn irgendeine salzhaltige Flüssigkeit bis auf eine hauchdünne Schicht verdampft und gekühlt wird, gerinnt das Salz in regelmäßigen Formen, was beweist, daß die Salzteilchen, bevor sie gerinnen, in gleichen Abständen in Reih und Glied in der Flüssigkeit schwammen und schließlich, daß sie durch eine gewisse Kraft aufeinanderwirken, die bei gleichen Abständen gleich und bei ungleichen Abständen ungleich ist. Denn durch solch eine Kraft werden sie sich gleichförmig anordnen und ohne sie werden sie unregelmäßig schwimmen und unregelmäßig zusammenkommen. Und da die Teilchen des Kalkspats auf gleiche Weise auf die Lichtstrahlen wirken und die ungewöhnliche Brechung verursachen, kann da nicht angenommen werden, daß sich bei der Formierung dieses Kristalls die Teilchen nicht nur in Reih und Glied angeordnet haben, um in regelmäßigen Formen zu gerinnen, sondern auch durch irgendeine

Art polarer Kraft ihre homogenen Seiten in gleicher Weise ausgerichtet haben.

Die Teile aller homogenen harten Körper, die einander voll berühren, kleben sehr fest zusammen. Und um zu erklären, wie das sein kann, haben einige hakenförmige Atome ersonnen, was etwas unterstellt, und andere erzählen uns, daß die Körper durch Ruhe zusammengeleimt sind, das heißt durch eine okkulte Qualität oder vielmehr durch nichts, und andere, daß sie zusammenkleben durch geheime Bewegungen, das heißt durch relative Ruhe zueinander. Ich habe aus ihrem Zusammenhang lieber geschlossen, daß ihre Teilchen einander durch eine Kraft anziehen, die im unmittelbaren Kontakt sehr groß ist, bei kleinen Entfernungen die oben genannten chemischen Operationen verrichtet und deren merkliche Wirkung sich nicht weit von den Teilchen fort erstreckt.

Alle Körper scheinen aus harten Teilchen zusammengesetzt zu sein, anderenfalls würden die Flüssigkeiten nicht erstarren, wie es Wasser, Öle, Essig und Spiritus oder Vitriolöl beim Einfrieren tun, Quecksilber durch Bleidampf, Salpeterspiritus und Quecksilber durch Auflösung des Quecksilbers und Verdunstung des Breis, Weingeist und Harnspiritus durch Entwässerung und Mischung derselben und Harn- und Salzspiritus dadurch, daß sie zusammen zu Salmiak sublimieren. Sogar die Lichtstrahlen scheinen harte Körper zu sein, denn sonst würden sie nicht verschiedene Eigenschaften an ihren verschiedenen Seiten beibehalten. Und daher kann die Härte für eine Eigenschaft aller nicht zusammengesetzten Materie gehalten werden. Das scheint schließlich so evident zu sein wie die universelle Undurchdringlichkeit der Materie. Soweit die Erfahrung reicht, gilt für alle Körper, daß sie hart sind oder hart gemacht werden können, und auch für die universelle Undurchdringlichkeit haben wir keine andere Evidenz außer einer langen Erfahrung ohne eine experimentelle Ausnahme. Wenn nun die zusammengesetzten Körper so hart sind, wie es einige tatsächlich sind, obwohl sie sehr porös sind und aus Teilchen bestehen, die nur zusammengelegt sind, so müssen die einfachen Teilchen, die keine Poren haben und niemals geteilt werden können, sehr viel härter sein. Denn solche harten Teilchen können sich, wenn sie aufeinandergehäuft sind, kaum in mehr als einigen Punkten berühren und müssen daher durch eine kleinere Kraft voneinander getrennt werden können als erforderlich ist, um ein solides Teilchen zu zerbrechen, ohne irgendwelche Poren oder Spalten, die ihren Zusammenhang abschwächen. Es ist sehr schwer vorstellbar, wie solche sehr harten Teilchen, die nur aufeinandergelegt sind und sich nur in einigen Punkten berühren, ohne Hilfe von irgendetwas, das sie veranlaßt, sich gegenseitig anzuziehen oder sich aufeinanderzudrücken, zusammenkleben können und zwar so fest, wie sie es tatsächlich tun. Das gleiche schließe ich daraus, daß zwei polierte Marmorplatten *in vacuo* zusammenhängen, und daraus, daß das Quecksilber im Barometer auf einer Höhe von 50, 60 oder 70 Inch oder noch höher stehenbleibt, wenn die Luft gut ausgepumpt und das Quecksilber sorgfältig eingegossen wurde, so daß seine Teile immerzu miteinander und mit dem Glas zusammenhängen. Die Atmosphäre drückt durch ihr Gewicht das Quecksilber in das Glas bis zu einer Höhe von 29 oder 30 Inch. Und irgendein anderes Agens treibt es höher, nicht indem das Quecksilber es in das Glas preßt, sondern indem es bewirkt, daß seine Teile an dem Glas und aneinander haften. Denn eine beliebige Unterbrechung der Teile, sei es durch Blasen oder durch Schütteln des Glases, bewirkt, daß das ganze Quecksilber auf eine Höhe von 29 oder 30 Inch herabfällt.

Von gleicher Art wie diese Experimente sind die folgenden. Wenn zwei ebene polierte Glasplatten (angenommen zwei Stücke polierten Spiegelglases) so zusammengelegt werden, daß ihre Seiten parallel und gering voneinander entfernt sind, und dann ihre unteren Kanten ins Wasser getaucht werden, so wird das Wasser zwischen ihnen aufsteigen. Und je geringer der Abstand der Gläser ist, um so größer ist die Höhe, bis zu der das Wasser steigt. Wenn der Abstand ungefähr ein hundertstel Inch beträgt, so wird das Wasser ungefähr bis zu einer Höhe von einem Inch steigen, und wenn der Abstand in irgendeinem Verhältnis größer oder geringer ist, so wird die Höhe ziemlich genau umgekehrt proportional zum Abstand sein. Denn die attraktive Kraft der Gläser ist dieselbe bei größeren wie bei kleineren Abständen, und das Gewicht des Wassers, das hinaufgezogen wird, ist dasselbe, wenn seine Höhe umgekehrt proportional zum Abstand der Gläser ist. Und in ähnlicher Weise steigt das Wasser zwischen zwei polierten ebenen Marmorplatten, wenn ihre polierten Seiten parallel und in geringem Abstand voneinander sind. Wenn enge Glasröhren an einem Ende in stehendes Wasser getaucht werden, wird das Wasser in der Röhre aufsteigen und die Höhe, bis zu der es steigt, wird umgekehrt proportional zum Durchmesser des Hohlraumes der Röhre und gleich der Höhe sein, bis zu der es zwischen den zwei Glasplatten stieg, wenn der Halbmesser des Hohlraumes der Röhre gleich dem Abstand zwischen den zwei Platten ist, oder so ungefähr. Diese Experimente vollziehen sich in gleicher Weise *in vacuo* wie an freier Luft (wie zuvor von der Royal Society geprüft worden ist) und sind daher nicht beeinflußt vom Gewicht oder Druck der Atmosphäre.

Wenn eine lange Glasröhre mit gesiebter Asche, die in dem Glas gut zusammengepreßt wird, gefüllt und ein Ende der Röhre in stehendes Wasser getaucht wird, so wird das Wasser langsam in die Asche hinaufsteigen, so daß es im Zeitraum von einer Woche oder vierzehn Tagen in dem Glas auf eine Höhe von 30 bis 40 Inch über dem stehenden Wasser hinaufreicht. Und das Wasser steigt bis zu dieser Höhe nur durch die Wirkung jener Ascheteilchen, die sich über der Oberfläche des emporgehobenen Wassers befinden, die Teilchen im Wasser ziehen es an oder stoßen es zurück im gleichen Maße abwärts wie aufwärts. Daher ist die Wirkung der Teilchen sehr stark. Aber da die Ascheteilchen nicht so dicht und so zusammengeschlossen sind wie die Teilchen des Glases, ist ihre Wirkung nicht so stark wie die des Glases, das das Quecksilber bis zu einer Höhe von 60 oder 70 Inch emporgehoben hält und daher mit einer Kraft wirkt, die Wasser bis zu einer Höhe von 60 Fuß emporgehoben halten würde.

Durch das gleiche Prinzip saugt ein Schwamm Wasser auf und saugen die Drüsen in den Tierkörpern entsprechend ihren verschiedenen Naturen und Dispositionen verschiedene Säfte aus dem Blut ein.

Wenn von zwei ebenen polierten Glasplatten, drei oder vier Inch breit und zwanzig oder fünfundzwanzig lang, die eine horizontal hingelegt wird und die andere so auf die erste, daß sie sich an ihrem einen Ende berühren und einen Winkel von ungefähr 10 oder 15 Minuten einschließen, und dieselben zuerst an ihren Innenseiten mit einem sauberen Tuch befeuchtet werden, das in Orangenöl oder Terpentinspiritus getaucht worden ist, und ein oder zwei Tropfen des Öls oder Spiritus nacheinander auf das untere Glas fallengelassen werden, so wird, sobald das obere Glas in der angegebenen Weise auf das untere gelegt wird, so daß es dieses an einem Ende berührt und am anderen den Tropfen, indem es mit dem unteren Glas einen Winkel von ungefähr 10 oder 15 Minuten bildet, der Tropfen beginnen, sich auf die Verbindungsstelle der Gläser hin zu bewegen, und wird mit einer beschleunigten Bewegung fortfahren, sich zu bewegen, bis er an der Verbindungsstelle der Gläser angekommen ist. Denn die zwei Gläser ziehen den Tropfen an und bewirken, daß er sich dorthin bewegt, wohin diese Attraktionen neigen. Und wenn man, während der Tropfen in Bewegung ist, das Ende der Gläser, an dem sie zusammentreffen und zu dem sich der Tropfen hinbewegt, voneinander abhebt, wird der Tropfen zwischen den Gläsern aufsteigen und wird daher angezogen. Wenn man die Gläser mehr und mehr voneinander abhebt, wird der Tropfen langsamer und langsamer steigen und schließlich ruhen, indem er in gleichem Maße wie durch die Attraktion aufwärts durch sein Gewicht abwärts bewegt wird. Hierdurch kann man die Kraft erkennen, mit der der Tropfen in allen Abständen von der Verbindungsstelle der Gläser angezogen wird.

Es wurde nun durch einige derartige Experimente (durchgeführt von Mr. *Hauksbee*) gefunden, daß die Attraktion fast umgekehrt proportional zum Quadrat der Entfernung des Tropfenmittelpunktes zur Verbindungsstelle der Gläser ist, nämlich einmal umgekehrt proportional, weil der Tropfen sich ausbreitet und jedes der Gläser an einem größeren Flächenstück berührt, und noch einmal umgekehrt proportional, weil die Attraktionen schon bei gleichbleibender Größe der anziehenden Flächen stärker werden. Daher muß, wo der Abstand außerordentlich klein ist, die Attraktion außerordentlich groß sein. Nach der Tabelle im zweiten Teil des zweiten Buches, worin die Dicken farbiger Wasserblättchen zwischen zwei Gläsern angegeben wurden, ist die Dicke des Blättchens dort, wo es sehr schwarz erschien, drei Achtel von hunderttausend Teilen eines Inch dick. Und wo das Orangenöl zwischen den Gläsern von dieser Dicke ist, scheint die Attraktion, die nach der vorangegangenen Regel erfaßt wird, so stark zu sein, daß sie in einem Kreis von einem Inch Durchmesser ausreichen würde, ein Gewicht, das einem Wasserzylinder von einem Inch im Durchmesser und zwei oder drei Furlong [englische Achtelmeile] in der Länge entspricht, hochzuhalten. Wo es von geringer Dicke ist, kann die Attraktion proportional größer sein und kontinuierlich anwachsen, solange die Dicke nicht die eines einzelnen Ölteilchens unterschreitet. Es gibt daher in der Natur Agentien, die die Teilchen der Körper durch sehr starke Attraktionen befähigen zusammenzukleben. Und es ist das Geschäft der Experimentalphilosophie, sie zu finden.

Nun können diese kleinsten Teilchen der Materie durch die stärksten Attraktionen zusammenhängen und größere Teilchen mit schwächerer Kraft bilden, und viele von diesen können zusammenhängen und noch größere Teilchen bilden, deren Kraft noch schwächer ist, und so fort in mehreren Folgen, bis die Progression in den größten Teilchen endet, von denen die Operationen der Chemie und die Farben der natürlichen Körper abhängen und die, dadurch, daß sie zusammenhängen, Körper wahrnehmbarer Größe bilden. Wenn der Körper kompakt ist und sich verbiegt und dem Druck ohne irgendeine Verschiebung seiner Teile nachgibt, so ist er hart und elastisch und kehrt durch die Kraft zu seiner Form zurück, die von der gegenseitigen Attraktion seiner Teile herrührt. Wenn die Teile sich gegeneinander verschieben, so ist der Körper geschmeidig oder weich. Wenn sie langsam gleiten und von geeigneter Größe sind, um durch Wärme in Bewegung zu geraten, und die Wärme groß genug ist, sie in Bewegung zu halten, ist der Körper flüssig; und wenn er in der Lage ist, an den Dingen zu haften, so ist er feucht, und die Tropfen jeder Flüssigkeit erhalten eine runde Form durch die gegenseitige Attraktion ihrer Teile, so wie die Kugel von Erde und See eine runde Form erhält durch die gegenseitige Attraktion ihrer Teile mittels Gravitation.

Weil in Säure aufgelöste Metalle nur ein kleines Quantum der Säure anziehen, kann ihre attraktive Kraft nur bis zu einer kleinen Entfernung von ihnen reichen. Und wie in der Algebra, wo positive Größen dort verschwinden und aufhören, wo die negativen beginnen, so hört in der Mechanik die Attraktion dort auf, wo eine repulsive Kraft folgen sollte. Daß es eine solche Kraft gibt, scheint aus der Reflexion und Beugung der Lichtstrahlen zu folgen. Denn die Strahlen werden in beiden Fällen durch die Körper ohne unmittelbaren Kontakt mit dem reflektierenden oder beugenden Körper zurückgestoßen. Sie scheint auch aus der Emission des Lichts zu folgen. Der Strahl wird, sobald er vom leuchtenden Körper durch die vibrierende Bewegung der Teile des Körpers abgeschüttelt worden ist, und aus der Reichweite der Attraktion gerät mit außerordentlich großer Geschwindigkeit weggetrieben. Denn jene Kraft, die ausreicht, ihn in der Reflexion zurückzuwenden, kann ausreichen, ihn zu emittieren.

Sie scheint auch aus der Erzeugung von Luft und Dampf zu folgen. Die Teilchen weichen, wenn sie durch Wärme oder Gärung von den Körpern abgeschüttelt wurden, sobald sie aus der Reichweite der Attraktion des Körpers geraten sind, von ihm und auch voneinander mit großer Kraft zurück und verbleiben in einer Entfernung, so daß sie mitunter über millionenmal mehr Raum einnehmen als zuvor in Form eines dichten Körpers. Diese unermeßliche Kontraktion und Expansion scheint unverständlich zu sein, gibt man vor, die Luftteilchen seien gefedert und verästelt oder würden wie Reifen abgerollt oder durch irgendwelche anderen Mittel bewegt als durch eine repulsive Kraft. Die Teilchen von Flüssigkeiten, die nicht allzu stark zusammenhängen und von solcher Kleinheit sind, die sie für jene Erschütterungen sehr empfänglich macht, die die Flüssigkeiten flüssig hält, können sehr leicht getrennt und zu Dampf verdünnt werden, und in der Sprache der Chemiker sind sie flüchtig, durch leichte Wärme zu verdünnen und mit Kälte zu kondensieren. Doch jene, die größer und so weniger empfänglich für Erschütterung sind oder durch stärkere Attraktion zusammenhängen, können ohne starke Hitze oder vielleicht ohne Gärung nicht getrennt werden. Letztere sind die Körper, die die Chemiker fest nennen, und die, indem sie durch Gärung verdünnt werden, zu echter dauerhafter Luft werden. Jene Teilchen hängen, obwohl sie mit größter Kraft voreinander zurückweichen und sehr schwer zusammenzubringen sind, im Kontakt sehr fest zusammen. Und weil die Teilchen von dauerhafter Luft gröber sind und von dichteren Substanzen herrühren als jene des Dampfes, daher kommt es, daß echte Luft schwerer als Dampf ist und daß eine feuchte Atmosphäre — bei gleicher Menge — leichter ist als eine trockene. An der gleichen zurückstoßenden Kraft scheint es zu liegen, daß Fliegen auf dem Wasser gehen, ohne sich die Füße naß zu machen, und daß die Objektivgläser eines langen Teleskops, ohne sich zu berühren, aufeinanderliegen und daß trockene Pulver schwer so miteinander in

Berührung gebracht werden können, daß sie aneinanderhaften, außer wenn man sie miteinander verschmilzt oder mit Wasser benetzt, das sie durch Ausdünstung zusammenbringen kann, und daß zwei polierte Marmorplatten, die durch unmittelbaren Kontakt aneinander haften, schwer so dicht zusammengebracht werden können, daß sie zusammenkleben.

So wird die Natur sehr mit sich in Übereinstimmung und sehr einfach sein, indem sie all die großen Bewegungen der Himmelskörper durch die Attraktion der Gravitation, die zwischen jenen Körpern wirkt, und fast all die kleinen Bewegungen ihrer Teile durch irgendeine andere attraktive oder repulsive Kraft, die zwischen den Teilen wirkt, ausführt. Die *Vis inertiae* ist ein passives Prinzip, durch das die Körper in ihrer Bewegung oder Ruhe verbleiben, durch das sie Bewegung im Verhältnis zu der auf sie einwirkenden Kraft erhalten und so viel widerstehen, wie ihnen widerstanden wird. Durch dieses Prinzip allein könnte niemals irgendeine Bewegung in der Welt sein. Ein anderes Prinzip war notwendig, um die Körper in Bewegung zu setzen; und wenn sie nun in Bewegung sind, so ist ein anderes Prinzip notwendig, um ihre Bewegungen zu erhalten. Denn aus den verschiedenen Kompositionen zweier Bewegungen ergibt sich mit großer Sicherheit, daß nicht immer die gleiche Quantität von Bewegung in der Welt ist. Denn wenn zwei Kugeln, die durch eine dünne Stange verbunden sind, ihr gemeinsames Gravitationszentrum mit gleichförmiger Bewegung umkreisen, während sich das Zentrum auf einer geraden Linie in der Ebene ihrer Kreisbewegung fortbewegt, so wird die Summe der Bewegungen der beiden Kugeln immer dann, wenn sich die Kugeln in der von ihrem gemeinsamen Gravitationszentrum beschriebenen geraden Linie befinden, größer sein als die Summe ihrer Bewegungen, wenn sie sich senkrecht zu dieser geraden Linie befinden. Dieses Beispiel zeigt, daß Bewegung gewonnen werden oder verlorengehen kann. Aber wegen der Zähigkeit der Flüssigkeiten und der Reibung ihrer Teile und der schwachen

Elastizität in den festen Körpern geht eher Bewegung verloren, als daß sie gewonnen wird, und ist sie immer der Gefahr des Zerfalls ausgesetzt. Denn Körper, die entweder absolut hart sind oder so weich, daß sie nicht elastisch sind, werden einander nicht zurückstoßen. Die Undurchdringlichkeit allein stoppt sie. Wenn *in vacuo* zwei gleiche Körper direkt aufeinanderstoßen, so werden sie sich durch die Bewegungsgesetze dort stoppen, wo sie sich treffen und all ihre Bewegung verlieren und in Ruhe verharren, wenn sie nicht elastisch sind und neue Bewegung von ihrem Zusammenstoß empfangen. Wenn sie so viel Elastizität haben, wie nötig ist, um sie mit einem Viertel oder der Hälfte oder Dreiviertel der Kraft zurückzustoßen, mit der sie aufeinandertrafen, so werden sie Dreiviertel oder die Hälfte oder ein Viertel ihrer Bewegung verlieren. Und dies kann geprüft werden, indem man zwei gleiche Pendel aus gleicher Höhe aufeinanderfallen läßt. Wenn die Pendel aus Blei sind oder aus weichem Lehm, so werden sie all ihre oder fast all ihre Bewegung verlieren, wenn aus elastischen Körpern, so werden sie alle Bewegung verlieren bis auf die, die sie durch ihre Elastizität zurückgewinnen. Wenn gesagt wird, sie können keine Bewegung verlieren als die, die sie auf andere Körper übertragen, so folgt daraus, daß sie *in vacuo* keine Bewegung verlieren können, sondern wenn sie sich treffen, so gehen sie weiter und durchdringen einander. Wenn drei gleiche runde Gefäße gefüllt werden, das eine mit Wasser, das andere mit Öl, das dritte mit geschmolzenem Pech, und die Flüssigkeiten in eine Wirbelbewegung versetzt werden, so wird das Pech durch seine Zähigkeit seine Bewegung schnell verlieren, das Öl, das weniger zäh ist, wird sie länger halten, und das Wasser, das noch weniger zäh ist, wird sie am längsten halten, aber sogar dieses wird sie in kurzer Zeit verlieren. Daher ist es leicht zu verstehen, daß, wenn viele sich berührende Wirbel geschmolzenen Pechs jeweils so groß sind wie jene, von denen einige annehmen, daß sie die Sonne und die Fixsterne umkreisen, sie und alle ihre Teile dennoch durch ihre Zähigkeit und Steifheit ihre Bewegungen aufeinander übertragen, bis sie alle zueinander ruhen. Wirbel von Öl oder Wasser oder von noch flüssigerer Materie könnten sich länger in Bewegung halten; und wenn die Materie nicht bar aller Zähigkeit und Reibung ihrer Teile sowie der Bewegungsübertragung wäre, was wohl anzunehmen ist, würde die Bewegung konstant zerfallen. Man sieht daher, da die Mannigfaltigkit der Bewegung, die wir in der Welt finden, immer abnimmt, daß es notwendig ist, sie zu erhalten und zu ergänzen durch aktive Prinzipien, wie die Ursache der Gravitation, durch die Planeten und Kometen ihre Bahnbewegungen beibehalten, und die Körper beim Fallen große Bewegung erlangen; wie die Ursache der Gärung, durch die das Herz und das Blut der Lebewesen in ständiger Bewegung und Wärme gehalten werden; die inneren Teile der Erde konstant gewärmt und an einigen Orten sehr heiß werden; die Körper brennen und leuchten, die Berge Feuer speien, Löcher in der Erde aufreißen und die Sonne heftig heiß und leuchtend bleibt und alle Dinge durch ihr Licht wärmt. Denn außer was diesen aktiven Prinzipien entspringt, treffen wir nur auf sehr wenig Bewegung in der Welt. Und gäbe es diese Prinzipien nicht, so würden die Körper der Erde, der Planeten, der Kometen, der Sonne und aller Dinge in ihnen kalt und frostig und zu einer inaktiven Masse werden; und alle Fäulnis, alle Zeugung, alles Wachstum und Leben würde nachlassen, und die Planeten und Kometen würden sich nicht in ihren Bahnen halten.

All dies bedenkend, scheint es mir wahrscheinlich zu sein, daß Gott am Anfang die Materie in soliden, massiven, harten, undurchdringlichen, beweglichen Teilchen von solcher Größe und Gestalt und mit solchen weiteren Eigenschaften und in solchem Verhältnis zum Raume erschuf, wie sie am besten dem Zweck entsprachen, für den er sie geschaffen hatte; und daß diese einfachen Teilchen etwas Festes sind, unvergleichlich härter als alle porösen Körper, die aus ihnen bestehen; sie sind sogar so hart, daß sie niemals zerstört werden oder in Stücke zerbrechen können; keine Macht gewöhnlicher Art ist in der Lage zu teilen, was Gott als Ganzes in der ersten Schöpfung gemacht hat. Solange die Teilchen bestehen bleiben, können sich aus ihnen Körper ein und derselben Natur und Struktur zu allen Zeiten zusammensetzen. Sollten sie aber zerstört werden oder in Stücke brechen, würde sich die Natur der Dinge, die von ihnen abhängen, verändern. Wasser und Erde zusammengesetzt aus alten zerstörten Teilchen und Fragmenten von Teilchen, würden jetzt nicht von gleicher Natur und Struktur sein wie Wasser und Erde, die am Anfang aus unversehrten Teilchen zusammengesetzt wurden. Damit also die Natur beständig ist, können die Veränderungen der körperlichen Dinge nur in verschiedenen Trennungen und neuen Vereinigungen und Bewegungen dieser beständigen Teilchen bestehen; zusammengesetzte Teilchen können zerbrechen, aber nicht durch die soliden Teilchen hindurch, sondern dort, wo jene Teilchen aneinanderliegen und sich nur in einigen Punkten berühren.

Es scheint mir ferner, daß diese Teilchen nicht nur eine *Vis inertiae* besitzen und damit den aus dieser Kraft ganz natürlich entspringenden passiven Bewegungsgesetzen unterliegen, sondern, daß sie auch von bestimmten aktiven Prinzipien bewegt werden, wie es das der Gravitation ist und das, welches die Gärung verursacht und die Kohäsion der Körper. Diese Prinzipien betrachte ich nicht als okkulte Qualitäten, die aus der spezifischen Form der Dinge hervorgehen sollen, sondern als allgemeine Naturgesetze, durch die die Dinge selber gebildet werden; ihre Wahrheit zeigt sich uns durch die Erscheinungen, auch wenn ihre Ursachen noch nicht erforscht sind. Denn diese sind offenkundige Qualitäten, und nur die Ursachen sind verborgen. Die *Aristoteliker* gaben nicht den offenkundigen Qualitäten den Namen einer okkulten Qualität, sondern solchen Qualitäten, von denen sie nur annahmen, daß sie verborgen in den Körpern liegen und die bekannten Ursachen der offenkundigen Wirkungen sind, wie es die Ursachen der Gravitation und der magnetischen und elektrischen Attraktionen und der Gärung wären, wenn wir annehmen würden, daß diese Kräfte oder Wirkungen aus uns unbekannten Qualitäten erwüchsen und nicht entdeckt und offenkundig gemacht werden können. Solche okkulten Qualitäten hemmen die Vervollkommnung der Naturphilosophie und wurden deshalb in den letzten Jahren zurückgewiesen. Uns zu sagen, daß jede Eigenart der Dinge mit einer spezifischen Qualität ausgerüstet ist, durch die sie wirkt und offenkundige Effekte erzeugt, heißt, uns nichts zu sagen: Aber aus den Erscheinungen zwei oder drei allgemeine Bewegungsprinzipien herzuleiten, und uns dann zu sagen, wie die Eigenschaften und Wirkungen aller körperlichen Dinge aus diesen offenkundigen Prinzipien folgen, das wäre ein sehr großer Schritt in der Philosophie, auch wenn die Ursachen dieser Prinzipien noch nicht entdeckt wären: Und daher zögere ich nicht, die oben genannten Bewegungsprinzipien aufzustellen, da sie von sehr allgemeiner Gültigkeit sind, und das Auffinden ihrer Ursachen zurückzustellen.

Mit Hilfe dieser Prinzipien scheinen nun alle materiellen Dinge aus den oben genannten harten und soliden Teilchen, die in der ersten Schöpfung durch den Rat eines intelligenten Wesens in verschiedener Weise vereinigt wurden, zusammengesetzt zu sein. Denn es geziemt sich für den, der sie schafft, sie in eine Ordnung zu setzen. Und wenn er so verfährt, so ist es unphilosophisch, irgendeinen anderen Ursprung der Welt zu suchen oder vorzugeben, sie könnte durch bloße Naturgesetze, aus einem Chaos, entstanden sein, obwohl sie — einmal gebildet — für lange Zeit durch diese Gesetze besteht. Denn während sich die Kometen in allen möglichen Positionen in sehr exzentrischen Bahnen bewegen, könnte es der blinde Zufall niemals machen, daß sich all die Planeten in ein und derselben Weise in konzentrischen Bahnen bewegen, einige unbedeutende Irregularitäten ausgenommen, die aus den gegenseitigen Wirkungen der Kometen und Planeten aufeinander entstanden sein können und die geneigt sind, anzuwachsen, bis das System einer Umbildung bedarf. Solch eine wundervolle Gleichförmigkeit im Planetensystem muß als bevorzugt angesehen werden. Und so muß die Gleichförmigkeit in den Körpern der Lebewesen geartet sein, die im allgemeinen eine gleich gestaltete rechte und linke Seite haben, an jeder der beiden Seiten ihres Körpers hinten zwei Beine und jeweils vorn zwei Arme oder Beine oder Flügel auf ihren Schultern und zwischen ihren Schultern einen Nacken, der nach unten ins Rückgrat übergeht und einen Kopf auf ihm; und am Kopf zwei Ohren, zwei Augen, eine Nase, einen Mund und eine Zunge. Also kann die erste Bildung jener sehr kunstvollen Teile der Lebewesen, der Augen, Ohren, des Gehirns, der Muskeln, des Herzens, der Lungen, des Zwerchfells, der Drüsen, des Kehlkopfes, der Hände, der Flügel, der Schwimmblasen, der natürlichen Brillen und anderer Sinnes- und Bewegungsorgane und der Instinkt der wilden Tiere und Insekten durch nichts anderes als durch die Weisheit und Kunstfertigkeit eines mächtigen immerseienden Akteurs bewirkt sein, der allgegenwärtig ist und der fähiger ist, durch seinen Willen die Körper mit seinem grenzenlosen gleichförmigen Sensorium zu bewegen und hierbei die Teile des Universums zu bilden und umzubilden, als wir es sind, um durch unseren Willen die Teile unseres eigenen Körpers zu bewegen. Und dennoch dürfen wir nicht die Welt für den Körper von Gott halten oder ihre verschiedenen Teile für Teile von Gott. Er ist ein einheitliches Wesen ohne Organe, Glieder oder Teile, und sie sind seine Kreaturen, ihm untergeordnet und seinem Willen unterworfen; und er ist ebensowenig ihre Seele, wie die Seele des Menschen die Seele der Spezifik der Dinge ist, die durch die Sinnesorgane an den Ort der Wahrnehmung geleitet wird, wo sie sie mittels ihrer unmittelbaren Gegenwart wahrnimmt, ohne daß ein drittes Ding dazwischentritt. Die Sinnesorgane sind nicht dazu da, die Seele zu befähigen, die Spezifik der Dinge in ihrem Sensorium wahrzunehmen, sondern nur dazu, sie dorthin zu leiten; und Gott benötigt solche Organe nicht, da er überall in den Dingen selbst gegenwärtig ist. Da der Raum *in infinitum* teilbar und die Materie nicht notwendigerweise überall ist, so kann auch behauptet werden, daß Gott fähig ist, Materieteilchen zu schaffen, von verschiedener Größe und Gestalt und in verschiedenen Verhältnissen zum Raum und vielleicht von verschiedenen Dichten und Kräften, und hierdurch die Naturgesetze zu variieren und Welten verschiedener Art in verschiedenen Teilen des Universums zu schaffen. Jedenfalls sehe ich in all dem keinerlei Widerspruch.

Wie in der Mathematik so sollte auch in der Naturphilosophie bei der Erforschung schwieriger Dinge die analytische Methode der synthetischen vorausgehen. Diese Analyse besteht darin, Experimente und Beobachtungen zu machen, durch Induktion allgemeine Schlüsse aus ihnen zu ziehen und gegen sie nur solche Einwände zuzulassen, die vom Experiment kommen oder von anderen sicheren Wahrheiten. Denn Hypothesen dürfen in der Experimentalphilosophie nicht zugelassen werden. Obwohl das Folgern aus Experimenten und Beobachtungen durch Induktion kein Beweis für eine allgemeine Schlußfolgerung ist, so ist sie doch der beste Weg des Folgerns, den die Natur der Dinge zuläßt, und kann als um so strenger gelten, je allgemeiner die Induktion ist. Wenn bei den Erscheinungen keine Ausnahmen auftreten, kann die Schlußfolgerung als allgemein gelten. Wenn aber später eine Ausnahme von den Experimenten vorkommen sollte, kann von da an die Schlußfolgerung mit den vorkommenden Ausnahmen ausgesprochen werden. Durch diesen Weg der Analyse können wir vom Zusammengesetzten zu den Bestandteilen fortschreiten und von den Bewegungen zu den Kräften, die sie hervorbringen, und im allgemeinen von den Wirkungen zu den Ursachen und von den besonderen Ursachen zu den allgemeineren bis zuletzt zur allgemeinsten. Das ist die Methode der Analyse. Und die Synthese besteht darin, die entdeckten und als Prinzipien aufgestellten Ursachen vorauszusetzen und durch sie die Erscheinungen zu erklären, indem man von den Prinzipien ausgeht und die Erklärungen prüft.

In den ersten beiden Büchern dieser Optik bin ich nach dieser Analyse vorgegangen, um die ursprünglichen Verschiedenheiten der Lichtstrahlen zu entdecken und zu prüfen, die sich beziehen auf die Brechbarkeit, Reflexibilität und Farbe und auf ihre abwechselnden plötzlichen Zustände leichter Reflexion und leichter Transmission und auf die Eigenschaften der Körper, sowohl der undurchsichtigen wie der durchsichtigen, von denen ihre Reflexionen und Farben abhängen. Und wenn diese Entdeckungen geprüft worden sind, können sie für die synthetische Methode zur Erklärung der Erscheinungen, die aus ihnen entstehen, zugrunde gelegt werden. Ein Beispiel von dieser Methode habe ich am Ende des ersten Buches gegeben. In diesem dritten Buch habe ich lediglich die Analyse dessen begonnen, was über das Licht und seine Wirkungen auf den Bau der Natur noch zu entdecken übrigbleibt, indem ich verschiedene Dinge darüber andeute und es späteren Experimenten und Beobachtungen Wißbegieriger überlasse, diese Andeutungen zu prüfen und nachzuweisen. Und wenn die Naturphilosophie in all ihren Teilen, indem sie diese Methode verfolgt, im Laufe der Zeit vervollkommnet wird, werden sich auch die Grenzen der Moralphilosophie erweitern; denn soweit wir durch die Naturphilosophie wissen können, was die erste Ursache ist, welche Macht sie über uns hat und welche Wohltaten wir von ihr empfangen, soweit wird uns unsere Pflicht ihr gegenüber sowie auch gegeneinander im Licht der Natur erscheinen. Es gibt keinen Zweifel, wenn die Anbetung eines falschen Gottes die Heiden nicht geblendet hätte, so würde ihre Moralphilosophie weitergegangen sein als bis zu den vier Grundtugenden und anstatt die Seelenwanderung zu lehren und die Sonne und den Mond und tote Helden anzubeten, würden sie uns gelehrt haben, unseren wahren Schöpfer und Wohltäter anzubeten, wie es ihre Vorfahren unter der Herrschaft von *Noah* und seinen Söhnen taten, bevor sie selber verdorben wurden.

Sammlung verschiedener Briefe
des Herrn von Voltaire die Engelländer
und andere Sachen betreffend

Der XIII. Brief
Von dem Herrn Locke

Niemand hat vielleicht einen gescheiteren und aufgeräumtern Kopf gehabt, niemand ist ein schärferer Vernunftlehrer gewesen als Herr *Locke*: unterdessen war er kein großer Mathematikverständiger. Er konnte sich niemals den mühsamen Ausrechnungen und trockenen mathematischen Wahrheiten, welche anfänglich nichts zur Beschäftigung des Geistes beitragen, unterziehen; und niemand als er hat besser bewiesen, daß man ohne Beihilfe der Geometrie einen geometrischen Kopf haben könne. Die größten Weltweisen vor ihm hatten die Frage mit einer zuverlässigen Gewißheit entschieden, was die Seele des Menschen sei; weil sie aber nicht das geringste davon verstanden, so war es ganz natürlich, daß sie alle verschiedener Meinung waren.

In *Griechenland*, wo die Wissenschaften und Irrtümer ihren Anfang nahmen und wo man die Größe und Torheit des menschlichen Verstandes so hoch trieb, urteilte man ebenso von der Seele wie bei uns.

Der göttliche *Anaxagoras*, welchem zu Ehren man einen Altar aufgerichtet hatte, weil er die Menschen unterrichtet, daß die Sonne größer als der *Peloponnes*, der Schnee schwarz und der Himmel steinern sei, behauptete, die Seele sei ein lustiger Geist, dennoch aber unsterblich. *Diogenes*, der von einem andern mit dem Beinamen Kyniker unterschieden und ein falscher Münzer war, versicherte, die Seele wäre ein Stückchen von dem göttlichen Wesen, und dieser Gedanke war zum wenigsten prächtig. *Epikur* setzte solche aus Teilen zusammen, wie den Körper.

Aristoteles, welchen man auf tausenderlei Art erkläret

hat, weil er ganz und gar nicht verstanden werden konnte, glaubte, wenn man sich auf die Nachricht einiger von seinen Schülern verlassen darf, daß der Verstand aller und jeder Menschen ein einziges und eben dasselbige Wesen sei.

Der göttliche *Plato*, ein Lehrmeister des göttlichen *Aristoteles*, und der göttliche *Sokrates*, ein Lehrmeister des göttlichen *Plato*, gaben die Seele für körperlich und ewig aus. Der Geist des *Sokrates* hatte ihm ohne Zweifel diesen Unterricht gegeben. Es gibt in der Tat Leute, welche vorgeben, wenn sich jemand eines genauen Umgangs mit einem Geist rühme, so sei er ohngezweifelt entweder ein Narr oder ein Schalk, allein diese Leute sind zu hart.

Was unsere Kirchenväter betrifft, so haben verschiedene derselben in den ersten Jahrhunderten die menschliche Seele, die Engel und Gott für körperlich gehalten. Die Welt wird alle Tage witziger. Der heilige *Bernhard* lehrte in dem Punkt die Seele betreffend, wie uns dieses der *Pater Mabillon* berichtet, daß selbige nach dem Tode Gott nicht in dem Himmel sehen, sondern nur mit der Menschheit Christi einigen Umgang haben würde. Man glaubte ihm dieses aber nicht auf sein Wort, die Begebenheit mit dem Kreuzzuge hatte das Ansehen seiner Aussprüche ziemlich vermindert. Hierauf folgten unzählige Scholastiker als der unwidersprechliche Doktor, (*Hales*) der scharfsinnige Doktor, (*Scotus*) der englische Doktor, (*St. Thomas*) der Seraphinische Doktor, (*St. Bonaventura*) der Cherubinische Doktor; welche sich sämtlich überredet hatten, sie wüßten ganz genau, was die Seele sei, welche aber nichtsdestoweniger so von derselben schwatzten, als wenn sie von niemandem hätten wollen verstanden sein. Endlich trat unser *Descartes* auf, nicht die Irrtümer des Altertums zu entdecken, sondern die seinigen an die Stelle jener zu setzen, welcher durch seinen solchen systematischen Kopf, der die größten Männer verleitet, hingerissen wurde, daß der sich einbildete, unwidersprechlich dargetan zu haben, wie die

Seele eben das jenigesei, welches man das Denken nennet, so wie die Materie nach seiner Meinung nichts anders ist als die Ausdehnung. Er wollte behaupten, man denke beständig, und die Seele langte mit allen metaphysikalischen Begriffen begleitet in dem Körper an, sie hätte eine Erkenntnis von Gott, von dem unermeßlichen Raum, sie besäße alle abstrakten Gedanken und sei mit den allerschönsten Wissenschaften angefüllt, welche sie bei dem Ausgang aus der Mutter Leibe unglücklicherweise vergäße.[1])

Der *Pater Malebranche* gibt nicht nur in seinen hohen Betrügereien die angeborenen Gedanken zu, sondern er trägt auch kein Bedenken zu behaupten, daß wir gänzlich in Gott lebten und daß Gott, so zu reden, unsere Seele sei.

Als nun so viele Klüglinge einen Roman von der Seele verfertiget hatten, kam endlich ein Weiser, welcher mit Bescheidenheit die Geschichte derselben erzählte. Herr *Locke* war es, welcher dem Menschen die menschliche Vernunft entblößt darstellte, wie ein erfahrner Zergliederer die Triebfedern des menschlichen Körpers aufdeckt, er bediente sich überall des Lichts der Naturlehre, er nahm sich die Freiheit, einiges mit Gewißheit zu behaupten, er nahm sich aber auch die Freiheit, einiges in Zweifel zu ziehen. Anstatt alles auf einmal zu entscheiden, welches wir doch nicht verstehen, so prüfte er dasjenige, was wir

---

[1]) Weil die Seele durch ihre eigentümliche Kraft die Empfindungen hervorbringt, so kommen die Bilder und Begriffe der körperlichen Dinge nicht von außen hinein, sondern die Seele hat sie in der Tat schon in sich und wickelt sie nur gleichsam in einer mit dem Leibe zusammenstimmenden Ordnung aus ihrem Wesen heraus, indem sie sich selbst determiniert, das Mögliche wirklich zu machen. So erklären die meisten Weltweisen unserer Zeit die ideas innatas, und setzen zum Behuf der schwachen Geister folgende Erinnerung hinzu: Man muß dies verstehen, wie es die Natur der Seele leidet, nicht aber nach der Einbildung erklären, als wenn sie gleichsam wie Bilder in einem Kasten da lägen und von ihr nach und nach hervorgelangen würden. Und dieses mag auch die Abfertigung der Voltairischen Spöttereien sein. [Diese und die folgenden Anmerkungen sind Anmerkungen des Herausgebers der deutschen Ausgabe von 1747.]

erkennen wollen, stufenweise, er nahm ein Kind von dem Augenblick seiner Geburt an, er folgte dessen zunehmendem Verstand Schritt auf Schritt nach, er untersuchte, was es mit den Tieren gemeinschaftlich und was es mehr habe als dieselben. Er zog vor allen Dingen sein eigen Zeugnis, das Bewußtsein seiner Gedanken zu Rate.

Ich überlasse, sagt er, denen, welche mehr als ich davon wissen, ob unsre Seele vor oder nach der Bildung unseres Körpers wirklich werde; allein ich gestehe, daß mir bei der Austeilung eine von den groben Seelen heimgefallen ist, welche nicht beständig denket; ich bin auch so unglücklich, daß ich nicht begreifen kann, wie der Seele das beständige Denken notwendiger sei als dem Körper die beständige Bewegung.

Ich meinerseits habe die Ehre, mich in diesem Stücke gleicher Dummheit mit Herrn *Locke* zu rühmen.[1])

Niemals wird mich jemand glauben machen, daß ich beständig denke, und ich kann mir ebensowenig als er einbilden, daß ich etliche Wochen vor meiner Geburt eine sehr gelehrte Seele gewesen, daß ich tausend artige Sachen gewußt, welche ich bei der Geburt wieder vergessen, und daß ich im Mutterleibe die nützlichsten Wissenschaften besessen, welche mir alsdann, da ich dieselben

---

[1]) Dieses wird auch ein jeder von sich sagen müssen, welcher der Seele ein Vermögen zu denken beilegt, nicht aber ihr Wesen darein setzt, daß sie beständig denken müsse; denn daraus, daß ein Ding sich nicht allemal seiner Kraft bediene, folgt auch nicht, daß es selbige gänzlich verloren. Einige werden hier der Erfahrung Lockens und des Herrn von Voltaire entgegensetzen, daß man sich seiner gehabten Gedanken nicht allemal bewußt sei und daß man dennoch, wenn die Seele ihr Wesen behalten sollte, müsse gedacht haben, ob man gleich nicht allzeit wisse, was unsere Seele zu dieser oder jener Zeit gedacht, und berufen sich auf die dunklen Vorstellungen. Allein unserer Meinung nach hat noch niemand bewiesen, daß das Wesen der Seele im Denken bestehe, und ebensowenig hat man die Wirklichkeit der dunklen Vorstellungen gezeigt. A priori ist es nicht bewiesen worden und wird wohl schwerlich bewiesen werden; a posteriori es zu beweisen, ist gar nicht möglich, weil die dunklen Vorstellungen solche sein sollen, die uns nicht bewußt sind. Man setzt also billig die ideas obscuras mit den qualitatibus occultis in eine Reihe.

am nötigsten brauchte, wieder entwischet, und welche ich wohl seitdem niemals habe wieder erlernen können.

Nachdem Herr *Locke* die angeborenen Gedanken vertilget, nachdem er der eiteln Meinung, daß man beständig denke, entsaget, nachdem er festgesetzet, daß wir alle unsere Gedanken durch die Sinne bekommen,[1]) nachdem er unsere einfachen und zusammengesetzten Begriffe geprüfet, nachdem er der menschlichen Seele bei allen ihren Wirkungen nachgegangen, nachdem er gezeiget, wie unvollkommen die Sprachen sind, welche die Menschen reden, und wie die Wörter bei jedem Augenblick von denselben mißbrauchet werden, so kommt er endlich auf die Betrachtung des Umfangs oder vielmehr des Nichts der menschlichen Erkenntnis. In diesem Kapitel ist es, in welchem er es wagt, in diese bescheidenen Worte auszubrechen: *Wir werden vielleicht niemals zu entscheiden imstande sein, ob ein bloß materielles Wesen denke oder nicht.* Diese gescheite Rede schien mehr als einem Gottesgelehrten eine ärgerliche Behauptung zu sein, daß die Seele körperlich und sterblich sei. Einige andächtige Engelländer bliesen sofort nach ihrer Gewohnheit Lärm. Die Abergläubischen sind in der menschlichen Gesellschaft das, was die Furchtsamen bei einer Armee sind; sie fürchten sich vergeblich und jagen andern wieder eine eitle Furcht ein. Man schrie, Herr *Locke* wollte die Religion über den Haufen werfen; ob dieses gleich die Religion ganz und gar nichts anging; dieses ist bloß eine philosophische Frage, welche mit dem Glauben und

[1]) Dieses leugnen viele der berühmtesten Philosophen unsrer Tage und nehmen den Satz an: Ein jedes für sich bestehendes Ding hat eine Kraft, daraus alle Veränderungen desselben fließen. Ferner, es ist unmöglich, daß von außen oder durch die Sinne könne eine Vorstellung in die Seele gebracht werden, indem die Seele ein einfaches Wesen. Auf das letztere zu antworten, so ist die Möglichkeit des natürlichen Einflusses von einigen nicht nur gezeiget, sondern auch die Wirklichkeit desselben bewiesen worden. Die Schranken einer Anmerkung gestatten nicht, uns hierbei aufzuhalten, wir beziehen uns deswegen auf den § 110. Psychol. rat. illust. Darjes. Den erstern Satz aber betreffend, so wird man uns erlauben, solchen so lange in Zweifel zu ziehen, bis er hinlänglich bewiesen worden.

der Offenbarung nichts zu tun hat. Man darf nur ohne Verbitterung untersuchen, ob die Materie denken könne, und ob Gott derselben das Denken habe beilegen können. Allein die Gottesgelehrten sagen öfters, Gott werde gelästert, wenn man nicht einerlei Sinnes mit ihnen ist; dieses heißt, denjenigen Poeten es nachtun, welche dem *Despreaux*, weil er sie durch die Hechel zog, schuld gaben, er rede von dem Könige verächtlich. Der Doktor *Stillingfleet* wurde durchgängig für einen bescheidenen Gottesgelehrten gehalten, weil er Herrn *Locke* nicht mit ausdrücklichen Schmähworten angegriffen. Er trat den Kampf mit ihm an, er wurde aber geschlagen; denn er focht wie ein Doktor, *Locke* aber als ein Weltweiser, der die Stärke und Schwäche des menschlichen Verstandes weiß und sich solcher Waffen bediente, deren Güte er verstand. Wenn ich mich unterstehen dürfte, nach Herrn *Locke* von einer so kitzlichen Sache zu reden, so würde ich sagen, die Menschen streiten schon seit langer Zeit über die Natur und Unsterblichkeit der Seele; ihre Unsterblichkeit betreffend, so kann man solche unmöglich beweisen, solange man ihr Wesen noch nicht ausgemacht. Denn gewißlich, man muß ein erschaffenes Ding von Grund aus verstehen, ehe man entscheiden kann, ob es unsterblich oder nicht. Die menschliche Vernunft kann so wenig durch sich selbst die Unsterblichkeit der Seele beweisen, daß auch die Offenbarung für nötig erachtet, uns solche zu entdecken.[1]) Das allgemeine Wohlsein des menschlichen Geschlechts erfordert, daß wir die Seele für unsterblich halten müssen, der Glaube befiehlet uns dieses; weiter braucht er nichts, und die Sache ist entschieden. Das Wesen der Seele bleibt nichtsdestoweniger, der

---

[1]) Man kann allerdings beweisen, daß die Seele des Menschen sowohl ihrem Wesen nach unsterblich sei als auch in Betracht auf den Willen Gottes. Ein einfaches Wesen kann nur von Gott vernichtet werden. Daß es aber Gottes Wille nicht sei, unsere Seele zu vernichten, kann man aus der Gütigkeit und Gerechtigkeit des unendlichen Wesens folgern. Übrigens werden der Herr Verfasser doch so billig sein, und ihre obengesetzten Worte für keinen Beweis ausgeben wollen.

Religion kann es gleichviel gelten, von was für einer Beschaffenheit solches sei, wenn sie nur tugendhaft ist. Dieses ist eine Uhr, welche zu regieren uns auferlegt worden, der Werkmeister hat uns aber nicht gesagt, woraus die Triebfeder dieser Uhr zusammengesetzt sei.

Ich bin ein Körper und denke,[1]) mehr weiß ich nicht. Soll ich wohl das einer unbekannten Ursache zuschreiben, was ich so leichtlich der einzigen causae secundae beimessen kann, die mir bekannt ist?[2]) Hier halten mich alle Weltweisen der Schule mit ihren Schlüssen auf, und sagen: Bei einem Körper findet man nichts als die Ausdehnung und die Dichtigkeit, und man kann ihm weiter nichts als die Bewegung und Figur beilegen. Nun aber können die Bewegung, die Figur, die Ausdehnung und die Dichtigkeit nicht denken, folglich kann die Seele keine Materie sein. Alle diese hohen und so oft wiederholten Schlüsse laufen endlich auf dies einzige hinaus: Ich kenne die Materie ganz und gar nicht, ich mutmaße nur auf eine unvollkommene Art einige Eigenschaften derselben; ich weiß aber nicht, ob nicht mit diesen Eigenschaften das Denken verknüpft sein könne; folglich, weil ich gar nichts davon weiß, so behaupte ich, daß die Materie nicht denken könne. Sehet, so artig schlafet man in der Schule.[3])

---

[1]) Die Erfahrung lehret nur, daß ich einen Körper habe und daß ich denke; sie lehret uns aber nicht, daß ich ein Körper bin, welcher denket, oder daß bloß der Körper meine Person ausmache. Die Vernunft muß nun ausmachen, ob man dem Körper das Prädikat des Denkens beilegen könne, die Erfahrung kann hier nichts entscheiden.

[2]) Wie können Sie denn, mein Herr, einem Dinge etwas beilegen, bevor sie erwiesen, daß auch das Ding des Prädikates fähig sei? Sie wissen ja nach ihrem eigenen Geständnis nicht, was die Materie sei. Bis hierher haben Sie uns noch keinen bündigen Beweis von dem Satz, daß die Materie denken könne, gegeben. Wohl aber hat ein stark denkender Daries das Gegenteil erwiesen, und es hat sich bis jetzt noch niemand gefunden, der den Ungrund seiner Schlüsse gezeiget hätte.

[3]) Sehet, so artig schließet der Herr von Voltaire: Ich bin ein Körper und denke, ich darf nicht weitergehen und einem Geist das Denken beilegen, da ich solches dem Körper beimessen kann; denn daß es möglich sei, daß die Materie denken könne, beweise ich also: Man hat bis hierher die Bewegung und die widerstehende Kraft als das Wesen eines Körpers angegeben, allein es kön-

Herr *Locke* sagt ganz aufrichtig zu diesen Herrn, bekennt zum wenigsten, daß ihr ebenso unwissend seid wie ich. Weder ihr noch ich könnet euch vorstellen, wie ein Körper Gedanken haben könne; und könnet ihr wohl leichter begreifen, auf welche Art ein Wesen, es mag beschaffen sein, wie es wolle, denken könne? Ihr habt weder von der Materie noch von dem Geist einen deutlichen Begriff, wie dürft ihr also etwas zuverlässig behaupten?

Der Abergläubische tritt seinerseits auch auf und spricht, man müsse alle diejenigen um des Wohls ihrer Seelen willen verbrennen, welche nur mutmaßten, man könne einzig und allein mit Hilfe des Körpers denken; was werden sie aber sagen, wenn man sie selbst einer Ruchlosigkeit überführen wird? Gewiß wird sich wohl jemand, ohne eine abgeschmackte Gottlosigkeit zu begehen, unterstehen dürfen zu behaupten, daß es dem Schöpfer unmöglich sei, der Materie das Denken und Empfinden beizulegen?[1]) Erwäget nur, ich bitte euch, in welcher Verwirrung ihr stecket, ihr, die ihr der Macht des Schöpfers so enge Schranken setzet. Die Tiere haben eben die Gliedmaßen, die wir haben, eben die Neigungen, eben die Empfindungen, sie haben ein Gedächtnis und verknüpfen auch einige Gedanken unter sich. Wenn Gott die Materie nicht hat beleben und ihr Empfindungen beilegen können, so muß von diesen zweien eins sein,

---

nen noch wohl mehrere Eigenschaften vorhanden sein. Ich kenne die Materie ganz und gar nicht, ich behaupte nur etliche Eigenschaften nach der Wahrscheinlichkeit von ihr; ich weiß aber nicht, ob nicht mit diesen Eigenschaften das Denken verknüpft sein könne, folglich, weil ich nichts davon weiß, so behaupte ich, daß die Materie denken könne.

[1]) Ehe man sagen kann, Gott könne etwas wirklich machen, so muß man erstlich zeigen, daß kein Widerspruch vorhanden; sonst könnte man auch sagen, Gott könne machen, daß 2 mal 2 nicht 4, sondern 6 sei. Kann denn Gott ein Viereck machen, welches zugleich ein Zirkel ist, so wie es ein Viereck vorstellet, und umgekehrt? Der Herr von Voltaire zeiget, daß er sehr unvollkommne Begriffe von den Eigenschaften Gottes habe. Es gehet der Allmacht Gottes im geringsten nichts ab, wenn man saget, Gott könne keine widersprechenden Dinge erschaffen. Könnte man es wohl für ein Unvermögen Gottes ausgeben, wenn er nicht imstande ist, die Geschöpfe zu Göttern zu machen? C. Kahlens Vergleichung der Leibnizischen und Newtonischen Metaphysik, Kap. VI.

entweder die Tiere sind bloße Maschinen, oder sie haben eine geistige Seele.[1])

Mir deucht, man könne beweisen, daß die Tiere keine bloßen Maschinen sind. Hier ist mein Beweis: Gott hat ihnen eben die Empfindungs-Glieder gegeben wie uns; wenn sie also nichts empfinden, so hat Gott ein unnützliches Werk gemacht. Nun aber hat Gott nach eurem eigenen Geständnis nichts vergeblich gemacht; folglich hätte Gott nicht so viele sinnliche Gliedmaßen gebildet, wenn sie nichts zur Empfindung hätten beitragen sollen, folglich sind die Tiere nicht bloße Maschinen. Die Tiere können nach eurer Meinung keine geistige Kraft haben; folglich bleibt euch nichts anderes übrig, als daß ihr wider Willen bekennen müßt, Gott habe den Tieren, welche bloß aus der Materie bestehen, Gliedmaßen gegeben, ein Vermögen, Empfindungen zu haben und sich dessen bewußt zu sein, welches ihr ihren natürlichen Trieb nennet. Und wer kann Gott hindern, unsern Gliedmaßen, welche viel geschmeidiger sind, dieses Vermögen, Empfindungen zu haben, sich dessen bewußt zu sein und zu denken, welches man die menschliche Vernunft nennet, beizulegen? Ihr möget euch hinwenden, wohin ihr nur wollet, so müßt ihr eure Unwissenheit und die unermeßliche Macht des Schöpfers bewundern. Deshalb empöret euch fernerhin nicht wider die gescheite und bescheidene

---

[1]) Sie hätten erst zeigen müssen, daß nur eine einzige Art eines denkenden Wesens möglich sei. Es folgt ganz und gar nicht, entweder sind die Tiere bloße Maschinen, oder sie haben eine Seele wie wir, das ist eine vernünftige. Es sind noch mehr Fälle möglich. Wir legen den Tieren eine Seele bei, aber keine vernünftige Seele, keinen Geist. Sie haben Gedächtnis, Einbildung und ein Vermögen, einige Ähnlichkeiten zu bemerken, sie haben aber kein Vermögen, den Zusammenhang der Dinge deutlich einzusehen. Jenes nennt man die niedrigen Kräfte der Seele, oder die Seele überhaupt; dieses aber den Verstand, oder einen Geist. Wir wünschen, der Herr Verfasser möchte sich hier verständlicher erkläret haben, was er unter einer geistigen Seele verstehe; vermutlich meinte er eine vernünftige Seele, und gleichwohl können wir auch nicht glauben, daß der Herr von Voltaire sich so wenig in den Schriften unsrer neuen Weltweisen sollte umgesehen haben, daß ihm der Unterschied hätte unbekannt bleiben können, den man zwischen den Seelen der Tiere und Menschen setzet.

Weltweisheit des Herrn *Locke*, sie ist weit entfernet davon, daß sie mit der Religion streiten sollte, sie würde ihr vielmehr Beweise darbieten, wenn sie solcher benötigte. Denn welche Weltweisheit kommt wohl besser mit der Religion überein als diejenige, welche nichts behauptet, als was sich deutlich einsiehet, welche ihre Schwäche zu bekennen weiß und befiehlet, daß man bei Untersuchung der ersten Grundsätze auf Gott zurückgehen müsse.

Überdem darf man nicht befürchten, daß jemals eine philosophische Meinung der Religion eines Landes könne schädlich sein. Es liegt nichts dran, wenngleich unsere Geheimnisse unsern Beweisen zuwiderlaufen; sie werden deswegen doch von unsern christlichen Weltweisen mit Ehrfurcht angenommen, indem sie gar wohl wissen, daß die Gegenstände der Vernunft und des Glaubens von ganz verschiedener Beschaffenheit sind.[1])

Niemals haben die Philosophen eine Sekte in der Religion gestiftet. Woher kommt dieses? Daher, weil sie nicht für den Pöbel schreiben und von der Enthusiasterei entfernt sind. Man teile das menschliche Geschlecht in 20 Teile, so werden 19 Teile aus solchen bestehen, welche mit ihren Händen arbeiten und nicht wissen werden, ob jemals ein *Locke* in der Welt gewesen. Wieviel wird man unter dem noch übrigen zwanzigsten Teil der Menschen finden, welche Bücher lesen, und unter diesen wieder, welche Bücher lesen, sind wohl zwanzig, die Liebesgeschichten lesen, gegen einen gerechnet, der sich in der Philosophie umsiehet. Die Zahl derjenigen, welche denken, ist überaus klein, und diese wird sich niemals in den Sinn kommen lassen, die Welt in Verwirrung zu setzen.

---

[1]) Ob man gleich die Geheimnisse unsrer christlichen Religion nicht mit der Vernunft begreifen kann, so kann man doch nicht sagen, daß sie der Vernunft zuwiderlaufen. Wir haben beides, Offenbahrung und Vernunft, von Gott. Diese vortrefflichen Geschenke können sich unmöglich widersprechen, sie haben beide einen Urheber und zwar den allerweisesten. Unsere Gottesgelehrten sagen, es sei etwas ganz anders, über die Vernunft sein, und ein anders, wider die Vernunft sein.

Weder *Montagne*, noch *Locke*, noch *Bayle*, noch *Spinoza*, noch *Hobbes*, noch *Mylord Schaftsbury*, noch *Collin*, noch *Toland* haben die Fackel der Uneinigkeit in ihrem Vaterlande angezündet; Gemeiniglich sind dieses die Gottesgelehrten; welche anfänglich aus Ehrgeiz Häupter ihrer Sekte und nachgehends Häupter der Parteien werden wollen. Was sage ich? Alle Schriften der neuen Weltweisen zusammengenommen, werden niemals so viel Lärm in der Welt machen, wie vormals der Streit der Kapuziner über die Gestalt ihrer Ärmel und Kutten gemacht hat.

Der XIV. Brief
Von Descartes und Newton

Ein Franzose trifft bei seiner Ankunft nach *Londen* alles in der Weltweisheit sowie in den übrigen Stücken verändert an. Er hat eine bevölkerte Welt verlassen und kommt in eine Wüstenei; zu *Paris* war das Weltgebäude aus Wirbeln und zarter Materie zusammengesetzt, zu Londen höret man nichts von diesem allen. Bei den Franzosen verursachet der Druck des Mondes den Zufluß des Meers; bei den Engelländern drücket das Meer gegen den Mond; dergestalt, daß, wenn ein Franzose glaubt, der Mond müsse die Flut des Meeres verursachen, so glauben die Herren Engelländer, daß man Ebbe haben müsse, welches zum Unglück nicht kann dargetan werden. Denn wenn man hierinnen einiges Licht haben wollte, so müßte man den Mond und die Meere bei dem ersten Augenblick der Schöpfung untersuchen können.

Man wird ferner bemerken, daß die Sonne, welche in Frankreich nichts mit dieser Sache zu schaffen hat, hier in Engelland ungefähr den vierten Teil dazu beiträgt. Bei euch Cartesianern geschiehet alles durch einen Stoß (impulsion), welchen man nicht verstehet; nach des Herrn *Newton* Meinung geschiehet alles durch einen Zug (attraction), von welchem man die Ursache ebensowenig kennet. Zu *Paris* stellet man sich die Erde wie eine Melone vor, zu *Londen* ist sie auf beiden Seiten platt. Nach dem Cartesianer ist das Licht in der Luft; nach dem Newtonianer kommt solches von der Sonne in 6 und einer halben Minute zu uns. Die Franzosen machen alle ihre chemischen Operationen mit dem acido, Alkali und der zarten Materie; bei den Engelländern herrscht auch sogar in der Chemie die anziehende Kraft.

Selbst das Wesen der Dinge ist ganz verändert. Man ist sowohl in Beschreibung der Seele als der Materie verschiedener Meinung. *Descartes* versichert, daß die Seele eben das Wesen sei, welches in uns denket, und Herr *Locke* beweist ihm ganz fein das Gegenteil.

Descartes behauptet, die Ausdehnung allein mache die Materie aus; Newton fügt noch die Dichtigkeit hinzu.[1])

Sehet nur die heftigen Uneinigkeiten!

Non nostrum inter vos tantas compenere lites.

Dieser berühmte *Newton*, dieser Zerstörer des Cartesianischen Lehrgebäudes, starb im Monat März des vergangenen 1727. Jahres. Er wurde in seinem Leben von seinen Lansdleuten geehret und wie ein König, welcher seinen Untertanen Wohltaten erzeiget hat, begraben.

Man hat hier ganz begierig die Lobrede des Herrn *Newton*, welche der Herr *von Fontenelle* in der Akademie der Wissenschaften gehalten, aufgenommen und ins Englische übersetzet. Der Herr *von Fontenelle* ist der Richter unter den Philosophen, in Engelland siehet man sein Urteil so an, als wenn der Engelländischen Philosophie der Vorzug vor der andern feierlich zugestanden worden sei. Sobald man aber sah, daß er den *Descartes* mit *Newton* in Vergleichung setzte, so empörte sich die ganze Königliche Gesellschaft zu London. Weit gefehlt, daß man es bei seinem Urteil hätte sollen bewenden lassen, man beurteilete sogar solches. Selbst verschiedenen (und dieses sind eben nicht die stärksten Weltweisen)

---

[1]) Dieses ist die bei uns so genannte vis inertiae oder widerstehende Kraft.

kam diese Vergleichung anstößig vor, bloß deswegen, weil *Descartes* ein Franzose war.

Man muß gestehen, daß diese zwei der größten Männer sowohl in Absicht auf ihre Lebensart als auch in Absicht auf ihr Glück und ihre Weltweisheit sehr voneinander unterschieden waren.

Descartes kam mit einer glänzenden und starken Einbildungskraft zur Welt, welche ihn sowohl im gemeinen Leben als auch in seiner Art zu philosophieren zu einem ganz besondern Menschen machte. Diese Einbildungskraft blieb selbst in seinen philosophischen Werken nicht verborgen, man findet hin und wieder in demselben sinnreiche und prächtige Vergleichungen. Die Natur hatte ihn fast zu einem Dichter gemacht; und er setzte in der Tat etwas Lustiges für die Königin in Schweden auf, welches man aber, sein Gedächtnis nicht zu verunehren, nicht hat drucken lassen.

Er versuchte eine Zeitlang das Kriegshandwerk, und als er danach auf einmal ein Weltweiser geworden war, so hielt er es nicht für unanständig, der Liebe zu pflegen. Er hatte von seiner Liebsten eine Tochter, namens Francine, welche noch ganz jung verstarb und deren Verlust ihm sehr empfindlich fiel. Also hatte er alle die Zufälle erfahren müssen, welchen die Menschen unterworfen.

Er stand lange Zeit in dem Gedanken, wenn er in Freiheit philosophieren wollte, so müsse er die Menschen und vor allen Dingen sein Vaterland meiden.

Er hatte recht: die Leute zu seiner Zeit verstanden nicht soviel, daß sie ihn hätten beurteilen können, und waren zu nichts weiter geschickt, als ihm zu schaden.

Er verließ *Frankreich*, weil er die Wahrheit suchte, welche damals durch die elende scholastische Philosophie verfolget wurde.

Allein er traf auf den hohen Schulen in *Holland*, wohin er sich begab, eben nicht mehr Vernunft an. Denn zu der Zeit, als man die Sätze in seiner Philosophie, welche wahr waren, verdammte; wurde er ebenfalls in Holland verfolget von den vorgegebenen Weltweisen, welche ihn ebensowenig verstanden und welche einen persönlichen Haß auf ihn warfen, da sie seinen Ruhm wachsen sahen, daß er auch genötigt wurde, von *Utrecht* wegzugehen. Er mußte gleichfalls die Beschuldigung der Atheisterei, als die letzte Zuflucht der Verleumder, über sich ergehen lassen; und er, welcher alle Scharfsinnigkeit des Verstandes angewendet, neue Beweise für das Dasein Gottes ausfindig zu machen, wurde in Verdacht gezogen, als ob er gar keinen glaubte.

So viele Verfolgungen setzten voraus, daß er ein Mann von großen Verdiensten und einem berühmten Namen sein müsse. Er konnte sich auch des einen sowohl als des andern rühmen. Selbst in der Welt fing die Vernunft ein wenig an, durch die Finsternisse der Schule und die Vorurteile des pöbelhaften Aberglaubens zu dringen. Sein Name machte endlich so viel Aufsehens, daß man ihn durch Verheißungen nach Frankreich zurückzubringen trachtete. ... Man versprach ihm ein jährliches Gehalt von 1000 Talern. In dieser Hoffnung kam er nach Frankreich zurück, bezahlte die Unkosten des Patentes, welche damals käuflich waren, bekam kein Gehalt und kehrte, um der Weltweisheit obliegen zu können, in seine Einsamkeit nach *Nord-Holland* zurück, eben als der große *Galilei* in einem achtzigjährigen Alter in den Gefängnissen der *Inquisition* seufzete, weil er bewiesen hatte, daß die Erde sich beweget.

Endlich starb er zu *Stockholm* eines frühzeitigen Todes, welchen er sich durch die Unordnung im Essen und Trinken zugezogen hatte, mitten unter etlichen Gelehrten, die seine Feinde waren, und unter den Händen eines Arztes, der ihn haßte.

Der Lebenslauf des Ritters *Newton* ist ganz anders beschaffen. Er lebte 85 Jahre beständig ruhig, glücklich und in seinem Vaterlande geehrt.

Sein größtes Glück war nicht nur, daß er in einem freien Lande, sondern auch, daß er zu einer solchen Zeit geboren wurde, in welcher die unerträgliche Philosophie der Scholastiker verbannet war. Die Vernunft allein wurde gebessert, und die ganze Welt konnte nur sein Schüler sein, nicht aber sein Feind.

Ein sonderbarer Gegensatz, in welchem er sich mit *Descartes* befindet, ist dieser, daß er bei einem so langen Lebenslauf niemals weder einer Leidenschaft noch Schwachheit unterworfen gewesen, er hat sich niemals einer Weibsperson genähert; welches mir von dem Arzt und Barbier, unter deren Händen er verschieden, versichert worden.

Dieserwegen kann man den *Newton* bewundern, man muß aber den *Descartes* nicht tadeln.

Die allgemeine Meinung über diese beiden Weltweisen in Engelland ist, daß der erste ein Träumer und der andere ein Gelehrter gewesen.

Sehr wenige Personen zu *Londen* lesen den *Descartes*, weil dessen Werke in der Tat unbrauchbar worden sind; sehr wenige auch lesen den *Newton*, weil man sehr gelehrt sein muß, wenn man ihn verstehen will. Unterdessen redet jedermann von ihnen, den Franzosen räumet man gar nichts ein, und den Engelländern mißet man alles bei.

Einige meinen, daß, wenn man den Satz nicht mehr für wahr annähme, daß ein jedes Ding das Leere in der Natur zu vermeiden suche, wenn man wisse, daß die Luft schwer sei, wenn man sich der Brillen bedienen könne, so sei man deswegen dem *Newton* verbunden. Dieser ist hier das, was *Hercules* in der Fabel ist, welchem die Unwissenden alle Taten der andern Helden zuschreiben.

In einer Beurteilung, welche zu *Londen* über die Rede des Herrn von *Fontenelle* herauskam, durfte man gar behaupten, *Descartes* wäre eben kein großer Erdmeßkünstler gewesen. Diese, welche so reden, müssen sich vorwerfen lassen, daß sie diejenigen von ihren eigenen Städten verheeret, von welchen sie ihre Zufuhr bekommen haben. *Descartes* hat eine ebenso große Bahn in der Erdmeßkunst zurückgelegt von dem Punkt an, wo er sie gefunden, bis zu dem, dahin er sie gebracht, gerechnet, als *Newton* nach ihm getan hat. Er ist der erste, welcher gewiesen, wie man die algebraischen Gleichungen der krummen Linien anstellen müsse. Seine Erdmeßkunst, wegen deren Bekanntmachung wir ihm Dank schuldig sind, war zu selbiger Zeit so hochgelehrt, daß kein öffentlicher Lehrer sich unterstand, solche zu erklären, und außer *Schotten* in *Holland* und *Fermat* in *Frankreich* verstand sie niemand.

Er kam mit diesem durch die Erdmeßkunst aufgeheiterten Verstand und Einbildungskraft über die Dioptrik, welche unter seinen Händen das Ansehen einer ganz neuen Wissenschaft bekam, und wenn er sich in manchen Stükken geirret hat, so kommt es daher, daß ein Mensch bei der Entdeckung neuer Länder nicht gleich auf einmal die Eigenschaften derselben angeben kann. Diejenigen, welche ihm gefolget und diese Gegenden fruchtbarer gemacht, müssen sich ihm zum wenigsten wegen der Entdeckung derselben verbunden erachten. Inzwischen will ich gerne zugeben, daß alle die andern Werke des Herrn *Descartes* voller Irrtümer stecken.

Die Erdmeßkunst war sein Leitfaden, welchen er sich einigermaßen selbst verfertiget und welcher ihn gewißlich in der Naturlehre ganz sicher würde geführet haben. Am Ende aber setzte er diesen Wegweiser hintan und überließ sich seinem systematischen Kopfe. Alsdann war seine Philosophie zum höchsten nichts mehr als eine sinnreiche Geschichte, welche den Weltweisen selbiger Zeit ziemlich wahrscheinlich vorkam. Er fehlte in dem, was das Wesen der Seele, die Beweise von der Wirklichkeit Gottes, die Materie, die Gesetze der Bewegung und die Natur des Lichtes betraf. Er behauptete die angeborenen Gedanken, er erfand neue Elemente, er schuf eine Welt; er bildete einen Menschen nach seinem Kopfe, und man hat Grund zu sagen, daß der Mensch, so wie ihn *Descartes* beschrieben, in der Tat nichts anders ist als *Descartes* selbst, das ist, nichts weniger als ein wahrhaftiger Mensch.

Er trieb seine Irrtümer in der Grundlehre so weit, daß

er auch vorgab, 2 mal 2 würden nicht 4 machen, wenn es Gott nicht so gewollt hätte.[1]) Allein, man sagt nicht zuviel, wenn man behauptet, daß er auch in seinen Irrtümern bewundernswürdig sei. Er fehlte, allein dies geschahe doch zum wenigsten mit einer Ordnung und durch Schluß auf Schluß. Er stürzte die abgeschmackten Grillen zu Boden, welche man seit 2000 Jahren der Jugend in den Kopf gesetzt hatte. Er lehrte die Leute seiner Zeit, vernünftig zu reden und sich seiner Waffen wider ihm selbst zu bedienen. Und wenn er ja nicht mit echter Münze bezahlet hat, so ist dies doch schon ein Großes, daß er die falsche Münze in üblen Ruf gebracht.

Ich glaube nicht, daß man seine Philosophie mit des Newton seiner mit Grund der Wahrheit auch nur im geringsten in Vergleichung setzen könne. Die erste ist ein Versuch, die andere ein Meisterstück. Derjenige aber, welcher uns auf den Weg der Wahrheit gebracht, ist vielleicht ebenso hoch zu schätzen, wie derjenige, welcher nach der Zeit das Ziel in diesen Laufschranken erreichet.

Descartes machte die Blinden sehend. Sie sahen die Fehler des Altertums und auch die seinigen. Die Bahn, welche er eröffnet, ist nach seiner Zeit unermeßlich weit worden. Das kleine Buch des *Rohault* hat vor einiger Zeit eine vollständige Naturlehre dargestellet; heutigentags machen alle Sammlungen der Europäischen Akademien noch keinen Anfang von diesem Lehrgebäude aus. Diesen Abgrund hat man bei der Untersuchung von einer unendlichen Tiefe gefunden. Jetzt wollen wir nur untersuchen, was Herr *Newton* aus diesen steilen Klippen gehauen.

---

[1]) Cartesius leugnete, daß die Wesen der Dinge notwendig und unveränderlich seien, oder ihre innere Möglichkeit vor dem göttlichen Ratschlusse. Also sagte er, Gott habe gewisse Empfindungen mit gewissen Veränderungen in den Gliedmaßen der Seele willkürlich verknüpfet. Gott habe mit einer jeden Veränderung im Leibe in der Seele verknüpfen können, was er gewollt. Er hätte demnach ebenso leicht machen können, daß uns das Saure süß und das Süße sauer schmeckte, daß uns der Schmerz annehmlich wäre, usw., als jetzt das Gegenteil stattfindet.

Der XV. Brief
Von der anziehenden Kraft

Die Entdeckungen des Ritters *Newton*, welche ihm eine allgemeine Hochachtung erworben, betreffen das Lehrgebäude von der Welt, das Licht, das Unendliche in der Erdmeßkunst und endlich die Zeitrechnungskunst, mit welcher er sich nur belustigte, wenn er sich von seinen ernsthaften Geschäften wieder erholen wollte.

Ich will (wenn es, ohne viele Worte zu machen, geschehen kann) das wenige, welches ich von allen diesen hohen Begriffen habe erhaschen können, hierhersetzen. Was das Lehrgebäude von unsrer Welt betrifft, so stritte man von langen Zeiten her über die Ursache, welche den Lauf der Planeten verursachte und selbige in ihrer Bahn erhielt, und über die Ursache, weswegen alle Körper auf die Oberfläche der Erde herunterfallen.

Das Lehrgebäude des *Descartes*, so wie es nach der Zeit erläutert und verbessert worden, schiene einen glaubhaften Grund von allen diesen natürlichen Begebenheiten anzugeben, und dieser Grund schiene desto wahrhaftiger zu sein, weil er ganz schlecht und jedermann begreiflich ist. Allein in der Weltweisheit darf man so wenig etwas annehmen, weil es leicht zu begreifen, als etwas verwerfen, weil man es nicht gleich einsehen kann.

Die Schwere, der schleunige Fall der Körper gegen die Erde, die Vollendung des Laufs der Planeten, die Umdrehung um ihre Achse, alles dieses ist nichts anderes als eine Bewegung. Nun aber kann man sich keine Bewegung vorstellen als vermittelst eines Stoßes, also werden alle Körper fortgestoßen. Was ist aber die Ursache dieses Fortstoßens? Der ganze Raum ist angefüllt, er muß aber mit der allerzartesten Materie angefüllet sein, weil wir solche nicht gewahr werden. Diese Materie muß sich ferner von Abend gegen Morgen bewegen, weil alle Planeten von Abend gegen Morgen hin gerissen werden. Also gehet man von einer Voraussetzung zur andern, von einer Wahrscheinlichkeit zur andern. Man hat sich einen ungeheuren großen Wirbel von dieser zarten Materie eingebildet, in welchem die Planeten herumgezogen würden. Man hat noch einen andern besondern Wirbel erdacht, welcher in dem großen schwimmet und welcher sich täglich um den Planeten herum dreht. Über dies alles verlangt man noch, daß die Schwere von dieser täglichen Bewegung herrühren soll; denn, sagt man, die subtile Materie, welche sich um unsern kleinen Wirbel drehet, muß siebenzehnmal geschwinder gehen als die Erde. Da sie nun siebenzehnmal geschwinder sich beweget als unsre Erde, so muß sie eine ungleich größere von dem Mittelpunkt abweichende Kraft haben (vis centrifuga) und folglich alle Körper gegen die Erde zurückstoßen. Sehet, dies ist die Ursache der Schwere in dem cartesianischen Lehrgebäude. Allein, ehe man die von dem Mittelpunkt abweichende Kraft und die Geschwindigkeit dieser dünnen Materie ausgerechnet, hätte man erstlich festsetzen müssen, daß selbige wirklich sei.[1])

Herr *Newton* vertilgte diese großen und kleinen Wirbel, sie waren ohne Rettung verloren, sowohl derjenige, welcher die Planeten um die Sonne führet, als auch derjenige, welcher jeden Planeten um sich selbst herum drehet.

Anlangend *erstlich* den vorgegebenen kleinen Wirbel der Erde, so ist bewiesen worden, daß seine Bewegung sich nach und nach verringern müsse. Es ist ebenfalls bewiesen, daß, wenn die Erde in einer flüssigen Materie schwimmen soll, diese flüssige Materie so dicht als die Erde sein müsse; und wenn dieses Flüssige eben so dicht ist, so müssen alle Körper, welche wir aus ihrer Stelle stoßen, den äußersten Widerstand erfahren.

---

[1]) Cartesius hat dieses nur für eine hypothesin philosophicam, niemals aber für eine bewiesene Wahrheit ausgegeben. Zu einer Hypothese aber wird nur erfordert, daß sie möglich sei und man dasjenige aus derselben deutlich erklären könne, um welches willen sie angenommen worden. Wir behaupten hier nicht, daß der angenommene Satz des Cartesi sich dieser erforderlichen Eigenschaften zu rühmen habe.

Zweitens, was die großen Wirbel betrifft, so sind selbige noch ungegründeter, man kann sie unmöglich mit den Regeln des *Kepler* vereinigen, deren Richtigkeit doch unumstößlich bewiesen worden. Herr *Newton* zeiget, daß die Revolution der flüssigen Materie, welche nach des *Descartes* Vorgeben den Jupiter mit sich fortreißet, nicht mit der Revolution der flüssigen Materie der Erde so eintreffe, wie die Revolution des Jupiters mit der Erde. Er beweiset, daß, wenn die Planeten ihren Umlauf vollendet und folglich einer von dem andern in der Sonnenferne am weitesten entfernet und in der Sonnennähe am nächsten ist, zum Exempel die Erde, solche sich geschwinder bewegen müsse, wenn sie nahe bei dem Mars und der Venus ist, weil die flüssige Materie, welche solche mit fortreißt, alsdann wegen des stärkern Druckes sich heftiger bewegen muß; und gleichwohl findet man, daß eben zu dieser Zeit die Erde sich am langsamsten bewege.

Er beweiset, daß gar keine himmlische Materie sei, welche sich von Abend gegen Morgen beweget, weil die Kometen quer durchlaufen, bald von Morgen gegen Abend, bald von Mitternacht gegen Mittag.

Endlich, um alle Schwierigkeiten noch besser, wenn es möglich, zu heben, so beweiset er, auch sogar durch angestellte Versuche, daß der volle Raum (Plenum) unmöglich sei, und bringet uns den leeren Raum (Vacuum) wieder zurück, welchen *Aristoteles* und *Descartes* aus der Welt verbannet hatten.

Nachdem er nun die Cartesianischen Wirbel durch alle diese und noch viele andere Gründe über den Haufen geworfen hatte, so zweifelte er, daß man jemals werde ausmachen können, ob ein geheimer Grund in der Natur zu finden, aus welchem man zugleich die Bewegung aller himmlischen Körper und das Fallen der Körper gegen die Erde ursprünglich herleiten könne. Als er sich im Jahr 1666 wegen der Pest auf ein Landgut nahe bei *Cambridge* begeben hatte und einstmals bei einem Spaziergang in seinem Garten die Früchte von den Bäumen fallen sah, so gab ihm dies zu einem tiefen Nachdenken Gelegenheit über diese Schwere, deren Ursache alle Weltweisen so lange Zeit vergeblich gesucht hatten und bei welcher der gemeine Mann nicht einmal ein Geheimnis vermutet. Er sagte zu sich selbst, so hoch auch diese Körper in unsrer Hemisphäre herunterfallen möchten, so würde ihr Fall gewißlich von dem *Galilei* entdeckt worden sein; und die Räume, welche sie durchlaufen, würden sich gegeneinander verhalten wie die Quadrate der Zeit. Diese Kraft, welche verursacht, daß die schweren Körper herunterfallen, wird man ohne eine merkliche Verringerung so in der Tiefe der Erden wie auf dem höchsten Berge finden. Warum sollte sich diese Kraft nicht auch bis auf den Mond erstrecken? Und wenn es wahr ist, daß sie bis dahin reichet, ist es nicht wahrscheinlich, daß diese Kraft ihn in seiner Bahn erhält und seine Bewegung bestimmet?

Wenn aber der Mond dieser Grundregel Folge leistet, kann man nicht höchstvernünftigerweise behaupten, daß die andern Planeten solcher gleichermaßen unterworfen? Wenn diese Kraft wirklich ist, welches anderswo bewiesen worden, so muß sie sich nach einem verkehrten Verhältnis (in rationae inversa) der Quadrate der Entfernung vermehren. Man muß also nur den Weg untersuchen, welchen ein schwerer Körper beschreibet, wenn er von einer mittelmäßigen Höhe auf die Erde fällt, und den Weg, den ein Körper in eben der Zeit nehmen würde, welcher von der Laufbahn des Mondes herunterfiele; will man dieses wissen, so darf man nur das Maß von der Erde und die Entfernung des Mondes von der Erde haben.

Sehet, so urteilte Herr *Newton*. Man hatte aber damals in Engelland nur sehr schlechte Abmessungen von unsrer Erdkugel. Man ließ es auf das ungewisse Vorgeben der Schiffer ankommen, welche 60 Englische Meilen auf einen Grad rechneten, da sie deren fast 70 hätten rechnen sollen. Als diese falsche Rechnung sich mit den Schlüssen, welche Herr *Newton* folgern wollte, nicht schickte, so gab er seine Meinung auf. Ein mittelmäßiger Philosoph, welcher nur von der Eitelkeit wäre getrieben worden, hätte das Maß der Erde mit seinem Lehrgebäude so gut zusammengereimt, als er nur gekonnt hätte, allein Herr *Newton* wollte damals lieber seinen gemachten Entwurf fahren lassen. Als aber nach deer Zeit Herr *Picard* die Erde genau gemessen und den Mittagszirkel gezogen, welcher Frankreich so viel Ehre bringet, so ergriff Herr *Newton* seine ersten Gedanken wieder, und er fuhr mit der Rechnung des Herrn *Picard* ganz wohl.

Dieses hat mir beständig bewundernswürdig geschienen, daß man bloß durch Hilfe eines Quadranten und ein wenig Rechenkunst so erhabene Wahrheiten entdeckte.

Die Erde hat in ihrem Umfange hundertunddreiundzwanzig Millionen zweihundertundneunundvierzigtausendsechshundert Schuh; auf dieses ist das Lehrgebäude von der anziehenden Kraft gebauet. Wenn man den Umfang der Erde weiß, so weiß man auch den Umfang des Mondenkreises und den Durchmesser dieses Kreises. Die Revolution des Mondes in seiner Bahn geschiehet in 27 Tagen 7 Stunden 43 Minuten; sodann ist bewiesen, daß der Mond in seiner mittleren Bewegung 187tausend 950 Pariser Schuh in einer Minute durchläuft. Und durch einen bekannten Lehrsatz ist bewiesen worden, daß die Zentralkraft, durch welche ein Körper von der Höhe des Mondes herunterfällt, ihn in der ersten Minute nur 15 Pariser Schuh tieffallend machen würde. Wenn nun das Gesetz, nach welchem die Körper schwer sind, herunterdrücken und sich untereinander anziehen in einem umgekehrten Verhältnis der Quadrate der Entfernungen, wahr ist und wenn es eben diejenige Kraft ist, welche nach dieser Regel in der ganzen Natur wirket; so ist klar, daß, da die Erde von dem Mond 60 halbe Durchmesser entfernet ist, ein schwerer Körper 15 Schuh in der ersten Sekunde und 54tausend Schuh in der ersten Minute auf die Erde herunterfallen müsse.

Nun aber fällt in der Tat ein schwerer Körper 15 Schuh tief in der ersten Sekunde und 54tausend Schuh tief in der ersten Minute, welches das Quadrat von 60 ist, wenn man es mit 15 vervielfältiget. Folglich verhält sich die Schwere des Körpers in einem umgekehrten Verhältnis wie die Quadrate der Entfernungen; folglich ist es eben die Kraft, welche die Schwere der Erde macht und welche den Mond in seiner Bahn erhält. Wenn bewiesen worden, daß der Mond gegen die Erde, welche der Mittelpunkt seiner besondern Bewegung ist, drücket, so ist auch bewiesen, daß die Erde und der Mond gegen die Sonne drücken, welche der Mittelpunkt ihrer jährlichen Bewegung ist.

Die andern Planeten müssen diesem Hauptgesetze unterworfen sein, und wenn dieses Gesetz wirklich ist, so müssen die Planeten sich nach den Regeln richten, welche *Kepler* erfunden. Alle diese Regeln, alle diese Verhältnisse sind in der Tat von den Planeten mit der äußersten Richtigkeit befolget worden. Folglich bewirket die Kraft der Gravitation den Druck aller Planeten gegen die Sonne, so wie auch unserer Kugel selbst.

Endlich, wenn die Gegenwirkung eines jeden Körpers der Wirkung proportional ist, so ist auch gewiß, daß die Erde ihrerseits gegen den Mond drücke und daß die Sonne gegen alle beide drücke; daß ein jeder Trabant des Saturnus gegen die drei andern drücke und diese vier wieder gegen ihn; alle fünf aber gegen den Saturnum und der Saturnus gegen alle. Ebenso muß es mit dem Jupiter beschaffen sein, und alle diese Kugeln werden von der Sonne angezogen, welche von einer jeden derselben gleichfalls wieder angezogen wird.

Diese Kraft der Gravitation wirket nach Proportion der Materie, aus welcher die Körper bestehen. Dieses ist eine Wahrheit, welche Herr *Newton* durch Erfahrungen bestätiget hat. Aus dieser neuen Entdeckung hat man zeigen können, daß die Sonne als der Mittelpunkt aller Planeten sie in geradem Verhältnis ihrer Massen, wenn man sie mit ihrer Entfernung verknüpfet, an sich ziehe. Von da an hat er sich stufenweise bis zu solchen Erkenntnissen geschwungen, welche weit über den menschlichen Verstand zu sein schienen, er unterstand sich sogar, auszurechnen, wieviel Materie die Sonne in sich halte und wieviel sich von selbiger in jedem Planeten befinde, und also tut er auch die einfachen Gesetze der Mechanik dar, daß eine jede Himmelskugel sich notwendig an demjenigen Orte befinden müsse, wo sie wirklich ist.

Sein einziges Prinzip von den Gesetzen der Gravitation gibt von allen scheinbaren Ungleichheiten in dem Lauf der Himmelskugeln einen Grund an. Die Veränderungen des Monds werden eine notwendige Folge dieser Gesetze. So kann man auch ferner klärlich sehen, warum die Knoten des Monds ihren völligen Umlauf um den ganzen Himmel in 29 Jahren vollbringen und der Erde ihre ungefähr in 26tausend Jahren. Die Ebbe und Flut des Meeres ist auch eine ganz natürliche Wirkung dieser Attraktion. Der Vollmond, der Neumond, die Mondviertel nebst der Wirkung der Sonne geben uns einen begreiflichen Grund an von dem Steigen und Fallen des Weltmeeres.

Nachdem er nun durch seine erhabene Theorie von dem Lauf und Ungleichheiten der Planeten Grund angegeben, so legt er auch den Kometen das Gebiß eben dieses Gesetzes an. Diese Feuer, welche so lange Zeit unbekannt und der Schrecken der Welt und der Stein des Anstoßens in der Weltweisheit gewesen waren, welche *Aristoteles* unter den Mond und *Descartes* über den Saturn gesetzet hatte, sind endlich von dem Herrn *Newton* an ihren gehörigen Ort gestellt worden.

Er beweiset, daß sie dichte Körper sind, welche sich in der Sphäre der Sonnenwirkung bewegen und welche eine so exzentrische Ellipse beschreiben, die der Parabel fast gleichkommt, daß auch etliche Kometen länger als 500 Jahre zubringen, ehe sie ihren Lauf vollenden.

Der gescheite Herr *Halley* meinte, der Komet im Jahre 1680 sei eben derjenige gewesen, welcher zur Zeit des *Julius Cäsar* erschienen. Jener kann uns mehr als ein anderer beweisen, daß die Komenten harte und finstere Körper sind, denn er kam der Sonne so nahe, daß er nicht weiter als den sechsten Teil von seiner Scheibe von ihr entfernet war; folglich mußte er einen so hohen Grad der Hitze erlangen, welcher zweitausendmal heftiger ist als ein Eisen, wenn es am stärksten glühet. Er hätte in kurzer Zeit zerschmelzen und vergehen müssen, wenn er nicht ein finsterer Körper gewesen wäre. Damals kam die Mode auf, den Lauf der Kometen vorherzusagen. Der berühmte Mathematikverständige, *Jacob Bernoulli*, schloß vermöge seines Lehrgebäudes, daß dieser berüchtigte Komet vom Jahr 1680 den 17. Mai 1729 wieder erscheinen würde. In der Nacht dieses siebzehnten Mai legte sich kein Sternkundiger in ganz Europa nieder, allein dieser berühmte Komet erschien nicht. Es ist zum wenigsten mehr List, wo nicht mehr Sicherheit dabei, wenn man ihm 575 Jahre zu seiner Wiederkunft Zeit gibt. Was den Herrn *Whiston* betrifft, so hat er im ganzen Ernst behauptet, daß es zur Zeit der Sintflut ein Komet gewesen wäre, welcher unsre Kugel überschwemmet, und er beging noch die Ungerechtigkeit, seine Befremdung darüber zu bezeigen, daß man sich über ihn aufhielte. Das Altertum dachte beinahe nach dem Geschmack des Herrn *Whiston*.[1]) Selbiges glaubte, die Kometen wären allemal die Vorläufer eines großen Unglücks auf Erden. Herr *Newton* im Gegenteil mutmaßet, daß sie sehr wohlgestaltet sind und daß der Dampf, der von ihnen gehet, den Planeten zustatten komme und sie erfrische, welche sich in ihrem Lauf mit allen diesen Teilchen, welche die Sonne von den Kometen abgesondert hat, tränken. Diese Meinung ist wenigstens wahrscheinlicher als die andere. Dies ist noch nicht alles; wenn diese Kraft der Gravitation, der Attraktion in alle Himmelskugeln wirket, so wirket sie auch ohne Zweifel in allen Teilen dieser Kugeln. Denn wenn die Körper sich einander anziehen in dem Verhältnis ihrer Massen, so kann es nicht anders geschehen als im Ver-

---

[1]) Dies war auch der Geschmack des aufgeweckten Heyn, welcher die seltsamsten Meinungen begierigst aufsuchte, solchen durch seine ungemein lebhafte Einbildungskraft die Wahrscheinlichkeit und den Beifall der Schrift zu verschaffen.

hältnis der Quantität ihrer Teile, und wenn diese Kraft in dem Ganzen befindlich ist, so ist sie auch ohne Zweifel in der Hälfte, in dem vierten Teil, in dem achten Teil und so weiter bis ins Unendliche fort.

Sehet, also ist die Attraktion die große Triebfeder, welche alles in der Natur beweget. Als Herr *Newton* die Wirklichkeit dieses Grundsatzes bewiesen hatte, sah er wohl vorher, daß man sich bloß wider die Benennung desselben auflehnen würde. Er gibt seinen Lesern mehr als an einem Orte seines Buches eine Erinnerung wegen dieses Namens. Er warnet sie, daß sie solchen nicht mit den verborgenen Beschaffenheiten (qualitatibus occultis) der Alten vermengen und sich begnügen lassen sollten, daß sie wüßten, wie in einem jeden Körper eine Zentralkraft befindlich, welche nach den unveränderlichen Gesetzen der Mechanik von dem einen Ende des ganzen Weltgebäudes bis zu dem andern gegen die nächsten und gegen die entferntesten Körper wirke.

Man muß erstaunen, daß, nachdem dieser große Mann diesem Einwurf feierlichst widersprochen, Herr *Saurin* und der Herr *von Fontenelle*, welche gleichen Namen verdienen, ihm die Erdichtungen des Peripatetismi so säuberlich haben vorwerfen können; wie Herr *Saurin* in den Nachrichten der Akademie vom Jahr 1709 und der Herr *von Fontenelle* selbst in dem Lobe des Herrn *Newton* getan.

Fast alle Franzosen, gelehrte und andere, haben diesen Vorwurf wiederholet. Man hört überall sagen, warum hat sich nicht lieber Herr *Newton* des Wortes Stoß (Impulsion) bedienet, welches ganz leicht zu begreifen, als des Wortes der Anziehung (Attraktion), welches man gar nicht verstehet?

Herr *Newton* hätte auf diese Beurteilungen antworten können:

Erstlich verstehet ihr den Stoß so wenig als die anziehende Kraft, und wenn ihr nicht begreifet, warum ein Körper nach dem Mittelpunkt eines andern Körpers ziele, so werdet ihr euch ebensowenig einbilden können, durch welche Kraft ein Körper den andern dahin stoßen könne.

Zweitens habe ich die antreibende Kraft nicht zugeben können, denn ich hätte erst ausmachen müssen, daß eine himmlische Materie in der Tat die Planeten fortstoße. Nun aber weiß ich nicht allein ganz und gar nichts von dieser Materie, sondern ich habe auch bewiesen, daß selbige gar nicht wirklich ist.

Drittens bediene ich mich des Worts der Attraktion nur, um die Wirkung auszudrücken, welche ich in der Natur entdecket habe, eine Wirkung, welche eine gewisse und unstreitige Wirkung einer unbekannten Ursache, eine der Materie anklebende Eigenschaft (qualitas inhaerens) ist, deren Grund geschicktere Leute als ich finden werden, wenn sie können.

Was hast du uns also denn gelehret?, fähret man fort, und was braucht es so viele Rechnungen, uns etwas zu sagen, welches du selbst nicht begreifest?

Ich habe euch gewiesen (hätte Herr Newton antworten können), daß die Mechanik der Zentralkräfte alle Körper nach Proportion ihrer Materie schwer mache, daß allein die Zentralkräfte die Bewegung der Planeten und Kometen in den bezeichneten Größenvergleichungen hervorbringen. Ich beweise euch, daß unmöglich eine andere Ursache von der Schwere und Bewegung aller Himmelskörper stattfinden könne. Denn die schweren Körper fallen nach der bewiesenen Proportion der Zentralkräfte auf die Erde, und die Planeten beobachten bei Vollendung ihres Laufes gleiche Proportion. Wenn es noch eine andere Kraft gäbe, welche in alle diese Körper wirkte, so würden sie entweder ihre Geschwindigkeiten vermehren oder ihren Lauf (Direktion) ändern müssen. Nun aber hat niemals ein Körper einen einzigen Grad der Bewegung, der Geschwindigkeit und der Bestimmung gehabt, daß man solches nicht als eine Wirkung der Zentralkräfte bewiesen hätte. Folglich ist es unmöglich, daß ein anderes Prinzip stattfinden könne.[1])

[1]) Ohne uns in diese Materie weitläufig einzulassen, so wollen wir nur überhaupt bemerken, daß noch vieles fehle, ehe man diesen Beweis als bündig annehmen

Man wird mir erlauben, den Herrn *Newton* noch einen Augenblick reden zu lassen: Dieser Fall, in welchem ich mich befinde, ist ganz unterschieden von dem, welcher bei den Alten statt hat; sie bemerkten zum Exempel, daß das Wasser in einer Plumpe aufwärts stiege, und sagten, das Wasser steiget deswegen, weil es einen Abscheu vor dem leeren Raum hat. Ich aber befinde mich in einem solchen Fall, ich habe zuerst bemerket, daß das Wasser in der Plumpe steige, und überlasse andern die Bemühung, die Ursache von dieser Wirkung zu erklären. Derjenige Zergliederer, welcher zuerst gesaget, daß sich der Arm bewege, weil die Muskeln sich zusammenziehen, hat die Menschen eine unwidersprechliche Wahrheit gelehret. Ist man ihm aber deswegen weniger Verbindlichkeit schuldig, weil er nicht gewußt, warum sich die Muskeln zusammenziehen? Die Ursache von der ausdehnenden Kraft der Luft ist unbekannt, dennoch hat derjenige, welcher sie entdecket, der Naturlehre einen wichtigen Dienst geleistet. Diese Triebfeder, welche ich entdecket, war viel verborgener und allgemeiner; man sollte mir also mehr Dank wissen. Ich habe eine neue Eigenschaft der Materie, eins von den Geheimnissen des Schöpfers, entdecket, ich habe ihre Wirkungen erwiesen, kann man denn mich wohl der Benennung wegen tadeln, welche ich ihr gegeben?

Jene Wirbel verdienen, eine verborgene Beschaffenheit genannt zu werden, weil man deren Existenz niemals bewiesen. Die Attraktion im Gegenteil ist eine wirkliche Sache, weil man ihre Wirkungen erweiset und ihre Pro-

---

könne. Die Lehre von der Attraktion hat ihrem Erfinder viel Ehre gemacht, und sie ist mit Recht zu bewundern. Man darf sie aber für nichts weiter als für eine Hypothese ausgeben, und dieses ist hinreichend, die in unserm Weltgebäude vorfallenden Begebenheiten zu erklären. Die wahre Ursache der Schwere kann sie nicht abgeben. Das Wesentliche der Schwere ist von der Wirkung, wodurch wir die Schwere erkennen, zu unterscheiden; von der Wirkung kann man nicht auf diese oder jene Ursache determinate schließen. Newton hat dieses selbst erkannt; unterdessen findet man doch viele von dessen Anhängern, welche hierin zu weit gehen. V. Illustr. Hambergeri praef. edition tert. Elementarum Physices praepositam.

portions ausrechnet. Die Ursache von dieser Ursache ist in dem *Schoße Gottes*. Procedes huc, & non ibis amplius.

Der XVI. Brief
Von der Optik des Herrn Newton

Die Philosophen des letztern Jahrhunderts haben ein ganz neues Weltgebäude entdecket, und diese neue Welt war desto schwerer zu erkennen, je weniger man vorher ihr Dasein gemutmaßet. Den Gescheitesten kam dies schon als eine sinnlose Verwegenheit vor, daß man sich auch nur in die Gedanken kommen lassen dürfe, zu erraten, durch welche Gesetze die himmlischen Körper sich bewegen und wie das Licht wirke. *Galilei* hat durch seine astronomischen Entdeckungen, *Kepler* durch seine Rechnungen, *Descartes* wenigstens in seiner *Dioptrik* und *Newton* in allen seinen Werken, diese, sage ich, haben die Bewegungskunst von den Triebfedern der Welt eingesehen. In der Geometrie hat man das Unendliche den Rechnungen unterworfen, der Umlauf des Bluts in den Tieren und des Saftes in den Gewächsen haben in Absicht auf uns ihr Wesen verändert. Durch die Luftpumpe hat man gemacht, daß ein Körper auf eine ganz neue Art seine Wirklichkeit habe. Die Gegenstände haben sich vermittelst der Ferngläser unsern Augen genähert. Endlich so ist dasjenige, was Herr *Newton* von dem Licht entdecket, alles desjenigen würdig, was man nur nach so vielen Neuigkeiten von der Neubegierde der Menschen am kühnsten erwarten kann.

Bis auf den *Antonium de Dominis* ist der Regenbogen für ein Wunderwerk angesehen worden, welches gar nicht zu erklären wäre. Dieser Weltweise fand, daß er eine notwendige Wirkung von dem Regen und der Sonne sei. *Descartes* machte durch die mathematische Erklärung dieser so natürlichen Begebenheit seinen Namen unsterblich; er berechnete die Zurückprallungen und Brechungen des Lichts in den Regentropfen, und diese Spitzfindigkeit war damals etwas Göttliches.

Was würde er aber gesagt haben, wenn man ihm gezeiget hätte, daß er in dem, was das Wesen des Lichts betrifft, irrte, daß er nicht den mindesten Grund hätte zu behaupten, dieses sei ein kugelförmiger Körper; daß es falsch sei, daß diese Materie, indem sie sich auf das ganze Weltgebäude erstrecke, nicht eher wirke, bis sie von der Sonnen angetrieben werde, so wie ein langer Stecken, welcher, wenn er an dem einen Ende von einem andern gestoßen wird, bis zu dem andern Ende wirket; daß es eine ausgemachte Wahrheit sei, daß das Licht von der Sonne geworfen werde, und daß endlich das Licht von der Sonne fast in sieben Minuten auf die Erde gebracht werde, obgleich eine Kanonenkugel, wenn sie einerlei Geschwindigkeit behält, diesen Weg unter fünfundzwanzig Jahren nicht zurücklegen kann. Wie groß würde nicht sein Erstaunen gewesen sein, wenn man ihm hätte sagen sollen, es sei falsch, daß das Licht in gerader Linie zurückspringe, wenn es von den dichten Körpern abpralle; es sei falsch, daß die Körper durchsichtig seien, wenn sie weite Luftlöcher haben; es würde einer auftreten, welcher diese seltsam scheinenden Sätze beweisen und einen einzigen Strahl des Lichts mit mehrerer Geschicklichkeit zergliedern würde, wie einer der geschicktesten Künstler den menschlichen Körper zergliedert.

Dieser Mann ist gekommen. Herr *Newton* hat bloß mit Hilfe eines Prismas klärlich bewiesen, daß das Licht eine Sammlung von den Farbenstrahlen ist, welche alle zusammengenommen die weiße Farbe geben, er teilet einen einzigen Strahl wiederum in sieben andere Strahlen, welche sich alle nach ihrer Ordnung einer über dem andern und in verschiedenen Entfernungen auf einer Leinwand oder weißem Papier darstellen. Die erste Farbe ist feuerfarb, die andere zitronengelb, die dritte gelb, die vierte grün, die fünfte blau, die sechste indigo, die siebente violblau. Keiner von diesen Strahlen wird die Farbe verändern, welche er hat, und wenn man ihn auch durch hundert andere Prismen fallen ließe, sowenig sich ein geläutertes Gold in dem Schmelztiegel verändert. Überdies zum Beweis, daß ein jeder von diesen ursprünglichen Strahlen dasjenige in sich habe, was ihn so und nicht anders gefärbt unsern Augen darstellt, so nehme man zum Exempel ein kleines Stück gelbes Holz und lege es unter den feuerfarbenen Strahl, so wird das Holz in dem Augenblick die Feuerfarbe annehmen, man lege es in den grünen Strahl, so wird es die grüne Farbe an sich nehmen, und so weiter mit den übrigen.

Was ist denn also die Ursache der Farben in der Natur? Sie ist nichts anderes als eine Verfassung (Disposition) der Körper, die Strahlen in einer gewissen Ordnung zurückzuwerfen und alle die übrigen zu verschlucken.

Was ist denn also dies für eine geheime Verfassung? Er beweiset, daß es einzig und allein die Dicke der kleinen Teile sei, aus welchen der Körper zusammengesetzt ist. Wie geschieht aber diese Zurückprallung? Man sollte meinen, dieses geschähe, weil die Strahlen wie ein Ball von der Oberfläche eines dichten Körpers absprängen. Ganz und gar nicht; Herr *Newton* hat die in Verwunderung gesetzten Weltweisen belehret, daß gewisse Körper nur deswegen undurchsichtig, weil sie viele Luftlöcher haben, daß das Licht seine Strahlen aus dem Innern seiner Luftlöcher auf unsere Augen zurückwerfe, daß ein Körper desto durchsichtiger sei, je kleinere Luftlöcher er habe, also wirft das Papier das Licht zurück, wenn es trocken ist, und lässet es durchfallen, wenn es mit Öl getränkt ist, weil das Öl, indem es seine Luftlöcher anfüllet, solche viel kleiner macht.

Aus diesem Grunde untersuchet er die äußerste Porosität der Körper, jeder Teil hat seine Luftlöcher, und jeder Teil von diesen Teilen hat wiederum die seinigen; er zeuget daß man nicht gewiß behaupten könne, ob ein Kubikzoll dichter Materie in dem ganzen Weltgebäude zu finden sei; so weit ist unser Verstand davon entfernt, daß er begreifen könne, was die Materie sei. Nachdem er auf diese Art die Zusammensetzung des Lichts auseinandergeleget und die Spitzfindigkeit seiner Entdeckungen so weit getrieben, daß er auch ein Mittel angegeben, die zusammengesetzten Farben aus den ursprünglichen zu erkennen, so zeiget er, daß diese elementarischen Strahlen, wenn sie vermittelst eines Prisma auseinandergesetzt werden, aus keinem andern Grunde in dieser Ordnung erscheinen, als weil sie in eben dieser Ordnung gebrochen werden. Und dieses ist diejenige Eigenschaft, daß sie in der bestimmten Ordnung gebrochen werden, welche bis auf seine Zeit unbekannt gewesen war, dieses ist diejenige ungleiche Brechung der Strahlen, diese Kraft, welche die rote Farbe weniger als die hochgelbe zerbricht, welche er die Refrangibilität nennet. Die Strahlen, welche am leichtesten können zurückgeworfen werden, können auch am leichtesten gebrochen werden. Hieraus beweiset er, daß die Zurückwerfung und Brechung des Lichtes von einer Kraft bewirket werde.

So viele Wunder sind nur der Anfang seiner Entdekkungen; er hat das Geheimnis gefunden, die zitternden Bewegungen und Stöße des Lichts zu sehen, welche unaufhörlich hin und her gehen und welche nach der Dicke der Teilchen, auf welche sie anstoßen, entweder das Licht durchfallen lassen oder zurückwerfen. Er hat sich unterfangen, auszurechnen, wie dick die Luftteilchen zwischen zwei aufeinandergesetzten Gläsern, deren eines platt und das andere auf einer Seite erhaben ist, sein müssen, wenn sie die Strahlen zurückwerfen oder brechen und diese oder jene Farbe hervorbringen sollen. Aus allen diesen Verknüpfungen hat er die Proportion gefunden, in welcher das Licht gegen die Körper und die Körper gegen das Licht wirken.

Er hat das Licht so genau gesehen, daß er auch den Punkt gesetzet, bei welchem die Kunst, solches zu vermehren und unsern Augen durch die Ferngläser zu Hilfe zu kommen, stehenbleiben müsse.

Descartes, durch ein edles Zutrauen auf sich selbst bewogen, das der Hitze zugute zu halten, welche ihm der Anfang einer Kunst, die er fast allein entdecket, gab, *Descartes* sage ich, hoffte noch, mit diesen Vergrößerungsgläsern ebenso kleine Gegenstände in den Gestirnen erkennen zu können, wie man hier auf der Erde unterscheiden kann.

Newton hat bewiesen, daß man diese Gläser nicht vollkommener machen kann von wegen ihrer Strahlenbrechung und Refrangibilität, welche, indem sie uns die Gegenstände näher darstellen, die elementarischen Strahlen zuviel zerstreuen. Er hat in diesen Gläsern die Proportion der Zerstreuung der roten und blauen Strahlen ausgerechnet, und nachdem er den Beweis bei andern Dingen, deren Dasein man nicht einmal vermutete, angewendet hatte, so untersucht er die Ungleichheiten, welche die Figur des Glases, und die, welche die Refrangibilität hervorbringt. Er fand, daß, da das Objektiv-Glas des Perspektives auf einer Seite erhaben und auf der andern platt ist und man die platte Seite nach dem Gegenstand kehre, der Fehler, welcher von der Zusammensetzung und Lage des Glases herrühre, fünftausendmal geringer sei als der Fehler, welcher aus der Refrangibilität entspringt, und daß also nicht die Figur des Glases schuld daran sei, wenn man die Vergrößerungsgläser nicht vollkommener machen könne, sondern daß man solches selbst in der Natur des Lichtes suchen müsse.

Sehet, deswegen hat er ein Teleskop erfunden, welches die Gegenstände durch die Zurückwerfung und nicht durch die Brechung der Strahlen darstellet. Diese neue Art von Ferngläsern ist sehr schwer zu verfertigen und auch bei dem Gebrauch nicht gar zu bequem. Allein man sagt in Engelland, daß ein Teleskop von 5 Schuhen, welches die Strahlen zurückwirft, eben die Wirkung tue, wie ein Vergrößerungsglas von hundert Schuhen.

Der XVII. Brief
Von dem Unendlichen in der Erdmeßkunst und von der Zeitrechnung des Herrn Newton

Der Irrgarten und Abgrund des Unendlichen ist gleichfalls eine neue Laufbahn, die *Newton* durchstrichen, und er hat uns den Faden gegeben, durch dessen Hilfe man sicher hin und her kommen kann.

Descartes war sein Vorläufer in dieser erstaunlichen Neuigkeit. Er ging in seiner Geometrie mit starken Schritten nach dem Unendlichen zu, er blieb aber an dem Ufer stehend. Der Doktor *Wallis* war der erste in der Mitten des letzten Jahrhunderts, welcher einen Bruch durch die Teilung zu einer unendlichen Reihe machte. *Mylord Brounker* bediente sich dieser unendlichen Reihe, die Hyperbel zu quadrieren.

Mercator machte eine Demonstration von dieser Quadratur bekannt. Dieses war ungefähr zu der Zeit, als *Newton* in einem Alter von 23 Jahren eine allgemeine Methode erfunden hatte, dasjenige bei allen krummen Linien zu gebrauchen, was man von der Hyperbel erst versuchet hatte.[1])

Dieses ist die Methode, das Unendliche der algebraischen Rechnung zu unterwerfen, welche man die Differential- oder Fluxionsrechnung und die Integralrechnung nennet. Dieses ist die Kunst, dasjenige genau zu zählen

---

[1]) Nicolaus Mercator war ein Holsteiner, hielt sich aber in Engelland auf und gab Anno 1668 seine Logarithmotechniam zuerst heraus, er zeigt darinnen, wie man die krummen Linien durch unendliche Reihen quadrieren soll, wenn sie sich auf keine andere Art wollen quadrieren lassen. Er hat zwar nur ein Exempel von der Hyperbel gegeben, dem ungeachtet aber ist die allgemeine Methode darinnen enthalten. In diesem Exempel hat er die unendliche Reihe durch eine Art der Division gesuchet. Newton hat nachgehends diese Methode auf mehrere Exempel applizieret und absonderlich die Reihen durch die Ausziehung der Wurzeln gesuchet. Der Herr von Leibniz hat noch eine andere Art erfunden, die krummen Linien durch eine unendliche Reihe zu quadrieren, welche in seinen Briefen an Newton enthalten sind, die man in dem dritten Teile der Werke des Wallisi antrifft. G. Wolfs Math. Lexicon.

und auszurechnen, dessen Dasein man nicht einmal begreifen kann.

In der Tat, ihr sollet meinen, man hielte sich über euch auf, wenn man euch sagte, daß es unendlich große Linien gäbe, welche einen unendlich kleinen Winkel ausmachten.

Daß eine gerade Linie als eine gerade Linie, wenn sie noch so endlich ist und ihre Direktion unendlich wenig verändert, eine unendlich krumme Linie werde. Daß eine krumme Linie eine unendliche werden könne, welche nicht krumm.

Daß es unendliche Quadrate gäbe, unendliche Würfel und unendliche Unendlichkeiten, deren immer eine größer als die andere, und davon die letzte ohne eine nichts ist in Vergleichung der letzten.

Alles dieses, welches anfänglich ein Ausbruch der Unvernunft schien, ist in der Tat eine Bemühung von der Artigkeit und Größe des menschlichen Verstandes und eine Lehrart, solche Wahrheiten zu erfinden, welche bis hierher unbekannt gewesen waren.

Dieses kühne Gebäude ist dennoch nur auf einfache Begriffe gegründet. Es kommt nur darauf an, daß man die Diagonal-Linie eines Quadrates messe, daß man die Fläche einer krummen Linie habe; daß man die Quadratwurzel einer Zahl finde, welche nach der gemeinen Rechenkunst keine hat.

Nach allem diesem können die unendlichen Reihen unserer Einbildungskraft nicht seltsamer vorkommen als der so bekannte Satz, daß zwischen einem Zirkel und einer Tangente man beständig krumme Linien ziehen könne, oder als derjenige, daß die Materie beständig kann geteilet werden.[1]) Diese zwei Wahrheiten sind längst bewiesen und sind nichtsdestoweniger ebenso unbegreiflich wie die übrigen.

Man hat lange Zeit dem Herrn *Newton* die Erfindung

[1]) Es fehlet noch viel daran, daß man dieses für eine ausgemachte Wahrheit ausgeben könne.

dieser berühmten Rechnung streitig machen wollen.[1]) In Deutschland wird der Herr *von Leibniz* für den Erfinder der Differential-Größen, welche der Herr Newton Fluxions nennt, gehalten, und Herr *Bernoulli* hat auf die Integral-Rechnung einigen Anspruch gemacht. Allein die Ehre der erstern Erfindung ist dem Herrn *Newton* geblieben, und die andern haben den Ruhm davon getragen, daß sie ihm solchen haben zweifelhaft machen können.[2]) Also hat man auch dem *Harvey* die Entdeckung von dem Umlauf des Geblüts und dem Herrn *Perrault* die Erfindung von dem Umlauf des Saftes in den Gewächsen streitig gemacht.

Hartsoecker und *Leuwenhoeck* haben sich um die Ehre gezankt, welcher die kleinen Tierchen, aus denen wir entstehen, zuerst endecket habe. Eben dieser *Hartsoecker* hat dem Herrn *Huygens* die Erfindung, auf eine neue Art die Entfernung eines Fixsterns zu berechnen, streitig gemacht. Man weiß bis jetzt noch nicht, welcher Weltweise das Problem von der Radlinie erfunden.[3])

---

[1]) Unsers Wissens hat man es ihm auch bis jetzt noch nicht zugestanden. Man müßte denn den Herrn von Voltaire und den Herrn Keil zu Schiedsrichtern in dieser Sache annehmen. Dieser letztere gab zwar in seinen transactionibus Anglicanis Anni 1708 Mens. Majt.& Junii vor, Newton sei der erste Erfinder der Differential-Rechnung, oder, wie er redet, Arithmeticae Fluxionum, und der Herr von Leibniz habe solche nur unter einem andern Namen und andern Zeichen herausgegeben. Allein der Herr von Leibniz hat ihn wegen seiner heftigen Schreibart niemals einer Antwort gewürdiget, auch nicht zugelassen, daß seine Freunde darauf geantwortet hatten, weil Verständige von sich selbst den Ungrund seiner Beschuldigungen sehen konnten. Der Herr von Leibniz hat seine Rechnung in den Actis Eruditorum 1684. p. 467. bekanntgemacht, und Anno 1687 gab Newton sein vortreffliches Werk seiner Principiorum Philosophiae naturalis heraus, worinnen er zwar einer Methode gedachte, welche das Leichteste der Differential-Rechnung in sich enthält. Uneracht et er aber diese Rechnung in seinem Werke mit großem Nutzen hätte brauchen können, so findet man doch alles nach der Art erwiesen, wie Cavalerius, Torricellius und Hugenius schon vorhin zu demonstrieren gewohnt gewesen. Mehrere Beweisgründe für den Herrn von Leibniz findet man in Wolfs mathematischen Lexicon unter dem Wort Differential-Rechnung.

[2]) Diesen Ausdruck muß man dem redlichen Eifer des Herrn von Voltaire für seinen Helden zugute halten.

[3]) Gemeiniglich wird der P. Mersennus für den Erfinder derselbigen gehalten.

Dem sei nun, wie ihm wolle, so ist doch Herr *Newton* durch diese Geometrie des Unendlichen zu den erhabensten Erkenntnissen gelanget. Ich muß noch von einem andern Werke reden, welches dem menschlichen Verstande faßlicher ist, in welchem man aber denjenigen Erfindungsgeist antrifft, welchen Herr *Newton* in alle seine Untersuchungen brachte. Dieses ist eine ganz neue Zeitrechnung; denn bei allem, was er unternahm, mußte er die von andern Menschen angenommenen Begriffe ändern.

Da er gewohnt war, das Chaos auseinanderzusetzen, so wollte er zum wenigsten in den Fabeln der Alten, welche man sooft mit der Historie vermengt hatte, einiges Licht anzünden und eine gewisse Zeitrechnung feststellen. Es ist wahrhaftig keine Familie, keine Stadt, keine Völkerschaft, welche nicht ihren Ursprung weiter hinauszusetzen trachtete. Ferner, so sind die ersten Geschichtsschreiber in Bemerkung des Datums am allernachläßigsten. Die Bücher waren damals nicht den tausendsten Teil so gemein wie heutigentags, sie waren folglich der Beurteilung weniger ausgesetzt, und man konnte die Welt ungestrafter betrügen; und da man ganz augenscheinlich falsche Geschichte angegeben, so ist wahrscheinlich, daß man auch unrichtige Zeitbestimmungen untergeschoben habe.

Überhaupt schiene dem Herrn *Newton* die Welt fünfhundert Jahre jünger, als sie insgemein von den Zeitrechnungskundigen angegeben wird. Er gründete seinen Gedanken auf den ordentlichen Lauf der Natur und die astronomischen Bemerkungen.

Man verstehet hier durch den Lauf der Natur die Zeit eines jeden Geschlechts der Menschen. Die *Ägypter* bedienten sich dieser ungewissen Art zu zählen zuerst, wenn sie den Anfang ihrer Geschichte beschreiben wollten. Sie zählten von dem *Menes* bis auf den *Sethon* 341 Geschlechter; und weil sie kein festgesetztes Datum hatten, so rechneten sie auf drei Geschlechter hundert Jahre. Also zähleten sie von der Regierung des *Menes* an bis auf die Regierung des *Sethon* 11340 Jahre.

Bevor die *Griechen* ihre olympische Zeitrechnung anfingen, folgten sie der ägyptischen Weise und verlängerten die Dauer der Geschlechter etwas, indem sie jedes Geschlecht auf 40 Jahre setzten.

Allein die *Ägypter* und *Griechen* betrogen sich in ihrer Rechnung. Es ist wohl wahr, daß nach dem ordentlichen Lauf der Natur drei Geschlechter ungefähr hundert oder 120 Jahre ausmachen. Es fehlt aber viel daran, daß drei Regierungen eine gleiche Zahl ausmachen sollten. Es ist klar, daß überhaupt die Menschen länger leben, als die Könige herrschen. Wenn also jemand eine Geschichte ohne gewisse Zeitbestimmungen schreiben wollte und wüßte, daß neun Könige die Regierung geführet, so würde er sehr irren, wenn er für diese neun Könige 300 Jahre annehmen wollte. Ein jedes Geschlecht ist ungefähr 30 Jahre und eine jede Regierung ungefähr zwanzig, eins gegen das andere gerechnet. Man nehme die 30 Könige in Engelland von *Wilhelm dem Eroberer* an bis auf *Georg den Ersten*; sie haben 648 Jahre regieret, diese unter die 30 eingeteilet, gibt einem jeden 21 und ein halbes Jahr zu seiner Regierung. In *Frankreich* haben 63 Könige regieret, wenn man eines gegen das andere rechnet, so kommen auf jeden ungefähr 20 Jahre. Sehet, dies ist der ordentliche Lauf der Natur. Folglich haben die Alten geirret, wenn sie überhaupt die Dauer der Regierungen und die Dauer der Geschlechter gleich geschätzet haben, folglich haben sie zu viel gerechnet, folglich muß ihre Rechnung ein wenig beschnitten werden.

Die astronomischen Beobachtungen schienen unserm Weltweisen eine noch größere Hilfe darzubieten. Er schien viel stärker zu sein, wenn er sich auf seinem eigenen Grund und Boden schlug.

Es ist bekannt, daß die Erde außer ihrer jährlichen Bewegung, welche sie von Abend gegen Morgen in Zeit von einem Jahre um die Sonne herum drehet, noch eine besondere Revolution habe, welche nur neuerlichst entdecket worden. Ihre Pole haben eine sehr langsame rückgängige Bewegung von Morgen gegen Abend, welche verursachet, daß ihre tägliche Stellung nicht mit eben dem Punkte am Himmel übereintrifft. Dieser in einem Jahr unmerkliche Unterschied wird mit der Zeit ziemlich wichtig; und zu Ende des zweiundsiebzigsten Jahres beträgt der Unterschied einen Grad, das ist den 360ten Teil von dem ganzen Himmel. Also trifft der Sonnenwendungskreis der Frühlings-Nachtgleiche (colurus aequinoctiorum) nach 72 Jahren nicht wieder auf eben denselben Punkt. Daher kommt es, daß, da die Sonne sich in demjenigen Himmelsteile befinden sollte, in welchem sich zur Zeit des Hipparchus der Widder befand, sie demjenigen Teile des Himmels entgegensteht, in welchem der Stier befindlich war. Alle Zeichen haben ihre Stellen verändert, und dennoch reden wir auf eben die Art wie die Alten. Wir sagen mit eben der Willfährigkeit, daß in dem Frühling die Sonne sich im Widder befinde, mit welcher wir sagen, die Sonne drehe sich.

Hipparchus war der erste unter den *Griechen*, welcher einiger Veränderung in den Konstellationen in Ansehung der Nachtgleiche gewahr wurde oder vielmehr von den *Ägyptern* erlernte. Die Weltweisen legten diese Bewegung den Sternen bei; denn damals war man weit davon entfernet, sich eine solche Revolution bei der Erde einzubilden. Man hielt sie ganz und gar für unbeweglich. Sie machten sich also einen Himmel, an welchem alle Sterne angeheftet waren, und gaben diesem Himmel eine besondere Bewegung, so daß er gegen Morgen fortrückte, da inzwischen alle anderen Sterne ihren täglichen Lauf von Morgen gegen Abend zu nehmen schienen. Diesem Irrtum gesellten sie einen zweiten zu, der noch beträchtlicher war. Sie glaubten, daß der sogenannte Himmel der Fixsterne in hundert Jahren einen Grad gegen Morgen fortrückte. Also betrogen sie sich sowohl in ihren astronomischen Rechnungen als in ihrem physikalischen Lehrgebäude. Zum Exempel, ein Sternkundiger hätte damals gesagt, die Frühlings-Nachtgleiche ist zu der Zeit eines solchen Sternsehers in einem solchen Zeichen bei einem solchen Sterne gewesen. Sie hat von diesem Sternseher an bis auf uns 2 Grad zurückgelegt. Nun machen 2 Grade zweihundert Jahre, folglich hat dieser Sternseher zweihundert Jahre vor mir gelebt. Gewiß, wenn ein Sternkundiger so geurteilet hätte, so würde er um völlige 54 Jahre gefehlet haben. Sehet, daher haben die zweifach betrogenen Alten ihr großes Jahr, das ist die Zeit, in welchem die Fixsterne ihre eigene Bewegung um den ganzen Himmel zu Ende bringen, ungefähr auf 36000 Jahr geschätzet. Allein die Neuern wissen, daß diese eingebildete Revolution des Himmels, der Sterne nichts anders ist als die Revolution der Erdpole, welche in 259200 Jahren geschiehet. Im Vorbeigehen kann man hier bemerken, daß Herr Newton durch die Bestimmung der Figur der Erde den Grund von dieser Revolution höchst glücklich erkläret habe.

Dieses alles vorausgesetzt, so mußte man noch, die Zeitrechnung festzustellen, untersuchen, bei welchem Stern der Sonnenwendungskreis anjetzt die Ekliptik im Frühling durchschneidet, und man mußte wissen, ob nicht einer von den Alten annoch befindlich sei, welcher uns hinterlassen, in welchem Punkt die Ekliptik zu seiner Zeit von eben dem Sonnenwendungskreis der Nachtgleiche sei durchschnitten worden.

Clemens Alexandrinus berichtet uns, daß *Chiron*, welcher bei dem Kriegszug der Argonauten war, die Konstellationen zur Zeit dieser berühmten Unternehmung beobachtet und die Frühlings-Nachtgleiche in die Mitte des Widders, die Herbst-Nachtgleiche in die Mitte der Waage, die Sonnenwende des Sommers in die Mitte des Krebses und die Sonnenwende des Winters in die Mitte des Steinbocks gesetzet habe.

Lange Zeit vor dem argonautischen Zuge und ein Jahr vor dem Peloponnesischen Kriege bemerkte *Methan*, daß der Punkt der Sommer-Sonnenwende über dem 6ten Grad des Krebses sei.

Nun hat jedes Zeichen im Tierkreis 30 Grad. Zur Zeit des *Chiron* war die Sonnenwende in der Mitte des Zeichens, das ist, im fünfzehnten Grad, ein Jahr vor dem Peloponnesischen Kriege war sie im 8ten, folglich fällt es 7 Grad wieder zurück (ein Grad macht 72 Jahre), folglich ist der Anfang des Peloponnesischen Krieges von der Unternehmung der *Argonauten* nicht weiter als siebenmal 72 Jahre entfernt, welches 504 Jahre macht, und nicht 700 Jahre wie die Griechen sagten. Wenn man also den jetzigen Zustand des Himmels mit dem damaligen Zustand vergleichet, so siehet man, daß die Unternehmung der *Argonauten* in das 209. Jahr vor Christi Geburt und nicht in das 1400. Jahr müsse gesetzt werden und daß folglich die Welt ungefähr 500 Jahre jünger sei, als man insgemein glaubet. Daher sind alle Epochen näher auf uns angerückt, und alles ist viel später geschehen. Ich weiß nicht, ob dieses sinnreiche Lehrgebäude ein großes Glück haben wird und ob man sich durch diese Gedanken werde bewegen lassen, die Zeitrechnung der Welt zu verbessern. Vielleicht wird es den Gelehrten zuviel deuchen, wenn sie einem einzigen Menschen die Ehre zugestehen sollten, die Naturlehre, die Erdmeßkunst, die Geschichtskunde auf einmal zur Vollkommenheit gebracht zu haben. Dieses würde eine Gattung von einer Universal-Monarchie sein, dazu sich die Eigenliebe sehr schwer verstehet. Also, da die größten Weltweisen ihn wegen der Attraktion angriffen, so bestritten andere sein chronologisches Lehrgebäude. Die Zeit, welche den Ausspruch hätte tun sollen, wem der Sieg zuzuschreiben, wird vielleicht diesen Streit unentschieden lassen.

Voltaire
Elemente der Philosophie Newtons

Vorwort des Herausgebers der französischen Voltaire-Ausgabe von 1784

Dieser Band enthält die wichtigsten Werke Voltaires über die Physik. Hier befinden sich:

1. Seine Elemente der Philosophie Newtons.
2. Eine Antwort auf Kritiken an diesem Werk.
3. Eine Abhandlung über das Feuer, die 1740 für den von der Akadmie der Wissenschaften Paris vorgeschlagenen Preis eingereicht wurde.
4. Eine Denkschrift über die Bewegungsenergien, die an derselben Akademie vorgelegt wurde.
5. Überlegungen zu zwei Werken der Marquise du Châtelet. Ihre Institutionen der Physik und eine Abhandlung über das Feuer, die zusammen mit derjenigen von Voltaire eingereicht wurde.

Diesen Werken folgen mehrere naturgeschichtliche Arbeiten: Eine „Beschreibung eines weißen Negers", eine „Abhandlung über die auf dem Erdball stattgefundenen Veränderungen", eine Sammlung verschiedener Beobachtungen mit dem Titel „Besonderheiten der Natur" und „Briefe eines Kapuzinermönchs und eines Karmelitermönchs" anläßlich der Experimente von Herrn Spalanzani an Schnecken.

Als Voltaire seine Elemente der Newtonschen Philosophie zusammenstellte, waren fast alle französischen Gelehrten Cartesianer. Maupertuis und Clairaut, die beide Mathematiker an der Akademie der Wissenschaften, jedoch noch sehr jung waren, waren fast die einzigen der Öffentlichkeit bekannten Anhänger Newtons.

Die Voreingenommenheit für den Cartesianismus war

derart, daß der Kanzler d'Aguesseau Voltaire eine Druckgenehmigung verweigerte. 40 Jahre zuvor war in den Schulen von Paris die Philosophie von Descartes verboten gewesen, und das gehabte Beispiel hatte keineswegs genügt zu begreifen, daß Widerstand gegen die Fortschritte der Vernunft vergeblich ist und daß es zur Beurteilung von Newton wie auch von Descartes zumindest erforderlich gewesen wäre, sich in den Stand zu setzen, diese zu verstehen.

Das Werk Voltaires war nützlich. Es hat dazu beigetragen, die Philosophie Newtons so verständlich zu machen, wie sie für Leute, die keine Mathematiker sind, sein kann.

Er hat sich vor dem Versuch gehütet, diese Elemente mit fremden Verzierungen aufzuwerten. Er legte hier nur Überlegungen einer richtigen und gemäßigten Philosophie dar, die er geistreich, wie das für alle seine Werke charakteristisch ist, vortrug.

Er hat sich immer dagegen gewandt, in physikalischen Abhandlungen Späße zu treiben. Der findige Fontenelle hatte dafür ein Beispiel geliefert. Pluche und Castel machten den Mißbrauch noch fühlbarer. Einige Zeit später war Voltaire gezwungen, sich ebenfalls gegen einen anderen, vielleicht noch größeren Fehler zu wenden, die Manie, über Wissenschaften in poetischer Prosa zu schreiben. Dieser Mißbrauch ist gefährlicher. Die schlechten Scherze von Castel oder Pluche können in den Schulen nur zum Lachen führen und hier einige Vorurteile verewigen. Der Mißbrauch der Prosa dagegen kann die Fortschritte der Philosophie aufhalten.

Drei Philosophen teilten sich in Europa in die Ehre, Licht ins Dunkel gebracht zu haben: Descartes, Newton und Leibniz. Leute, die in die Wissenschaften nicht tiefer eingedrungen waren, reihten Malebranche noch fast in die gleiche Reihe ein.

Descartes war ein sehr großer Mathematiker. Die so glückliche und so umfassende Idee, mathematische Fragen mit Hilfe der allgemeinen Analyse der Größen zu lösen, veränderte das Gesicht der Mathematik. Diesen Ruhm hat er mit keinem Mathematiker seiner Zeit geteilt, die doch so fruchtbar an Menschen war, die über eine große mathematische Begabung verfügten, wie Cavalieri, Pascal, Fermat und Wallis.

Die Kenntnis des Grundgesetzes von der Strahlungsbrechungskunde verdankte Descartes jedoch Snellius. Es ist aber auch bewiesen, daß diese Entdeckung in den Händen von Snellius vollständig steril blieb. Descartes leitete daraus die Theorie der Fernrohre ab. Ihm ist die Theorie der Spiegel und der Gläser zu verdanken, deren Oberflächen aus Kreisbögen mit konischen Querschnitten bestehen. Er entdeckte unabhängig von Galilei die allgemeinen Gesetze der Bewegung und entwickelte sie besser als dieser. Er irrte bei den Stoßgesetzen der Körper. Er war jedoch der erste, der an ihre Untersuchung gedacht und gezeigt hat, welche Prinzipien bei ihrer Untersuchung angewendet werden müssen. Ihm ist vor allem zu verdanken, daß er aus der Physik alles verbannt hat, was nicht auf mechanische oder berechenbare Ursachen zurückzuführen ist, sowie aus der Philosophie den Gebrauch der Autorität.

Newton hat die bisher einzigartige Ehre, eins der allgemeinen Gesetze der Natur entdeckt zu haben. Und obwohl die Forschungen von Galilei über die gleichförmig beschleunigte Bewegung, die Forschungen von Huygens über die Zentralkräfte im Kreis und vor allem die Theorie der Evolution, mit der es möglich war, die Elemente von Kurven als Kreisbögen anzusehen, ihm den Weg geebnet haben, muß durch diese Entdeckung sein Ruhm über den der Philosophen oder Mathematiker gestellt werden, die vielleicht sogar genauso genial wie er waren. Kepler hat nur die Gesetze der Bewegung und der Himmelskörper gefunden, Newton aber hat das allgemeine Gesetz der Natur gefunden, von dem diese Regeln abhängen. Die Entdeckung der Differentialrechnung reiht ihn unter die ersten Mathematiker seines Jahrhunderts ein, seine Entdeckungen über das Licht setzen ihn an die

Spitze derjenigen, die im Experiment das Mittel gesucht haben, die Gesetze der Erscheinungen zu erkennen.

Leibniz hat Newton den Ruhm der Entdeckung der Differentialrechnung streitig gemacht. Wenn man die Akten des großen Prozesses untersucht, kann man, wenn man nicht ungerecht sein will, Leibniz nicht mindestens völlige Gleichheit verweigern. Es sei bemerkt, daß sich diese beiden großen Männer mit der Gleichheit zufrieden gaben, daß sie sich Gerechtigkeit widerfahren ließen und daß der Streit, der sich unter ihnen erhob, das Werk des Eifers ihrer Anhänger war. Die Berechnung von Größen, die zum Exponenten die Unbekannte oder Veränderliche haben, die Methode der Zeichenunterscheidung und mehrere andere in den Briefen von Leibniz gemachte Entdeckungen, denen er wenig Bedeutung beizumessen schien, beweisen, daß er als mathematisches Genie hinter Newton nicht zurückstand. Die Ideen über die Positionsgeometrie, seine Abhandlungen über das Grillenspiel sind die ersten Züge einer neuen Wissenschaft, die sehr nützlich sein kann, die jedoch erst geringe Fortschritte gemacht hat, obwohl sich gelehrte Mathematiker damit beschäftigt haben. Auf dem Gebiet der Physik hat er wenig getan, obwohl er alle zu seiner Zeit bekannten Tatsachen und sogar alle Meinungen der Physiker kannte, da er keineswegs beabsichtigte, neue Experimente anzustellen. Er hat als der erste eine allgemeine Theorie der Erdentstehung nach beobachteten Tatsachen und nicht nach theologischen Dogmen erdacht. Dieser Versuch steht weit über allem, was seither in dieser Richtung getan wurde.

Sein Genie umfaßte das gesamte menschliche Wissen. Die Metaphysik hatte ihn für sich eingenommen. Er glaubte, die Prinzipien der Harmonie bestimmen zu können, die die Schaffung des Universums geleitet hatten. Nach seiner Ansicht ist Gott allein durch sein Sein genötigt, nicht ohne ausreichenden Grund zu handeln, in der Natur das Gesetz der Kontinuität zu erhalten sowie keine zwei genau gleichen Wesen zu erzeugen, da es keinerlei Grund für ihre Existenz gäbe. Da er allgültig ist, muß das Universum das beste der möglichen Universen sein. Allweise ordnet er dieses Universum mit den einfachsten Gesetzen. Wenn sich alle Erscheinungen ausgehend von einfachen Substanzen verstehen lassen, brauchen keine zusammengesetzten und demzufolge auch keine ausgedehnten, die einer unendlichen Teilung fähig wären, angenommen zu werden. Nun können aber einfache Wesen, sofern man ihnen eine tätige Kraft unterstellt, alle Erscheinungen der Ausdehnung, alle diejenigen, die Körper in Bewegung aufweisen, erzeugen.

Einige einfache Wesen haben Ideen, so die menschlichen Seelen. Alle können diese also haben, ihre Ideen sind jedoch deutlich oder verworren, entsprechend der Stufenfolge, die diese Wesen im Universum einnehmen. Die Seele Newtons, das Element eines Marmorblocks sind Substanzen der gleichen Art, die eine hat sublime Vorstellungen, der andere hat nur verworrene.

Dieses Element kann an einem anderen Ort, zu anderen Zeiten eine vernunftbegabte Seele werden. Nicht durch ihre Art wirkt die Seele auf die Monaden ein, aus denen der Körper besteht, und diese nicht auf die Seele, sondern kraft ewiger Gesetze. Die Seele muß bestimmte Ideen haben, die Monaden des Körpers bestimmte Bewegungen. Diese beiden Erscheinungsfolgen können voneinander unabhängig sein. Sie sind es auch, da eine wirkliche Abhängigkeit im Bereich des Universums unnütz ist.

Diese Ideen sind groß und umfassend. Das Genie, das Ordnung und Gesamtheit erdacht hat, ist nur zu bewundern. Das muß jedoch zugegeben werden, daß sie nicht bewiesen sind, daß wir von der Natur nur das kennen, was sie uns als Folge von Tatsachen vorweist, und diese Tatsachen sind zahlenmäßig zu klein, als daß wir das allgemeine System des Universums erraten könnten. In dem Augenblick, in dem wir unsere abstrakten Ideen und die aufgestellten Wahrheiten verlassen, um das Bild zu prüfen, das die Folge unserer Vorstellungen, für uns das Universum, darstellt, können wir mit mehr oder minder großer Wahrscheinlichkeit in jedem Teil eine konstante Ordnung antreffen, aber nicht die Gesamtheit erfassen. Und welche Fortschritte wir auch machen mögen, wir werden es niemals ganz erkennen.

Leibniz war auch ein großer Publizist, ein bewanderter Jurist, ein hervorragender Gelehrter. Er hatte universale Kenntnisse in der Geschichtswissenschaft, den politischen Wissenschaften wie in der Metaphysik und in den Naturwissenschaften. Überall leitete ihn der gleiche Geist, versuchte er, allgemeine Wahrheiten zu finden, die von der Meinung am stärksten abhängigen Dinge, die sich dem am meisten zu widersetzen scheinen, in eine systematische Ordnung zu bringen.

Malebranche war nur ein Anhänger von Descartes, der seinem Lehrmeister überlegen ist, wenn er die Irrtümer der Sinne und der Einbildung an einem vollkommeneren Modell in vornehmem, einfachem Stil erklärt, allein von der Liebe nach Wahrheit beseelt, ohne anderen Schmuck als die Größe oder den Scharfsinn der Ideen. Dieser Stil, die einzige Prosaform, die für die Wissenschaften, für Werke, die dazu gemacht sind, die Menschen aufzuklären, und nicht dazu, die Menge zu unterhalten, geeignet ist, ist der Stil Bacons, Descartes' und Leibniz'. Malebranche, der in seiner Muttersprache und zu einer Zeit schrieb, als sich Sprache und Geschmack vervollkommnet hatten, kann jedoch als einziger unter den Schriftstellern des letzten Jahrhunderts als Vorbild angesehen werden. Das ist heute fast sein ganzes Verdienst. Das aufgeklärtere Frankreich stellt ihn nicht mehr an die Seite von Descartes, Leibniz und Newton.

Nach diesen großen Männern bewunderte man Kepler, der die Gesetze der Bewegung der Planeten entdeckte. Galilei, der die Fallgesetze der Körper und die Gesetze ihrer Bewegung in der Parabel berechnete, vervollkommnete die Fernrohre, entdeckte die Jupitermonde und die Venusphasen, stellte das wirkliche System der Himmelskörper nach unerschütterlichen Grundlagen auf und wurde von unwissenden Theologen und von den Jesuiten, die ihm nicht verziehn, daß er ein besserer Astronom als die Lehrer ihres Ordens war, verfolgt. Schließlich Huygens, dem die Theorie der Zentralkräfte, die zur Berechnungsmethode der Bewegung in Kurven führte, die Entdeckung der Schwingungsmittelpunkte, die Theorie der Kunst der Zeitmessung, die Entdeckung des Saturnrings und die der Stoßgesetze der Körper zu verdanken ist. Er war der Mann seines Jahrhunderts, der durch die Kraft und die Art seines Genies Newton, dessen Vorläufer er war, am weitesten nahe kam.

Voltaire läßt hier allen diesen berühmten Männern Gerechtigkeit widerfahren. Er respektiert das Genie von Descartes und Leibniz, das Gute, das Descartes den Menschen getan hat, den Dienst, den er geleistet hat, als er den menschlichen Geist vom Joch der Autorität befreit hat, so wie Newton und Locke ihn von der Manie der Systeme geheilt haben. Er gestattete sich aber auch, Descartes und Leibniz anzugreifen, und dazu gehörte Mut zu einer Zeit, als Frankreich cartesisch war, als die Ideen von Leibniz in Deutschland und im Norden herrschten.

Man muß dieses Werk als eine klare und für diejenigen, die keine Demonstrationen und Einzelheiten von Experimenten wünschen, durchaus ausreichende Darlegung der wichtigsten Entdeckungen Newtons ansehen.

Als es erschien, war es selbst für Gelehrte nützlich. Es existiert noch nirgends eine so genaue Übersicht dieser wichtigen Entdeckungen. Die meisten Physiker bekämpften sie, ohne sie zu kennen. Voltaire hat vielleicht mehr als irgend jemand sonst zum Sturz des Cartesianismus in den Schulen beigetragen, indem er die neuen Wahrheiten, die die Fehler von Descartes zerstört hatten, zum Gemeingut machte. Als der Autor von Alzire geruhte, ein Lehrbuch der Physik zu schreiben, hatte er ein Anrecht auf die Anerkennung seines Landes, das er erleuchtete, auf die der Gelehrten, die in diesem Werk nur eine Huldigung an die Wissenschaften und ihren Nutzen durch den größten Literaten sehen sollten.

Die Beantwortung einiger Einwände, die gegen das obige Werk erhoben wurden, zeigt, wie wenig die Philosophie Newtons bekannt und wie nützlich demzufolge das Unternehmen Voltaires war. Wir werden bemerken, daß die gleichen Einwände im Alter Voltaires und nach seinem Tod wiederholt wurden. Wie wahr ist es doch, daß er nur noch Menschen zu Feinden hatte, die weit unter ihrem Jahrhundert standen.

Die Abhandlung über die Art und die Ausbreitung des Feuers wurde 1740 für den Preis der Akademie der Wissenschaften eingereicht.

Drei Arbeiten wurden ausgezeichnet: Eine war von Leonhard Euler, der damals schon als einer der größten Mathematiker Europas bekannt war. Er stellte fest, daß das Feuer ein sehr elastisches Fluidum ist, das in den Körpern enthalten ist. Durch die Bewegung oder die Wirkung dieses Fluidums werden die Hindernisse überwunden, die sich in den Körpern seinem Ausbruch entgegenstellen, so daß sie verbrennen. Wenn durch diese Bewegung die Teile dieser Körper nur bewegt werden, ohne daß sich das in ihnen enthaltene Feuer entwickelt, erhitzen sich diese Körper, verbrennen jedoch nicht.

Euler fügte seiner Arbeit die Formel der Schallgeschwindigkeit bei, die Newton vergeblich gesucht hatte. Dieser nicht dazugehörige Zusatz, der jedoch weit über dem eigentlichen Werk stand, scheint die Preisrichter zu ihrer Entscheidung veranlaßt zu haben.

Die beiden anderen Arbeiten, die eine von dem Jesuiten Lozérande de Fiesc und die andere von Graf Créqui-Canaples, sind anderer Art. Die eine erklärt alles durch die kleinen Malebrancheschen Wirbel, die andere durch zwei entgegengesetzte Ströme eines ätherischen Fluidums. Die Ehre, die diesen Arbeiten widerfuhr, beweist, wie wenig die wirkliche Physik, die sich mit Tatsachen und nicht mit Hypothesen beschäftigt, die Wahrheiten und keine Systeme sucht, selbst in der Akademie der Wissenschaften bekannt war. Ein in einem Werk enthaltener Rest von Cartesianismus schien fast ein Verdienst zu sein, das ermutigt werden mußte. Die Klugheit, mit der Newton sich damit begnügt hatte, ein allgemeines Gesetz aufzustellen, das er entdeckt hatte, ohne die erste Ursache dieses Gesetzes zu suchen, die er weder durch Untersuchung der Erscheinungen noch durch Berechnung finden konnte, diese Klugheit führte, wie gesagt wurde, in der Physik zurück zu den okkulten Eigenschaften der Alten, da es philosophischer ist, die Ursache einer Tatsache nicht zu kennen als zu deren Erklärung Wirbel, Ströme und Fluida zu schaffen.

Die Arbeiten der Marquise du Châtelet und Voltaires sind die einzigen, in denen physikalische Forschungen und präzise und interpretierte Tatsachen enthalten sind. Die Preisrichter, die ihnen dieses Lob zollten, erklärten, daß sie nicht die Idee billigen könnten, die hier von der Natur des Feuers dargelegt wird. Diese Erklärung hätten sie mit noch größerer Berechtigung für mindestens zwei der ausgezeichneten Werke abgeben können. Die Akademie ließ auf Wunsch der beiden Verfasser diese Arbeiten in der Sammlung der preisgekrönten Arbeiten hinter denjenigen abdrucken, die ihre Stimmen erhalten hatten.

Im Werk der Marquise du Châtelet ist besonders die Idee bemerkenswert, daß Licht und Wärme das gleiche Element zur Ursache haben, das leuchtet, wenn es sich geradlinig bewegt, und wärmt, wenn seine Partikel eine unregelmäßige Bewegung haben. Es wärmt, ohne zu leuchten, wenn von jedem Punkt geradlinig eine zu kleine Anzahl seiner Strahlen ausgeht, als daß der Eindruck von Licht entstehen könnte. Es leuchtet, ohne zu wärmen, wenn die geradlinigen Strahlen in ausreichend großer Anzahl, so daß der Eindruck von Licht entsteht, nicht zahlreich genug sind, um den Eindruck von Wärme zu erzeugen. So erzeugt die Luft entsprechend der Art der Bewegung, die ihr aufgegeben ist, Schall oder Wind.

In der gleichen Arbeit findet sich auch die Meinung, daß unterschiedlich gefärbte Strahlen nicht den gleichen

Wärmegrad ergeben. Die Marquise du Châtelet kündigt hier eine Erscheinung an, die seither von Abbé Rochon durch eine Folge von Experimenten bewiesen wurde.

Die Marquise du Châtelet nahm schließlich das Vorhandensein eines zentralen Feuers an. Diese Meinung hätte durch Beobachtungen und Experimente bewiesen werden können, eine ziemlich große Anzahl von Physikern hat es jedoch in der letzten Zeit vorgezogen, etwas anzunehmen, statt zu untersuchen, da es bei der Aufstellung eines Systems sehr bequem ist, eine so große Masse an Wärme zur Verfügung zu haben.

Die Arbeit Voltaires ist die einzige, die einige neue Experimente enthält. Hier herrscht die bescheidene Philosophie vor, die fürchtet, etwas zu bestätigen, was jenseits dessen liegt, was Sinne und Berechnung bestätigen. Die Irrtümer sind diejenigen der Physik der Zeit, in der diese geschrieben wurde. Wenn es uns erlaubt wäre, eine Meinung zu haben, würden wir sagen, daß abgesehen von der Formel der Schallgeschwindigkeit, die das Hauptverdienst der Abhandlung Eulers war, das Werk Voltaires hätte den Sieg davontragen müssen und daß der größte Fehler der Arbeit darin bestand, daß der Cartesianismus und die Explikationsmethode, die unter seinen Richtern noch in Mode waren, nicht genügend respektiert wurden.

Die Abhandlung über die Bewegungsenergien wurde 1742 an der Akademie der Wissenschaften eingereicht. Diese Einrichtung lobte sie in ihren Annalen. Es war jedoch nicht Brauch, Werke, die nicht von Mitgliedern eingereicht wurden, drucken zu lassen.

Voltaire unterstützt hier die allgemeine Meinung der Franzosen und der Engländer gegen die der Gelehrten aus Deutschland und aus dem Norden. Man begann so bereits anzunehmen, daß dieses Kräftemessen, das eine Spaltung unter den Gelehrten Europas bewirkte, keine Frage der Geometrie oder der Mechanik ist, sondern ein Streit um Metaphysik und fast ein Streit um Worte.

D'Alembert ist der erste, der das laut gesagt hat. Philosophen hatten es vermutet, aber um von den Streitern gehört zu werden, brauchte es einen Philosophen, der gleichzeitig ein großer Mathematiker war.

Die Marquise du Châtelet stand in Frankreich an der Spitze der Leibniz-Anhänger. Die Freundschaft hinderte Voltaire keineswegs daran, ihre Meinung öffentlich zu bekämpfen. Diese Opposition hat ihrer Freundschaft in keiner Weise geschadet.

Das folgende Werk ist ein Auszug oder mehr eine Kritik an den Institutionen der Physik dieser berühmten Frau. Das ist ein Muster dafür, wie die Werke derjenigen bekämpft werden müssen, die man schätzt. Die Ansichten werden hier schonungslos angegriffen, der Verfasser, der sie vertritt, wird jedoch respektiert. Es wäre schwierig, eine noch so delikate Eigenliebe mit einer solchen Kritik zu verletzen.

Der Auszug der Arbeit über das Feuer ist eher ein Lob als eine Kritik. Die Ansichten der Marquise du Châtelet wichen sehr wenig von den Ansichten Voltaires ab.

Die Abhandlung über die auf dem Erdball stattgefundenen Veränderungen erschien ohne Namen des Verfassers. Lange Zeit war unbekannt, daß sie von Voltaire war. De Buffon wußte es nicht, als er davon ziemlich schonungslos im ersten Band der Naturgeschichte sprach. Voltaire, den die Beleidigungen der Naturalisten nicht wanken machten, beharrte bei seiner Meinung. Im übrigen darf man nicht glauben, daß die naturgeschichtlichen Wahrheiten, die Voltaire in diesem Werk bekämpft hat, zu der Zeit, als er sich mit diesen Dingen beschäftigte, genauso bewiesen waren wie heutzutage.

Fossile Muscheln wurden allen Ernstes als Beweise für die Sintflut ausgegeben. Diejenigen, die weniger theologisch dachten, verwendeten sie als Grundlage für unwahrscheinliche Systeme, die von den Tatsachen in Frage gestellt wurden oder den Gesetzen der Mechanik zuwiderliefen. Seit und vor Thales war die Entstehung eines Universums, von dem kaum ein kleiner Teil bekannt war, auf tausend verschiedene Arten erklärt worden.

Bacon, Newton, Galilei und Boyle, die uns von der Leidenschaft für Systeme in der Physik geheilt haben, haben diese in der Naturgeschichte nicht vermindert. Die Menschen werden nur schwer auf das Vergnügen verzichten, eine Welt zu schaffen. Dazu genügen Einbildung und eine vage Kenntnis der Erscheinungen, die erklärt werden sollen. Genaue und schwierige Arbeiten, wie sie bei Beobachtungen erforderlich sind, lange Berechnungen und tiefgreifende Überlegungen, wie sie die mathematischen Forschungen erfordern, sind überflüssig. Einschränkungen, kleine störende Zweifel, die die Abrundung der wohlgeordneten Sätze verderben, werden verbannt. Und wenn das System Erfolg hat, wenn es sich bei der Menge durchsetzt, wenn man das Glück hat, nur von den wirklich aufgeklärten Menschen vergessen zu werden, hat man viel für seinen Ruhm getan. Newton überlebte die Veröffentlichung seines Buches über die Grundlagen der Naturwissenschaft um 40 Jahre. Als Newton starb, hatte er außerhalb Englands keine 20 An-Anhänger. Für das restliche Europa war er nur ein großer Mathematiker. Ein absurdes, aber imposantes System hat fast ebenso viele Anhänger wie Leser. Müßiggänger glauben gern und schätzen wohlformulierte Ergebnisse. Zweifel, Vorbehalte ermüden sie, Gelehrsamkeit erfüllt sie mit Widerwillen. Was! Mehrere Jahre fleißiger Arbeit sind erforderlich, um in der Lage zu sein, 200 Seiten Algebra zu verstehen, die nur darüber Auskunft geben, wie sich die Erdachse im Himmel bewegt, während man auf 50 bequem zu lesenden Seiten mühelos in Erfahrung bringen kann, wann und wie Erde, Planeten, Kometen usw. entstanden sind.

Voltaire hat die Manie der Systeme angegriffen und damit den Wissenschaften einen großen Dienst erwiesen. Dieser Systemgeist schadet ihrem Fortschritt, indem er der Jugend falsche Wege weist, auf denen sie sich verirrt, indem er den wirklichen Gelehrten einen Teil ihres Ruhms nimmt, der nützlichen und soliden Arbeiten vorbehalten bleiben muß. Behaupten zu wollen, daß er den Sinn für die Wissenschaften entwickelt habe, hieße zu sagen, daß die Prinzessin von Clèves und die Anekdoten vom Hofe Philipp-Augusts das Studium der Geschichte ermutigt hätten, hieße Kenntnisse in den Wissenschaften mit der Gewohnheit zu verwechseln, wissenschaftliche Worte auszusprechen, Liebe zur Wahrheit mit Hang für Fabeln und Sinn für Bildung mit der Eitelkeit, gebildet zu erscheinen. Diese Manie der Systeme schadet dem Fortschritt der Vernunft ganz allgemein, die sie korrumpiert, indem sie die Menschen lehrt, sich mit Worten zufriedenzugeben, Hypothesen für Entdeckungen zu nehmen, Phrasen für Beweise und Träume für Wahrheiten.

Die Werke, in denen sich Voltaire gegen diese Philosophie wendet, sind also, trotz einiger Irrtümer, nützlich. Denn einzelne Fehler sind wenig gefährlich, unheilvoll sind nur die falschen Methoden.

Zueignungsschrift an die Marquise du Châtelet

Aus der Ausgabe von 1745

Gnädige Frau!

Als ich zum ersten Mal Ihren achtbaren Namen diesen Elementen der Philosophie voransetzte, bildete ich mich mit Ihnen.[1])

Seitdem haben Sie jedoch einen solchen Höhenflug genommen, daß ich Ihnen nicht mehr folgen kann. Ich befinde mich gegenwärtig im Fall eines Sprachlehrers, der Demosthenes oder Cicero einen Aufsatz über Rhetorik vorlegt. Ich biete einfache Elemente derjenigen an, die alle Tiefen der Differential- und Integralrechnung durchdrungen hat und die als einzige von uns den großen Newton übersetzt und kommentiert hat.

Dieser Philosoph empfing zu seinen Lebzeiten den

[1]) Siehe Zueignung XXXII für Mme du Châtelet im Band „Zueignungen".

gesamten Ruhm, den er verdiente. Er erregte keinen Neid, denn er konnte keinen Rivalen haben. Die gelehrte Welt hing ihm an. Der Rest bewunderte ihn, ohne den Anspruch zu erheben, ihn zu verstehen. Die Ehre, die Sie ihm heute angedeihen lassen, ist jedoch ohne Zweifel die größte, die ihm jemals zuteil wurde. Ich weiß nicht, wen von Ihnen beiden ich mehr bewundern soll, Newton, den Erfinder der Infinitesimalrechnung, der neue Gesetze der Natur entdeckte und der das Licht zerlegte, oder Sie, gnädige Frau, die inmitten der mit Ihrem Stand verbundenen Zerstreuungen alles das, was er erfunden hat, so gut besitzen. Diejenigen, die Sie am Hofe sehen, werden Sie gewiß nicht für eine Kommentatorin von Philosophie halten. Und die Gelehrten, die gelehrt genug sind, Sie zu lesen, werden noch weniger vermuten, daß Sie sich zu den Unterhaltungen dieser Welt mit der gleichen Leichtigkeit herablassen, wie Sie sich zu den sublimsten Wahrheiten erheben. Diese Natürlichkeit und diese Einfachheit, die so schätzenswert, aber so selten sind, bewirken zusammen mit Talenten und mit der Wissenschaft, daß man Ihnen Ihr Verdienst zumindest verzeiht. Das ist im allgemeinen alles, was man von den Menschen, mit denen man zusammenlebt, erhoffen kann. Die kleine Anzahl größerer Geister, die sich den gleichen Studien wie Sie gewidmet haben, haben für Sie jedoch die größte Verehrung, und die Nachwelt wird Sie mit Erstaunen betrachten. Ich bin nicht überrascht, daß Persönlichkeiten Ihres Geschlechts ruhmvoll über große Reiche geherrscht haben. Eine Frau mit guten Ratgebern kann wie August regieren. Durch unermüdliche Arbeit in Wahrheiten einzudringen, deren Bewältigung die meisten Männer abschreckt, in seinen Mußestunden das zu vertiefen, was die gebildetsten Philosophen ohne Unterlaß studieren, das war jedoch nur Ihnen, gnädige Frau, gegeben, und das ist ein Beispiel, das nur sehr wenige Nachahmer finden wird.

Erster Teil

Kapitel 1. Über Gott

Gründe, die nicht alle Geister billigen.
Gründe der Materialisten.

Newton war zutiefst von der Existenz eines Gottes überzeugt, und er verstand unter diesem Wort nicht nur ein unendliches, allmächtiges, ewiges und schöpferisches Wesen, sondern einen Meister, der zwischen sich und seine Kreaturen eine Beziehung gesetzt hatte. Denn ohne diese Beziehung ist das Wissen um Gott nur eine unfruchtbare Vorstellung, die durch Hoffnung auf Straflosigkeit zum Verbrechen auffordert, da jeder Verstandesmensch von Geburt aus böse ist.

Deshalb macht dieser große Philosoph am Schluß seiner Grundlagen eine besondere Bemerkung, nämlich daß nicht gesagt wird: mein Ewiger, mein Unendlicher, da diese Eigenschaften nichts auf unsere Natur Bezügliches enthalten. Dagegen sagt man und kann man sagen: mein Gott. Darunter ist dann der Meister und Erhalter unseres Lebens, der Gegenstand unserer Gedanken zu verstehen. Ich erinnere mich, daß in mehreren Gesprächen, die ich 1726 mit Doktor Clarke hatte, dieser Philosoph den Namen Gott immer nur mit einer andächtigen Miene und mit sehr bemerkenswertem Respekt aussprach. Ich gestand ihm den Eindruck, den das auf mich machte, und er sagte mir, daß er diese Angewohnheit, die sich alle Menschen zu eigen machen sollten, unbewußt von Newton übernommen habe.

Die gesamte Newtonsche Philosophie führt notwendigerweise zu der Erkenntnis von einem höchsten Wesen, das alles geschaffen, alles frei geordnet hat. Denn wenn die Welt endlich ist, wenn es leeren Raum gibt, ist die Materie also nicht notwendigerweise vorhanden. Sie verdankt ihre Existenz also einer freien Ursache. Wenn die Materie nach einem Punkte hinstrebt, wie das bewiesen ist, scheint sie doch nicht von sich aus zu gravitieren, so wie sie von Natur aus ausgedehnt ist. Sie hat also die Schwerkraft von Gott erhalten. (1) Wenn sich die Planeten in einer bestimmten Richtung und nicht in einer anderen in einem keine Widerstände entgegenstellenden Raum drehen, hat also die Hand ihres Schöpfers ihren Lauf mit absoluter Freiheit in diese Richtung gelenkt.

Es braucht noch einiges, daß die sogenannten physikalischen Grundlagen Descartes' den Geist so zur Erkenntnis ihres Schöpfers führen. Verhüte Gott, daß ich diesen großen Mann mit einer schrecklichen Verleumdung anklage, das höchste geistige Wesen, dem er so viel verdankte und das ihn über fast alle Menschen seines Jahrhunderts erhoben hatte, verkannt zu haben. Ich sage nur, daß der Mißbrauch, den er manchmal mit seinem Geist getrieben hat, seine Anhänger zu Abgründen geführt hat, von denen der Meister weit entfernt war. Ich sage, daß das cartesianische System den Spinozismus hervorgebracht hat. Ich sage, daß ich viele Menschen gekannt habe, die der Cartesianismus dazu gebracht hat, keinen anderen Gott als die Unermeßlichkeit der Dinge anzunehmen, und daß ich dagegen keinen Newtonianer gesehen habe, der nicht im strengsten Sinne Theist gewesen wäre.

Sobald man mit Descartes von der Unmöglichkeit überzeugt ist, daß die Welt endlich ist und daß die Bewegung immer die gleiche Größe hat, sobald man zu sagen wagt: „Gebt mir Bewegung und Materie, und ich mache eine Welt", scheinen diese Ideen eingestandenermaßen durch zu gesetzmäßige Folgen die Idee von einem einzigen unendlichen Wesen, dem einzigen Schöpfer der Bewegung, dem einzigen Schöpfer der Ordnung der Substanzen, auszuschließen.

Mehrere Leute werden sich hier vielleicht wundern, daß von allen Beweisen für die Existenz eines Gottes in den Augen Newtons derjenige des Endzwecks der stärkste war. Die Absicht oder besser die ins Unendliche variierten Absichten, die sich in den größten und kleinsten Teilen des Universums äußern, sind ein Beweis, der, sofern er sinnlich wahrnehmbar ist, von einigen Philosophen fast geringschätzig behandelt wird. Newton dachte jedoch, daß diese unendlichen Beziehungen, die er mehr als ein anderer wahrnahm, das Werk eines unendlich geschickten Meisters sind. (2)

Den großen Beweis, der sich aus der Aufeinanderfolge der Wesen ergibt, mochte er nicht sehr. Es wird gemeinhin gesagt, daß man, wenn Menschen, Tiere, Pflanzen, alles, woraus die Erde besteht, ewig wären, eine zwecklose Generationenfolge annehmen müßte. Diese Wesen, wird gesagt, hätten keinerlei existentiellen Ursprung, weder einen äußeren, da sie ohne Anfang von Generation auf Generation folgend angenommen werden, noch einen inneren, da keins von ihnen an sich existiert. So wäre alles Wirkung, und nichts wäre Ursache.

Er fand, daß dieses Argument nur auf der Doppeldeutigkeit von Generationen und Wesen beruht, die durcheinander gebildet worden waren. Denn die Atheisten, die vom vollen Raum ausgehen, antworten, daß es eigentlich keine Generationen gibt, daß es keine erzeugten Wesen gibt, daß es nicht mehrere Substanzen gibt. Das Universum ist ein Ganzes, das notwendigerweise existiert und das sich unaufhörlich entwickelt. Das ist ein und dasselbe Wesen, dessen Eigenart darin besteht, daß es in der Substanz unveränderlich und in seinen Modifikationen ewig verändert ist. So würde das lediglich aus aufeinanderfolgenden Wesen bezogene Argument sicher wenig gegen den Atheisten, der die Pluralität der Wesen verneint, beweisen.

Die Atheisten berufen sich auf solche alten Axiome, wie: Aus nichts wird nichts, eine Substanz kann keine andere erzeugen, alles ist ewig und notwendig.

Die Materie ist notwendig, sagen sie, da sie existiert. Die Bewegung ist notwendig, und nichts ist in Ruhe. Und die Bewegung ist so notwendig, daß Bewegungsenergien in der Natur nie verlorengehen.

Das, was heute ist, war gestern, also auch vorgestern und so unaufhörlich zurück. Es gibt niemanden, der mutig genug ist zu sagen, daß die Dinge zu nichts zurückführen. Wie kann man mutig genug sein zu sagen, daß sie von nichts kommen?

Das ganze Buch von Clarke wäre erforderlich, um auf diese Einwände zu antworten.

Mit einem Wort, ich weiß nicht, ob es einen schlagenderen metaphysischen Beweis gibt, der deutlicher zum Menschen spricht als diese in der Welt herrschende wunderbare Ordnung, und ob es jemals ein schöneres Argument als diesen Vers: *Coeli enarrant gloriam Dei* gegeben hat. Sie sehen also, daß Newton nach seiner Optik und seinen Grundlagen zu keinem anderen Ergebnis kommt. Er fand keine überzeugendere und schönere Beweisführung zugunsten Gottes als die Platons, der einem seiner Gesprächspartner sagen läßt: Sie sind der Meinung, daß ich eine intelligente Seele habe, da sie in meinen Worten und Handlungen Ordnung wahrnehmen, nehmen Sie, wenn Sie die Ordnung dieser Welt sehen, also auch an, daß es eine allintelligente Seele gibt.

Wenn bewiesen ist, daß es ein ewiges, unendliches, allmächtiges Wesen gibt, ist damit nicht gleichzeitig bewiesen, daß dieses Wesen in dem Sinn, den wir diesem Begriff geben, unendlich wohltätig ist.

Das ist die große Zuflucht des Atheisten. Wenn ich einen Gott annehme, sagt er, muß dieser Gott die Güte selbst sein. Der, der mich geschaffen hat, schuldet mir auch Wohlbefinden. Ich sehe aber in der menschlichen Gattung nur Unordnung und Not. Die Notwendigkeit einer ewigen Materie widerstrebt mir weniger als ein Schöpfer, der seine Kreaturen so schlecht behandelt. Man kann, so fährt er weiter fort, meine berechtigten Klagen und meine schrecklichen Zweifel nicht beheben, indem man mir sagt, daß ein aus einem Körper und einer Seele gebildeter erster Mensch den Schöpfer erzürnt hat und daß die menschliche Gattung die Strafe dafür trägt. Denn erstens, wenn unsere Körper auch von diesem ersten Menschen kommen, so kommen unsere Seelen doch keineswegs daher. Und wenn sie trotzdem daher kommen könnten, so schiene die Strafe des Vaters an allen seinen Kindern die schrecklichste aller Ungerechtigkeiten zu sein. Zweitens scheint es offenbar zu sein, daß die Amerikaner und die Völker der alten Welt, die Neger und die Lappen keineswegs vom gleichen Menschen abstammen. Die eigentümliche Beschaffenheit der Neger ist dafür ein greifbarer Beweis. Keine Begründung kann also das Murren beschwichtigen, das sich in meinem Herzen bei den Übeln erhebt, mit denen diese Welt überschwemmt ist. Ich bin also gezwungen, die Idee von einem höchsten Wesen, von einem Schöpfer, den ich als unendlich gut begreifen würde und der unendliche Übel geschaffen hätte, zu verwerfen. Ich ziehe es vor, die Notwendigkeit von der Materie und von den Generationen und vom ewigen Wechsel anzunehmen als einen Gott, der freiwillig Unglückliche geschaffen hätte.

Diesem Atheisten wird geantwortet: Das Wort „gut“, „Wohlbefinden“ ist zweideutig. Das, was bezogen auf Sie, schlecht ist, ist in der allgemeinen Ordnung gut. Die Idee von einem unendlichen, allmächtigen, allintelligenten und allgegenwärtigen Wesen läuft Ihrer Vernunft nicht zuwider. Werden Sie einen Gott verneinen, weil Sie einen Fieberanfall haben werden? Er schuldet Ihnen Wohlbefinden, sagen Sie. Welchen Grund haben Sie, so zu denken? Warum sollte er Ihnen dieses Wohlbefinden schulden, welchen Vertrag hätte er mit Ihnen geschlossen? Sie brauchen also nur immer im Leben glücklich zu sein, um einen Gott anzuerkennen? Sie, der in nichts vollkommen sein kann, warum beanspruchen Sie, vollkommen glücklich zu sein? Ich nehme einmal an, daß Sie bei einem kontinuierlichen Glück von 100 Jahren einmal Kopfschmerzen hatten. Wird Sie dieser Leidensmoment einen Schöpfer verneinen lassen? Es gibt kein Anzeichen dafür. Wenn 1/4 Stunde Leiden Sie nicht aufhalten, warum dann 2 Stunden, warum 1 Tag, warum lassen die Qualen von 1 Jahr Sie die Idee von einem höchsten und universellen Schöpfer verwerfen?

Es ist bewiesen, daß es mehr Gutes als Böses in dieser

Welt gibt, denn nur wenige Menschen wünschen den Tod. Sie haben also unrecht, Klage im Namen der menschlichen Gattung zu führen, und noch größeres Unrecht, unter dem Vorwand, daß einige seiner Untertanen unglücklich seien, Ihrem Herrscher abtrünnig zu werden.

Es wird gern gesagt, daß es Spaß macht zu klagen. Es macht jedoch größeren Spaß zu leben. Man gefällt sich darin, nur das Schlechte zu sehen und dieses zu übertreiben. Betrachten Sie die Geschichte, wird gesagt. Das ist nur ein Gewebe von Verbrechen und Unglücklichen. Einverstanden, die Geschichte ist jedoch nur das Abbild der großen Ereignisse. In der Erinnerung bleiben nur die Unwetter. Zeiten der Ruhe werden überhaupt nicht beachtet. Es wird nicht bedacht, daß es seit 100 Jahren keinen Aufruhr in Peking, in Rom, in Venedig, in Paris, in London gegeben hat, daß es in allen großen Städten im allgemeinen mehr ruhige als stürmische Jahre gibt, daß es mehr unschuldige und heitere Tage als Tage gibt, die von großen Verbrechen und schweren Mißgeschicken geprägt sind.

Wenn Sie die Zusammenhänge untersucht haben, die in den Triebfedern eines Tieres enthalten sind, und die Zwecke, die sich allseitig in der Art und Weise äußern, wie dieses Tier das Leben erhält, es fortführt und es weitergibt, erkennen Sie mühelos diesen unübertrefflichen Meister. Ändern Sie Ihre Meinung, weil Wölfe Schafe fressen und Spinnen Fliegen? Im Gegenteil, sehen Sie nicht, daß diese immer wieder aufgefressenen und immer wieder neu gezeugten fortdauernden Generationen zum Plan des Universums gehören? Ich sehe hier Geschick und Macht, antworten Sie, und ich sehe hier keinerlei Güte. Aber wie denn! Wenn Sie die Tiere aufziehen, denen Sie den Hals abschneiden, wollen Sie doch auch nicht, daß man Sie als schlecht bezeichnet. Und Sie klagen den Meister aller Tiere, der sie gemacht hat, damit sie zu ihrer Zeit gefressen werden, der Grausamkeit an? Und schließlich sind denn, wenn Sie die ganze Ewigkeit lang glücklich sein können, einige Schmerzen in diesem vorübergehenden Moment, den man das Leben nennt, nicht der Mühe wert, daß man darüber spricht? Und wenn diese Ewigkeit nicht Ihr Teil ist, begnügen Sie sich mit dem Leben, weil Sie es lieben. Sie finden nicht, daß der Schöpfer gut ist, weil es Böses auf der Erde gibt. Wäre jedoch die Notwendigkeit, die an die Stelle eines höchsten Wesens treten würde, etwas Besseres? In dem System, das einen Gott annimmt, hat man nur Schwierigkeiten zu überwinden. In allen anderen Systemen hat man Absurditäten zu verdauen.

Die Philosophie zeigt uns, daß es einen Gott gibt. Sie ist jedoch ohnmächtig, uns zu lehren, was er ist, was er tut, wie und warum er es tut, ob er in der Zeit ist, ob er im Raum ist, ob er einmal geherrscht hat oder ob er immer tätig ist und ob er in der Materie ist oder ob er da nicht ist usw. Man müßte er selbst sein, um das zu wissen.

Kapitel 2. Vom Raum und von der Zeit als Eigenschaften Gottes

Leibnizsche Ansicht. Ansicht und Gründe Newtons. Unmöglichkeit der unendlichen Materie. Epikur mußte einen schöpferischen und regierenden Gott annehmen. Eigenschaften des reinen Raums und der Zeit.

Newton betrachtet den Raum und die Zeit als zwei Wesen, deren Existenz notwendigerweise aus Gott selbst folgt. Denn das unendliche Wesen ist an jedem Ort, also existiert jeder Ort. Das ewige Wesen währt die ganze Ewigkeit, also ist eine ewige Dauer real.

Newton sagt am Schluß seiner Fragen zur Optik: Zeigen diese Naturerscheinungen nicht, daß es ein körperloses, lebendiges, intelligentes, allgegenwärtiges Wesen gibt, das im unendlichen Raum wie in seinem Sensorium alles auf das innigste und vollkommenste sieht, unterscheidet und versteht?

Der berühmte Philosoph Leibniz, der zuvor mit Newton die Realität des reinen Raums und der Zeit erkannt hatte, aber dann seit langem nicht mehr einer Meinung mit Newton war, und der sich in Deutschland an die Spitze einer entgegengesetzten Schule gestellt hatte, griff diese Ausdrücke des englischen Philosophen in einem Brief an, den er 1715 der hochseligen verstorbenen englischen Königin, der Gattin Georgs II., sandte. Diese für einen Umgang mit Leibniz und Newton würdige Prinzessin leitete einen brieflich geregelten Disput zwischen den beiden Parteien ein. Newton jedoch, der jedem Disput abhold war und mit seiner Zeit geizte, überließ es Doktor Clarke, seinem Anhänger in der Physik, zumindest seinesgleichen in der Metaphysik, für ihn in die Schranken zu treten. Der Disput erstreckte sich auf fast alle metaphysischen Ideen Newtons. Das ist vielleicht das schönste Denkmal, das wir von den literarischen Gefechten haben.

Clarke begann damit, den gewählten Vergleich des Sensoriums, dessen sich Newton bedient hatte, zu rechtfertigen. Er stellte auf, daß kein Wesen handeln, erkennen oder sehen kann, wo es nicht ist. Der handelnde allsehende Gott handelt und sieht aber in allen Punkten des Raums, der in diesem alleinigen Sinne wegen der Unmöglichkeit, sich in einer Sprache auszudrücken, wenn man von Gott zu sprechen wagt, als sein Sensorium betrachtet werden kann. Leibniz behauptet, daß der Raum nichts ist, es sei denn die Beziehung, die wir zwischen den gleichzeitig existierenden Wesen wahrnehmen, es sei denn die Ordnung der Körper, ihre Lage, ihre Entfernungen usw. Clarke behauptet nach Newton, daß sich, wenn der Raum nicht real ist, durchaus eine Absurdität ergibt. Denn wenn Gott Erde, Mond und Sonne als Fixsterne gedacht hätte, würde sich daraus, sofern sich Erde, Mond und Sonne zueinander in der gleichen Ordnung wie der tatsächlichen befinden, ergeben, daß Erde, Mond und Sonne am gleichen Ort wären, an dem sie sich heute befinden. Das ist ein Widerspruch in sich.

Nach Newton muß von der Zeit wie vom Raum gedacht werden, daß es sich dabei um eine sehr reale Sache handelt. Denn wenn die Zeit nur eine Aufeinanderfolge von Kreaturen wäre, würde sich daraus ergeben, daß das, was heute geschieht, und das, was vor Tausenden von Jahren geschehen ist, in Wirklichkeit im gleichen Augenblick geschehen würde. Auch das ist widersprüchlich. Schließlich, Raum und Zeit sind Größen. Das ist also eine sehr positive Sache.

Es ist gut, das alte Argument zu beachten, das niemals beantwortet wurde: Daß, wenn ein Mensch an den Grenzen des Universums seinen Arm ausstreckt, dieser Arm im reinen Raum sein muß, da er nicht im Nichts ist. Darauf wird geantwortet, daß er noch in der Materie ist. Die Welt ist in diesem Fall also wirklich unendlich. Die Welt ist also Gott in diesem Sinne.

Der reine Raum, die Leere existieren also, ebenso wie die Materie, und er existiert sogar notwendigerweise, während die Materie nach Clarke nur durch den freien Willen des Schöpfers existiert.

Aber, wird gesagt, Sie nehmen einen unendlichen immensen Raum an. Warum nicht auch für die Materie, wie so viele andere Philosophen? Clarke antwortet: Der Raum existiert notwendigerweise, weil Gott notwendigerweise existiert. Er ist unermeßlich. Er ist wie die Zeit eine Bedingheit, eine unendliche Eigenschaft eines unendlichen notwendigen Wesens. Die Materie ist nichts von alledem, sie existiert nicht notwendigerweise. Wenn diese Substanz unendlich wäre, wäre sie entweder eine wesentliche Eigenschaft Gottes oder Gott selbst. Sie ist aber weder das eine noch das andere. Sie ist also nicht unendlich und könnte es auch nicht sein.

Man könnte Clarke antworten: Die Materie existiert notwendigerweise, ohne daß sie deshalb unendlich, Gott, sein müßte. Sie existiert, weil sie existiert. Sie ist ewig, weil sie heute existiert. Es ist nicht Aufgabe eines Philosophen, etwas anzunehmen, was er nicht begreifen kann. Sie können so die Materie weder als geschaffen noch als vernichtet begreifen. Sie kann sehr gut an sich ewig sein, und Gott kann sehr gut an sich die unermeßliche Macht haben, sie zu verändern, aber nicht diejenige, sie aus dem Nichts hervorzubringen, denn ein Wesen aus dem Nichts hervorzubringen, ist ein Widerspruch. Es besteht jedoch keinerlei Widerspruch darin, die Materie für notwendig und ewig und Gott für notwendig und ewig zu halten. Wenn der Raum notwendigerweise existiert, existiert die Materie ebenso notwendigerweise. Sie müßten also drei Wesen annehmen: Den Raum, dessen Existenz real wäre, selbst wenn es weder Materie noch Gott gäbe, die Materie, die, da sie nicht aus dem Nichts geschaffen sein kann, notwendigerweise im Raum ist, und Gott, ohne den die Materie nicht geordnet und belebt sein könnte.

Newton selber schien am Ende seiner Optik diesen Schwierigkeiten zuvorzukommen. Er behauptet, daß der Raum eine notwendige Folge der Existenz Gottes ist. Gott ist im eigentlichen Sinne weder im Raum noch an einem Ort, sondern Gott stellt, da er notwendigerweise überall ist, dadurch den unermeßlichen Raum und den Ort dar. Ebenso ist die Zeit, die ewige Fortdauer, eine unerläßliche Folge der Existenz Gottes. Er ist weder in der unendlichen Zeit noch in einem Zeitraum, sondern stellt, da er ewig existiert, dadurch Ewigkeit und Zeitraum dar. Das ist Newtons Darstellung. Er hat jedoch keineswegs das Problem gelöst. Es scheint, daß er nicht gewagt hat, einzuräumen, daß Gott im Raum ist. Er hat die Streitereien gefürchtet.

Der unermeßliche, ausgedehnte, untrennbare Raum kann in mehreren Abschnitten gedacht werden. Zum Beispiel ist der Raum, in dem sich Saturn befindet, nicht der Raum, in dem sich Jupiter befindet. Diese gedachten Teile können jedoch nicht getrennt werden. Einer kann nicht an die Stelle des anderen gesetzt werden, so wie ein Körper an die Stelle eines anderen gesetzt werden kann. Ebenso kann die unendliche, untrennbare und ungeteilte Zeit in mehreren Abschnitten begriffen werden, ohne daß jemals ein Zeitabschnitt, an die Stelle des anderen gesetzt, begriffen werden könnte. Die Wesen existieren in einem bestimmten Abschnitt der Zeit, der als Zeitraum bezeichnet wird, und können in jedem anderen Zeitraum existieren. Ein gedachter Teil der Zeit, ein beliebiger Zeitraum, kann jedoch nicht anderswo als da, wo er ist, sein. Die Vergangenheit kann nicht Zukunft sein.

Raum und Zeit sind also nach Newton zwei notwendige unveränderliche Eigenschaften des ewigen unermeßlichen Wesens. Gott allein kann den ganzen Raum kennen. Gott allein kann die ganze Zeit kennen. Mit Hilfe der ausgedehnten Körper, die wir berühren, messen wir einige uneigentliche Teile des Raums. Mit Hilfe der Bewegungen, die wir wahrnehmen, messen wir uneigentliche Teile der Zeit.

Wir wollen hier keine Einzelheiten der physikalischen Beweise behandeln, die anderen Kapiteln vorbehalten sind. Es genügt zu bemerken, daß Newton in allem, was Raum, Zeit und die Grenzen der Welt betrifft, den alten Ansichten von Demokrit, Epikur und einer Reihe von Philosophen folgte, die von unserem berühmten Gassendi berichtigt worden sind. Newton hat mehrmals zu einigen Franzosen, die noch leben, gesagt, daß er Gassendi für einen sehr gerechten und sehr klugen Geist hält und daß er es sich zur Ehre anrechnet, in allen Dingen, von denen die Rede war, völlig seiner Meinung zu sein.

Kapitel 3. Von der Freiheit in Gott und dem großen Prinzip des zureichenden Grundes

Die vielleicht zu weit gehenden Prinzipien von Leibniz. Seine verführerischen Schlußfolgerungen. Antwort. Neue Einwürfe gegen das Prinzip der nicht unterscheidbaren Dinge.

Newton war der Meinung, daß Gott, der so unendlich frei wie unendlich mächtig ist, viele Dinge getan hat, die keinen anderen Existenzgrund als seinen Willen haben. Zum Beispiel ist dafür, daß sich die Planeten von Westen nach Osten und nicht anders bewegen, daß es diese Anzahl von Tieren, Sternen, Welten und nicht eine andere gibt, daß sich das endliche Universum in diesem oder jenem Punkt des Raums befindet usw., der Wille des höchsten Wesens der einzige Grund.

Der berühmte Leibniz behauptete das Gegenteil und begründete das mit einem alten, früher von Archimedes verwendeten Axiom. Nichts geschieht ohne Ursache oder ohne zureichenden Grund, sagte er, und Gott hat in allem das Beste gemacht, denn wenn er es nicht zum besten gemacht hätte, hätte er keinen Grund gehabt, es zu machen. Es gibt bei indifferenten Dingen nichts Bestes, sagten jedoch die Newtonianer. Es gibt keine indifferenten Dinge, antworten darauf die Anhänger von Leibniz. Ihre Idee führt zum absoluten Fatum, sagte Clarke. Sie machen aus Gott ein Wesen, das aus Notwendigkeit handelt, und demzufolge ein rein passives Wesen. Das ist nicht mehr Gott. Ihr Gott, antwortete Leibniz, ist ein launischer Arbeiter, der sich ohne zureichenden Grund entschließt. Der Wille Gottes ist der Grund, antworteten die Engländer. Leibniz blieb bei seiner Meinung und führte sehr harte Angriffe in dieser Art.

Wir kennen keine zwei völlig gleichen Körper in der Natur, und das kann auch nicht sein. Denn wenn sie gleich wären, würde das erstens beim allmächtigen und allfruchtbaren Gott ein Mangel an Fruchtbarkeit und Vermögen bedeuten. Zweitens gäbe es keinerlei Grund dafür, weshalb sich der eine und nicht der andere an diesem Ort befindet.

Die Newtonianer antworteten: Erstens ist es falsch, daß mehrere gleiche Wesen Unfruchtbarkeit im Vermögen des Schöpfers kennzeichnen. Denn wenn die Elemente der Dinge absolut gleich sein müssen, um gleiche Wirkungen zu erzeugen, wenn z.B. die Elemente der ewig roten Lichtstrahlen zur Erzeugung dieser roten Strahlen gleich sein müssen, wenn die Elemente des Wassers zur Bildung von Wasser gleich sein müssen, dann ist für mich diese vollkommene Gleichheit, diese Identität, die fern davon ist, der Größe Gottes zu schaden, eines der schönsten Zeugnisse seiner Macht und seiner Weisheit.

Wenn ich hier wagen dürfte, etwas zu den Argumenten eines Clarke und eines Newton hinzuzufügen, und die Freiheit nehmen dürfte, gegen einen Leibniz zu disputieren, würde ich sagen, daß nur ein unendlich mächtiges Wesen vollständig gleiche Dinge machen kann. Welche Mühe sich ein Mensch auch gibt, derartige Werke zu vollbringen, es wird ihm niemals gelingen, da sein Blick niemals fein genug ist, die Ungleichheiten der beiden Körper zu unterscheiden. Es muß also bis in die unendliche Kleinheit gesehen werden, wenn alle Teile eines Körpers gleich denen eines anderen gemacht werden sollen. Das ist also einzig und allein die Eigenschaft des unendlichen Wesens.

Zweitens können die Newtonianer noch sagen: Wir bekämpfen Leibniz mit seinen eigenen Waffen. Wenn die Elemente der Dinge alle unterschiedlich sind, wenn die ersten Teile eines roten Strahls nicht völlig gleich sind, gibt es keinen zureichenden Grund, weshalb unterschiedliche Teile immer eine unveränderliche Wirkung haben.

Drittens könnten die Newtonianer sagen: Wenn Sie einen zureichenden Grund dafür verlangen, weshalb sich dieses Atom A an einem Ort und dieses völlig gleiche Atom B an einem anderen Ort befindet, so liegt der Grund dafür in der Bewegung, die sie verschiebt. Und wenn Sie fragen, welches der Grund für diese Bewegung ist, dann müssen Sie entweder sagen, daß diese Bewegung notwendig ist, oder sie müssen zugeben, daß Gott sie erteilt hat. Wenn Sie schließlich fragen, weshalb Gott sie erteilt hat, können Sie keinen anderen zureichenden Grund finden als den, daß Gott diese Bewegung aufgeben mußte, um die Werke auszuführen, die seine Weisheit geplant hatte? Aber warum diese Bewegung nach rechts und nicht nach links, nach Westen und nicht nach Osten, zu diesem Punkt der Zeit und nicht zu einem anderen? Muß hier nicht zum Willen des Schöpfers Zuflucht genommen werden? Oder gibt es eine Freiheit der Indifferenz? Das zu untersuchen, wird dem klugen Leser überlassen, der lange Zeit prüfen wird, bevor er ein Urteil fällen kann.

Kapitel 4. Von der Freiheit im Menschen

Ausgezeichnetes Werk gegen die Freiheit. So gut, daß Doktor Clarke darauf mit Beleidigungen antwortete. Freiheit der Indifferenz. Freiheit der Spontaneität. Aufhebung der Freiheit, durchaus gewöhnliche Sache. Starke Einwände gegen die Freiheit.

Nach Newton und Clarke hat das unendlich freie Wesen dem Menschen, seiner Kreatur, einen begrenzten Teil dieser Freiheit mitgeteilt. Hier wird unter Freiheit nicht das einfache Vermögen verstanden, das Denken diesem oder jenem Gegenstand zuzuwenden und Bewegung zu erteilen. Es wird darunter nicht nur die Fähigkeit zu wollen verstanden, sondern diejenige, sehr frei zu wollen, mit vollem, wirksamen Willen und manchmal sogar ohne anderen Grund als den Willen zu wollen. Es gibt keinen Menschen auf der Erde, der nicht manchmal das Gefühl zu haben glaubt, daß er diese Freiheit besitzt. Mehrere Philosophen sind der entgegengesetzten Meinung. Sie glauben, daß alle unsere Handlungen notwendig sind und daß wir keine andere Freiheit als diejenige haben, manchmal auch gern die Ketten zu tragen, an die uns das Schicksal geschmiedet hat.

Von allen Philosophen, die furchtlos gegen die Freiheit geschrieben haben, hat Collins, Justizbeamter in London und Verfasser des Buches „Die Freiheit zu denken“ sowie mehrerer anderer ebenso gewagter wie philosophischer Werke, dies unstreitig mit der größten Methode, Kraft und Klarheit getan.

Clarke, der die Ansicht Newtons über die Freiheit völlig teilte und der im übrigen deren Ansprüche sowohl als Theologe einer besonderen Sekte als auch als Philosoph unterstützte, antwortete Collins heftig und mischte so viel Schärfe in seine Gründe, daß er glauben machte, er würde zumindest die ganze Kraft seines Feindes verspüren. Er wirft ihm vor, alle Ideen zu verwechseln, weil Collins den Menschen als notwendigen wirkenden Teil bezeichnet. Clarke sagt, daß der Mensch in diesem Fall keineswegs wirkender Teil ist. Aber wer könnte übersehen, daß es sich hier wirklich um reine Wortklauberei handelt? Collins bezeichnet als notwendigen wirkenden Teil alles das, was notwendige Wirkungen erzeugt. Aber kommt es denn darauf an, ob man das als wirkend oder leidend bezeichnet? Wichtig ist doch zu wissen, ob es notwendig bestimmt ist.

Es scheint, daß die Frage nur entschieden werden kann, wenn sich ein einziger Fall finden läßt, in dem der Mensch wirklich frei von einer Freiheit der Indifferenz ist. Welchen Fall sollten wir dafür nehmen, wenn nicht den, in dem unsere Freiheit erprobt wird? Zum Beispiel schlägt man mir vor, mich nach rechts oder links zu drehen oder diese oder jene Handlung zu begehen, zu der mich nichts treibt oder von der mich nichts abhält. Ich wähle also und folge nicht der Mahnung meines Verstandes, der mir das Bessere bezeichnet, denn hier gibt es nichts Besseres und nichts Schlechteres. Was tue ich also? Ich übe das Recht aus, das mir der Schöpfer gegeben hat, in bestimmten Fällen ohne einen anderen Grund als meinen Willen zu wollen und zu handeln. Ich habe das Recht und die Macht, die Bewegung zu erteilen, und zwar von der Seite aus, von der ich es will. Wenn man in diesem Fall keine andere Ursache meines Willens feststellen kann, warum sollte man sie dann anderswo als in meinem Willen selbst suchen? Es scheint also wahrscheinlich zu sein, daß wir die Freiheit der Indifferenz in indifferenten Dingen haben. Denn wer kann sagen, daß Gott uns nicht gemacht hat oder uns nicht diese Gegenwart machen konnte? Und wenn er konnte und wenn wir in uns diese Macht fühlen, wie sollte gesichert werden, daß wir sie nicht haben?

Man behandelt diese Freiheit der Indifferenz als Hirngespinst. Es wird gesagt, daß nur Wahnsinnige die

Eigenschaft haben, sich ohne Grund zu entscheiden. Es wird jedoch nicht bedacht, daß Wahnsinnige Kranke sind, die keine Freiheit haben. Sie werden notwendigerweise durch das Gebrechen ihrer Organe bestimmt. Sie sind nicht Meister ihrer selbst, sie wählen nicht. Frei ist, wer sich selbst entscheidet. Warum entscheiden wir uns nun nicht in indifferenten Dingen allein durch unseren Willen?

In allen anderen Fällen besitzen wir die als Freiheit der Spontaneität bezeichnete Freiheit, das heißt, daß unser Wille, wenn wir Beweggründe haben, durch diese bestimmt wird. Diese Beweggründe sind immer das letzte Ergebnis des Verstandes oder des Instinkts. Wenn mein Verstand mir so vorstellt, daß es für mich besser ist, dem Gesetz zu gehorchen, als es zu verletzen, gehorche ich dem Gesetz mit einer spontanen Freiheit. Ich tue freiwillig das, was mich die letzte Mahnung meines Verstandes zu tun zwingt. Diese Art Freiheit ist nie besser fühlbar, als wenn unser Wille unsere Wünsche bekämpft. Ich habe eine heftige Leidenschaft. Mein Verstand schlußfolgert jedoch, daß ich dieser Leidenschaft widerstehen muß. Er stellt mir einen größeren Gewinn vor, wenn ich meine Neigung besiege, als wenn ich mich ihr unterwerfe. Dieser letzte Beweggrund gewinnt die Oberhand, und ich bekämpfe meinen Wunsch durch meinen Willen. Ich gehorche notwendigerweise, aber aus freiem Antrieb, diesem Befehl meines Verstandes. Ich tue nicht das, was ich wünsche, sondern das, was ich will. In diesem Fall bin ich frei von jeder Freiheit, für die mich ein solcher Umstand empfänglich machen kann.

Schließlich bin ich in keinem Sinne frei, wenn meine Leidenschaft zu stark und mein Verstand zu schwach ist oder wenn meine Organe gestört sind, wie das leider bei den Menschen sehr oft der Fall ist. So scheint es mir, daß die spontane Freiheit für die Seele das ist, was die Gesundheit für den Körper. Manche Menschen haben sie ganz und gar auf Dauer, mehrere verlieren sie oft, andere sind ihr ganzes Leben lang krank. Ich sehe, daß alle anderen Gaben des Menschen den nämlichen Ungleichheiten unterliegen. Die Fähigkeit zu sehen, zu hören, die Kraft, die Gabe zu denken sind manchmal stärker, manchmal schwächer ausgeprägt. Unsere Freiheit ist wie der Rest begrenzt, veränderlich, mit einem Wort, keine große Angelegenheit, weil auch der Mensch keine große Angelegenheit ist.

Die Schwierigkeit, die Freiheit unserer Handlungen mit dem ewigen Vorherwissen Gottes in Übereinstimmung zu bringen, war für Newton kein Hemmnis, weil er dieses Labyrinth nicht betrat. Nachdem die Freiheit einmal festgestellt ist, ist es nicht unsere Sache zu bestimmen, wie Gott augenblicklich vorhersieht, was wir frei tun werden. Wir wissen nicht, wie Gott augenblicklich sieht, was geschieht. Wir haben keinerlei Vorstellung, von seiner Art zu sehen. Weshalb sollten wir wissen, wie er vorhersieht? Alle seine Eigenschaften müssen uns ebenfalls unverständlich sein.

Es muß eingeräumt werden, daß sich gegen diese Freiheitsidee Einwände erheben, die erschrecken lassen. Zunächst zeigt sich, daß diese Freiheit der Indifferenz ein wertloses Geschenk wäre, wenn sie sich nur darauf beschränken würde, nach rechts oder nach links zu spukken oder gerade oder ungerade zu wählen. Wichtig ist, daß Cartouche und Schah Nadir die Freiheit haben, kein menschliches Blut zu vergießen. Es ist wenig wichtig, ob Cartouche und Schah Nadir die Freiheit haben, den linken Fuß oder den rechten Fuß voranzusetzen. Schließlich ergibt sich, daß diese Freiheit der Indifferenz unmöglich ist, denn wie soll man sich ohne Grund entscheiden? Du willst, aber warum willst du? Man schlägt dir gerade oder nicht vor, du wählst gerade und siehst keinen Beweggrund dafür. Dein Beweggrund ist jedoch, daß dir „gerade" in dem Augenblick, in dem du wählen mußt, in den Sinn kommt.

Alles hat seine Ursache, auch dein Wille hat also eine. Man kann also nur entsprechend der letzten Idee, die man erhalten hat, wollen. Niemand kann wissen, welche

Idee er in einem Augenblick haben wird. Niemand ist also Herr seiner Ideen. Niemand ist also Herr seines Wollens und seines Nicht-Wollens. Wenn man der Herr wäre, könnte man das Gegenteil dessen tun, was Gott in der Verkettung der Dinge dieser Welt angeordnet hat. So könnte und würde jeder Mensch in jedem Augenblick die ewige Ordnung verändern.

Das ist also der Grund, weshalb der weise Locke den Namen Freiheit nicht auszusprechen gewagt hat. Ein freier Wille scheint ihm nur eine Wahnidee zu sein. Er kennt keine andere Freiheit als das Vermögen, das zu tun, was man will. Der Gichtkranke hat nicht die Freiheit zu laufen. Der Gefangene hat nicht die Freiheit nach draußen zu gehen. Der eine ist frei, wenn er geheilt ist, der andere, wenn ihm die Tür geöffnet wird.

Um diese ungeheuren Schwierigkeiten in einen größeren Rahmen zu stellen, nehme ich an, daß Cicero Catilina beweisen will, daß er nicht gegen sein Vaterland konspirieren darf. Catilina sagt ihm, daß er der Sache nicht mächtig ist, daß sich bei seinen letzten Unterredungen mit Cethegus in seinem Kopf die Idee von der Konspiration festgesetzt hat, daß ihm diese Idee mehr als irgendeine andere gefällt und daß man nur entsprechend seiner letzten Meinung wollen kann. Sie könnten aber, sagt Cicero, mit mir zu anderen Ideen gelangen. Benutzen Sie Ihren Verstand, mir zuzuhören und festzustellen, daß Sie ein guter Bürger sein müssen. Da hilft nichts, antwortet Catilina, Ihre Ideen reizen mich zur Empörung, und das Verlangen, Sie zu ermorden, gewinnt die Oberhand. Ich beklage Ihren Wahnsinn, sagt ihm Cicero, versuchen Sie von meinen Heilmitteln zu nehmen. Wenn ich wahnsinnig bin, sagt Catilina, steht es nicht in meiner Macht, eine Heilung zu versuchen. Aber, antwortet ihm der Konsul, die Menschen haben einen Grundbestand an Vernunft, den sie konsultieren können und der bei dieser Krankheit der Organe, die aus Ihnen einen Gottlosen macht, Abhilfe leisten kann, vor allem wenn diese Krankheit nicht zu schwer ist. Geben

Sie mir, antwortet Catilina, den Punkt an, an dem diese Krankheit dem Heilmittel nachgibt. Ich, für meinen Teil, gestehe, daß mich vom ersten Moment an, an dem ich konspiriert habe, alle meine Überlegungen zur Verschwörung getrieben haben. Wann haben Sie begonnen, diese unheilvolle Entscheidung zu treffen? fragte ihn der Konsul. Als ich mein Geld im Spiel verlor. Aber konnten Sie denn nicht aufhören zu spielen? Nein, denn diese Idee zu spielen hatte an diesem Tag in mir die Oberhand über alle anderen Ideen. Und wenn ich nicht gespielt hätte, hätte ich die Ordnung des Universums gestört, die wollte, daß Quartilla mir 400000 Sesterzen abgewann, daß sie davon ein Haus und einen Geliebten kaufte, daß mit diesem Geliebten ein Sohn gezeugt würde, daß Cethegus und Lentulus zu mir kommen und wir gegen die Republik konspirieren würden. Das Schicksal hat aus mir einen Wolf und aus Ihnen einen Schäferhund gemacht. Das Schicksal wird entscheiden, wer von den beiden dem anderen den Hals abschneiden wird. Darauf würde Cicero nur mit einer katilinarischen Rede geantwortet haben. In der Tat muß zugegeben werden, daß kaum anders als mit vager Beredsamkeit auf die Einwände gegen die Freiheit geantwortet werden kann. Welch trauriger Gegenstand, an den der Klügere fürchten sollte zu denken.

Eine einzige Überlegung tröstet: Zu welchem System man sich auch bekennt, an welches Verhängnis man alle unsere Handlungen auch gebunden glaubt, man wird immer so handeln, als ob man frei wäre.

Kapitel 5. Zweifel an der sogenannten Freiheit der Indifferenz

1. Pflanzen sind organisierte Wesen, in denen alles notwendigerweise erfolgt. Einige Pflanzen gehören zum Tierreich und sind tatsächlich an die Erde gebundene Tiere.

2. Haben diese Pflanzentiere, die Wurzeln, Blätter und Gefühl haben, eine Freiheit? Es gibt keine große Wahrscheinlichkeit dafür.

3. Haben die Tiere nicht Gefühl, Instinkt, einen Anfang von Vernunft, ein Maß von Ideen und Gedächtnis? Was ist das, der Instinkt? Ist er nicht eine der heimlichen Triebfedern, die wir niemals kennenlernen werden? Es ist nichts in Erfahrung zu bringen, denn durch Analyse oder eine Verfolgung dessen, was man die Grundursachen nennt. Durch welche Analyse oder welche Synthese können wir nun die Besonderheit des Instinkts erfahren? Wir sehen nur, daß dieser Instinkt immer von Ideen begleitet ist. Eine Seidenraupe nimmt das Blatt wahr, das sie ernährt, das Rebhuhn die Raupe, die es sucht und verschluckt, der Fuchs das Rebhuhn, das er frißt, der Wolf den Fuchs, den er verschlingt. Es ist nicht wahrscheinlich, daß diese Wesen das besitzen, was als Freiheit bezeichnet wird. Man kann also Ideen haben, ohne frei zu sein.

4. Die Menschen empfangen und verbinden Ideen im Schlaf. Man kann nicht sagen, daß sie dabei frei sind. Ist das nicht ein neuer Beweis dafür, daß man Ideen haben kann, ohne frei zu sein?

5. Der Mensch hat gegenüber den Tieren die Gabe eines umfassenderen Gedächtnisses. Dieses Gedächtnis ist die einzige Quelle aller Gedanken. Könnte diese den Tieren und den Menschen gemeinsame Quelle die Freiheit erzeugen? Sind überlegte Ideen in einem Gehirn absolut anderer Natur als unüberlegte Ideen in einem anderen Gehirn?

6. Werden die Menschen nicht immer durch ihren Instinkt bestimmt? Und liegt es nicht am Verstand, daß sie niemals den Charakter ändern? Ist der Instinkt nicht das, was als Naturell bezeichnet wird?

7. Welcher Mensch würde, wenn er frei wäre, sein Naturell nicht ändern? Aber hat es je auf der Erde einen Menschen gegeben, der auch nur eine Neigung entwickelt hätte? Gab es je einen Menschen, der mit einer Abneigung

gegen das Tanzen geboren wurde und der eine Neigung für das Tanzen entwickelt hätte, einen häuslichen, faulen Menschen, der die Bewegung gesucht hätte? Und verringern Alter und Speisen nicht die Leidenschaften, die der Verstand beherrscht zu haben glaubt?

8. Ist der Wille nicht immer die Folge der letzten Ideen, die man erhalten hat? Wenn diese Ideen notwendig sind, ist es dann der Wille nicht auch?

9. Ist die Freiheit eine andere Sache als die Fähigkeit zu handeln oder nicht zu handeln? Hat Locke nicht recht, wenn er Freiheit als Vermögen bezeichnet?

10. Der Wolf nimmt einige auf einem Feld weidende Schafe wahr. Sein Instinkt veranlaßt ihn, sie zu verschlingen. Die Hunde hindern ihn daran. Ein Eroberer nimmt eine Provinz wahr, die ihn sein Instinkt veranlaßt zu erobern. Er findet Festungen und Armeen vor, die ihm den Vormarsch verwehren. Gibt es einen großen Unterschied zwischen diesem Wolf und diesem Fürsten?

11. Scheint dieses Universum nicht in allen seinen Teilen unveränderlichen Gesetzen zu unterliegen? Ist es nicht klar, daß ein Mensch, der seinen Willen nach seinem Wunsch lenken könnte, diese unveränderlichen Gesetze stören könnte?

12. Durch welches Privileg wäre der Mensch nicht der gleichen Notwendigkeit wie die Gestirne, die Tiere, die Pflanzen und der gesamte Rest der Natur unterworfen?

13. Ist es richtig zu sagen, daß im System dieses universellen Verhängnisses Strafen und Belohnungen unnütz und absurd wären? Ergibt sich der unnütze und absurde Charakter der Strafen nicht viel eher deutlich im System der Freiheit? Wenn ein Straßenräuber einen freien Willen hat, der sich ausschließlich aus sich selbst bestimmt, kann ihn die Furcht vor peinlicher Strafe sehr wohl nicht bestimmen, auf die Räuberei zu verzichten. Wenn jedoch nur die physischen Ursachen wirken, wenn die Vorstellung von Galgen und Rad den notwendigen starken Eindruck macht, bessert er notwendigerweise den

Bösewicht, den Zeugen der peinlichen Bestrafung eines anderen Bösewichts.

14. Müßte man, um zu wissen, ob die Seele frei ist, nicht wissen, was die Seele ist? Gibt es einen Menschen, der sich rühmen kann, daß ihm nur sein Verstand die Geistigkeit und die Unsterblichkeit dieser Seele beweist? Fast alle Physiker stimmen darin überein, daß sich der Ursprung des Bewußtseins an der Stelle befindet, an der sich die Nerven im Gehirn vereinigen. Diese Stelle ist jedoch kein mathematischer Punkt. Der Ursprung jedes Nervs ist ausgedehnt. Dort befindet sich eine Hammerglocke, an der die fünf Organe unserer Sinne anschlagen. Welcher Mensch könnte begreifen, daß diese Glocke völlig bedeutungslos wäre? Sind wir nicht Automaten, die dazu geboren sind, immer zu wollen, manchmal das zu tun, was wir wollen, und manchmal das Gegenteil davon? Von den Sternen bis zum Mittelpunkt der Erde ist uns außerhalb und innerhalb unserer selbst jede Substanz unbekannt. Wir sehen nur äußere Erscheinungen. Wir leben in einem Traum.

15. Ob man in diesem Traum den Willen als frei oder gefangen, oder den organischen Schlamm, aus dem wir gebildet wurden, mit einer unsterblichen oder vergänglichen Eigenschaft versehen glaubt, ob man wie Epikur oder Sokrates denkt, die Räder, die den Mechanismus des Universums drehen, sind immer die gleichen. (3)

Kapitel 6. Von der Naturreligion

Wenig begründeter Vorwurf von Leibniz gegen Newton. Widerlegung einer Meinung Lockes. Das Wohl der Gesellschaft. Naturreligion. Menschheit.

Leibniz warf in seinem Streit mit Newton diesem vor, von Gott sehr niedrige Vorstellung zu geben und die Naturreligion zu verneinen. Er gab vor, daß Newton Gott personifiziere. Diese Beschuldigung gründete sich, wie wir gesehen haben, auf das Wort: Organ Sensorium. Er fügte hinzu, daß der Gott Newtons aus dieser Welt eine sehr schlechte Maschine gemacht habe, die vom Schmutz gesäubert werden müßte (das ist das Wort, dessen sich Leibniz bedient). Newton hatte gesagt: *manum emendatricem desideraret.* Der Vorwurf beruht auf Newtons Äußerung, daß mit der Zeit die Bewegungen nachlassen, die Unregelmäßigkeiten der Planeten zunehmen und das Universum zugrunde gehen oder von seinem Schöpfer wieder in Ordnung gebracht werden wird.

Erfahrungsgemäß ist es mehr als klar, daß Gott Maschinen gemacht hat, die zerstört werden. Wir sind das Werk seiner Weisheit, und wir werden vergehen. Warum nicht ebenso die Welt? Leibniz will, daß diese Welt vollkommen sei. Aber wenn Gott sie nur geformt hat damit sie eine gewisse Zeit bestehe, besteht ihre Vollkommenheit also darin, nur bis zu dem für ihre Auflösung festgelegten Zeitpunkt zu bestehen.

Es hat nie einen Menschen gegeben, der ein größerer Anhänger der Naturreligion gewesen wäre als Newton, mit Ausnahme von Leibniz selbst, seinem Rivalen in Gelehrsamkeit und Tugend. Ich verstehe unter Naturreligion die der menschlichen Gattung gemeinsamen Moralprinzipien. Zwar nahm Newton keine uns angeborenen Begriffe, Ideen, Gefühle oder Prinzipien an. Er war mit Locke überzeugt, daß uns alle Ideen über die Sinne, in dem Maße, wie diese sich entwickeln, zukommen. Da Gott allen Menschen die gleichen Sinne gegeben hat, glaubte er jedoch, daß sich daraus bei diesen die gleichen Bedürfnisse, die gleichen Gefühle, demzufolge die gleichen allgemeinen Begriffe, die überall die Grundlage der Gesellschaft sind, ergeben. Es steht fest, daß Gott den Bienen und den Ameisen etwas gegeben hat, damit sie in Gemeinschaft leben, das er weder den Wölfen noch den Falken gegeben hat. Da alle Menschen in Gesellschaft leben, ist es sicher, daß es in ihrem Wesen ein geheimes Band gibt, durch das Gott sie aneinander binden wollte. Wenn nun in einem bestimmten Alter die den in gleicher

Weise organisierten Menschen über die gleichen Sinne zugekommenen Ideen diesen nicht nach und nach die gleichen für jede Gesellschaft notwendigen Prinzipien verliehen hätten, ist es auch sehr sicher, daß diese Gesellschaften nicht weiterbestanden hätten. Deshalb werden von Siam bis Mexiko Wahrheit, Dankbarkeit, Freundschaft usw. respektiert.

Ich war immer sehr erstaunt, daß der weise Locke im Anfang seiner Abhandlung „Über den menschlichen Verstand" unter Ablehnung der angeborenen Ideen behauptete, daß es keinen Begriff von gut und böse gäbe, der allen Menschen gemeinsam sei. Ich glaube, daß er hier in einen Fehler verfallen ist. Er beruft sich auf Berichte von Reisenden, die besagen, daß es in bestimmten Ländern Brauch ist, seine Kinder zu essen und auch die Mütter zu essen, wenn diese keine Kinder mehr zur Welt bringen können, daß in anderen Ländern als Heilige gewisse Schwärmer verehrt werden, die anstelle von Frauen sich der Eselinnen bedienen. Mußte ein Mensch, wie der weise Locke, diese Reisenden jedoch nicht für suspekt halten? Nichts ist so verbreitet unter ihnen, wie schlecht zu sehen, das Gesehene schlecht zu berichten, besonders in einer Nation, deren Sprache man nicht kennt, den Mißbrauch eines Gesetzes für das Gesetz selbst zu nehmen und schließlich die Sitten eines ganzen Volkes nach einer einzigen Tatsache zu beurteilen, von der zudem noch die Umstände unbekannt sind.

Wenn ein Perser am Tag einer Ketzerverbrennung nach Lissabon, Madrid oder Goa kommt, wird er nicht ohne scheinbaren Grund glauben, daß die Christen Gott Menschen opfern. Wenn er die Almanache liest, die in ganz Europa an das gemeine Volk verteilt werden, wird er denken, daß wir alle an die Kräfte des Mondes glauben, und dabei lachen wir eher darüber. So wird mir jeder Reisende, der mir z. B. sagt, daß Wilde aus Pietät ihren Vater und ihre Mutter fressen, gestatten, ihm zu antworten, daß erstens die Tatsache stark zweifelhaft ist, daß sie zweitens, wenn sie wahr ist, durchaus nicht die Vorstellung vom Respekt, den man seinen Eltern schuldet, stört, da das wahrscheinlich eine barbarische Art und Weise ist, seine Liebe auszudrücken, ein schrecklicher Mißbrauch des Naturgesetzes, denn offensichtlich werden Vater und Mutter aus Pflicht nur getötet, um sie von den Unannehmlichkeiten des Alters oder den Schrecken des Feindes zu erlösen. Wenn man ihnen also ein Grab im kindlichen Schoß gibt, statt sie von den Siegern fressen zu lassen, so kommt dieser Brauch, so schrecklich er der Vorstellung auch ist, notwendigerweise doch von der Güte des Herzens. Das Naturgesetz ist nichts anderes als dieses im ganzen Universum bekannte Gesetz: Was du willst, das man dir tu, das füge auch den anderen zu. Der Barbar, der seinen Vater tötet, um ihn vor seinem Feind zu retten, und der ihn aus Furcht davor, daß er seinen Feind zum Grab haben könnte, in seinem Schoß beerdigt, wünscht, daß ihn sein Sohn in einem ähnlichen Fall ebenso behandelt. Dieses Gesetz, seinen Nächsten wie sich selbst zu behandeln, ergibt sich natürlicherweise aus den allgemeinsten Begriffen und wird früher oder später im Herzen aller Menschen hörbar. Denn da alle den gleichen Verstand haben, müssen sich früher oder später die Früchte dieses Baumes gleichen, und sie gleichen sich in der Tat, indem in der ganzen Gesellschaft mit der Bezeichnung „Tugend“ das benannt wird, was für die Gesellschaft für nützlich gehalten wird.

Man finde mir auf der Erde ein Land, eine Gesellschaft von zehn Menschen, in denen nicht das für das Gemeinwohl Nützliche in Ansehen steht, und ich werde zugeben, daß es keinerlei Naturgesetz gibt. Dieses Gesetz verändert sich zweifellos ohne Ende. Aber was könnte daraus anderes geschlossen werden, als daß es existiert? Die Materie hat überall unterschiedliche Formen, behält jedoch überall ihren Charakter bei. Man kann uns viel erzählen, zum Beispiel, daß in Lakedaimon Geschicklichkeitsdiebstähle vorgeschrieben waren. Hier handelt es sich um einen Wortmißbrauch. Das, was wir als Geschicklichkeitsdiebstähle bezeichnen, war in Lakedaimon keineswegs angeordnet. In einer Stadt, in der alles gemeinsam war, war die erteilte Erlaubnis, das geschickt abzunehmen, was sich einzelne gegen das Gesetz angeeignet hatten, eine Art, den bei diesen Völkern verbotenen Eigentumssinn zu bestrafen. Das Dein und das Mein war ein Verbrechen, für das der von uns so bezeichnete Geschicklichkeitsdiebstahl die Strafe war. Und bei ihnen wie auch bei uns gab es eine Ordnung, für die uns Gott geschaffen hat, wie er die Ameisen dazu geschaffen hat, zusammenzuleben.

Newton dachte also, daß diese unsere Anlage, in der Gesellschaft zu leben, die durch das Christentum vervollkommnet wurde, die Grundlage des natürlichen Gesetzes ist.

Der Mensch hat vor allen Dingen eine Anlage zum Mitleid, die genauso allgemein verbreitet ist wie unsere anderen Instinkte. Newton hatte dieses Menschlichkeitsgefühl gepflegt und bis auf die Tiere ausgedehnt. Er war mit Locke sehr davon überzeugt, daß Gott den Tieren (die nur Materie zu sein scheinen) ein Maß von Vorstellungen und die gleichen Gefühle wie uns gegeben hat. Er konnte sich nicht vorstellen, daß Gott, der nichts vergebens tut, den Tieren Organe für das Gefühl gegeben hätte, wenn sie keine Gefühle haben sollten.

Er fand eine entsetzliche Unvereinbarkeit in dem Gedanken, daß Tiere fühlen und daß sie Leiden ausgesetzt werden. Seine Moral stimmte in diesem Punkt mit seiner Philosophie überein. Er gab nur widerstrebend dem barbarischen Brauch nach, daß wir uns vom Blut und vom Fleisch der uns ähnlichen Wesen, die wir täglich streicheln, ernähren. Er erlaubte in seinem Haus niemals, daß man sie langsame und ausgesuchte Tode sterben ließ, um die Nahrung köstlicher zu machen.

Dieses Mitleid, das er für Tiere hatte, äußerte sich in wahrer Nächstenliebe bei den Menschen. Ohne Menschlichkeit, die Tugend, die alle Tugenden umfaßt, würde man kaum die Bezeichnung Philosoph verdienen.

Kapitel 7. Von der Seele und von der Art, wie sie mit dem Körper verbunden ist und wie sie ihre Ideen hat

Vier Meinungen über die Entstehung der Ideen: die Meinung der alten Materialisten, die Malebranches und die Leibnizsche. Bekämpfte Leibnizsche Meinung.

Newton war wie fast alle guten Philosophen davon überzeugt, daß die Seele eine unbegreifliche Substanz ist. Mehrere Leute, die viel mit Locke zusammengewesen sind, haben mir versichert, Newton habe Locke gestanden, „daß wir nicht genügend Kenntnis von der Natur hätten, um auszusprechen zu wagen, daß es unmöglich ist, daß Gott die Gabe zu denken einem beliebigen ausgedehnten Wesen gegeben habe". Die große Schwierigkeit besteht eher darin zu erfahren, wie ein beliebiges Wesen denken kann, als zu erfahren, wie die Materie Denkvermögen erhalten kann. Freilich scheint das Denken nichts mit den Eigenschaften gemein zu haben, die wir von dem als Körper bezeichneten ausgedehnten Wesen kennen. Kennen wir jedoch alle Eigenschaften der Körper? Es scheint ziemlich gewagt zu sein, Gott sagen zu wollen: Sie konnten Bewegung verleihen, Schwerkraft, Wachstum und Leben, aber Sie konnten dem Wesen nicht das Vermögen zu denken geben?

Argumentieren diejenigen, die sagen, daß die Seele, wenn die Materie die Gabe zu denken erhalten könnte, nicht unsterblich wäre, konsequent? Ist es für Gott schwieriger zu erhalten als zu schaffen? Wenn außerdem ein unteilbares Atom ewig dauert, warum sollte die Gabe zu denken in ihm nicht genauso lange dauern? Wenn ich mich nicht irre, müssen diejenigen, die Gott das Vermögen verweigern, der Materie Ideen zu verleihen, sagen, daß das, was als Geist bezeichnet wird, mit Ausnahme jedes ausgedehnten Wesens ein Wesen ist, dessen Besonderheit darin besteht zu denken. Wenn der Charakter des Geistes nun aber darin besteht, im wesentlichen zu denken, denkt er also notwendigerweise, und er denkt immer, so wie jedes Dreieck notwendigerweise immer unabhängig von Gott drei Winkel hat. Wie! Sobald Gott etwas schafft, das keine Materie ist, muß dieses Etwas unbedingt denken? Wissen wir, schwach und dreist wie wir sind, ob Gott nicht Millionen von Wesen geformt hat, die weder die uns bekannten Eigenschaften des Geistes noch die der Materie haben? Wir sind wie der Hirte, der außer Rindern nichts gesehen hat und sagen würde: Wenn Gott andere Tiere machen will, müssen sie Hörner haben und wiederkäuen.

Möge man also entscheiden, was für die Gottheit ehrerbietiger ist: zu bejahen, daß es Wesen gibt, die ohne ihn die göttliche Eigenschaft des Denkens haben, oder Gott zu verdächtigen, daß er diese Eigenschaft dem Wesen verleihen kann, das er geruht zu erwählen. Schon daraus ist ersichtlich, wie ungerecht diejenigen sind, die Locke aus diesem Gefühl ein Verbrechen machen und mit grausamer Bösartigkeit und den Waffen der Religion eine rein philosophische Idee bekämpfen wollten.

Im übrigen war Newton weit davon entfernt, eine Definition der Seele zu wagen, wie viele andere zu tun gewagt haben. Er glaubte an die Möglichkeit, daß es Millionen andere denkende Substanzen gibt, deren Charakter absolut verschieden vom Charakter unserer Seele sein könnte. So scheint die Trennung der gesamten Natur in Körper und Geist, wie sie von einigen vorgenommen wurde, die Definition eines Stummen und eines Blinden zu sein, die bei der Definition der Sinne weder ein Seh- noch ein Hörvermögen vermuten. Mit welchem Recht könnte man also sagen, daß Gott den unermeßlichen Raum nicht mit einer Unendlichkeit von Substanzen, die mit uns nichts gemein haben, erfüllt habe?

Newton hatte sich kein System über die Art gebildet, wie die Seele mit dem Körper vereinigt ist, und über die Entstehung der Ideen. Als Feind von Systemen beurteilte er alles nur durch die Analyse. Wenn ihm diese Fackel nicht leuchtete, wußte er sich zurückzuhalten.

Es gab bisher in der Welt vier Meinungen über die Entstehung der Ideen:

Die erste ist die fast aller alten Nationen, die jenseits der Materie nichts annahmen und unsere Ideen in unserem Begriffsvermögen als den Abdruck des Siegels im Wachs betrachteten. Diese verworrene Meinung war eher ein allgemeiner Instinkt als ein Vernunftschluß. Die Philosophen, die dann beweisen wollten, daß die Materie aus sich selbst heraus denkt, irrten noch mehr, denn das gemeine Volk irrte sich, ohne vernünftig zu urteilen, während diese aus Prinzip irrten. Keiner von ihnen konnte jemals irgendetwas in der Materie finden, das beweisen konnte, daß sie Intelligenz an sich hat. Locke scheint der einzige zu sein, der den Widerspruch zwischen Materie und Denken beseitigt hat, indem er gleichzeitig zum Schöpfer allen Denkens und aller Materie Zuflucht nahm und bescheiden sagte: Er, der alles kann, kann er nicht ein materielles Wesen, ein Atom, ein Element der Materie denken lassen? Er hat sich zu dieser Möglichkeit als kluger Mensch verhalten. Zu versichern, daß die Materie wirklich denkt, weil Gott ihr diese Gabe verleihen konnte, wäre der Gipfel der Vermessenheit. Wäre es jedoch weniger vermessen, das Gegenteil zu versichern?

Die zweite und am generellsten angenommene Meinung ist die, die Seele und Körper als zwei Wesen aufstellt, die nichts gemein haben, jedoch bestätigt, daß Gott sie geschaffen hat, um aufeinander einzuwirken. Der einzige Beweis, den es für diese Handlung gibt, ist die Erfahrung, die jeder davon zu haben glaubt. Wir empfinden, daß unser Körper einmal unserem Willen gehorcht und einmal diesen beherrscht. Wir bilden uns ein, daß sie wirklich aufeinander einwirken, weil wir es fühlen und es uns unmöglich ist, die Untersuchung weiter zu treiben. Gegen dieses System wird ein Einwand erhoben, der unwiderleglich zu sein scheint. Er besagt, wenn z. B. ein äußerer Gegenstand unseren Nerven eine Erschütterung mitteilt, gelangt diese Bewegung oder gelangt auch nicht zu unserer Seele. Wenn sie dorthin gelangt, teilt sie ihr Bewegung mit, was eine körperliche Seele voraussetzen würde. Wenn sie nicht dorthin gelangt, findet keine Handlung mehr statt. Alles, was man darauf antworten kann, ist, daß diese Handlung zu den zahlreichen Dingen gehört, deren Mechanismus immer unbekannt sein wird, eine traurige Schlußfolgerung, aber fast die einzige, die sich für den Menschen neben einem metaphysischen Standpunkt ergibt.

Das dritte System ist das der okkasionellen Ursachen von Descartes, das von Malebranche weiterentwickelt wurde. Er beginnt mit der Annahme, daß die Seele keinerlei Einfluß auf den Körper haben kann, wagt sich dann aber zu weit vor. Denn daraus, daß der Einfluß der Seele auf den Körper nicht wahrgenommen werden kann, ergibt sich keineswegs, daß er unmöglich ist. Er nimmt an, daß die Materie als okkasionelle Ursache auf unseren Körper einwirkt und daß dann Gott in unserer Seele eine Idee erzeugt, daß in Wechselwirkung der Mensch einen Willensakt begeht und Gott unmittelbar im Ergebnis dieses Willens auf den Körper einwirkt. So handelt und denkt der Mensch nur in Gott, was, wie mir scheint, nur einen klaren Sinn erhalten kann, wenn gesagt wird, daß nur Gott für uns handelt und denkt. Die Schwierigkeiten, die sich aus dieser Hypothese ergeben, sind niederdrückend, denn wie kann der Mensch in diesem System selbst wollen, und kann er nicht selbst denken? Wenn Gott uns nicht die Fähigkeit gegeben hat, Bewegung und Ideen zu erzeugen, wenn nur er handelt und denkt, ist auch er der einzige, der will. Wir sind nicht nur nicht mehr frei, sondern wir sind nichts, oder wir sind Modifikationen Gottes. In diesem Fall hat der Mensch keine Seele und keine Intelligenz mehr, und es ist nicht der Mühe wert, die Vereinigung von Körper und Seele zu erklären, da sie nicht existiert und allein Gott existiert.

Die vierte Meinung ist die der prästabilierten Harmonie von Leibniz. In seiner Hypothese hat die Seele keinerlei Verbindung mit dem Körper. Das sind zwei Uhren, die Gott geschaffen hat, die jeweils eine Feder haben und die eine bestimmte Zeitlang in völliger Übereinstimmung laufen. Die eine Uhr zeigt die Stunden an, die andere schlägt. Die Uhr, die die Zeit anzeigt, tut das nicht, weil die andere schlägt. Gott hat ihre Bewegung jedoch so eingestellt, daß Zeiger und Schlagwerk ständig miteinander in Beziehung stehen. So hat die Seele von Vergil die Aeneis erzeugt und seine Hand die Aeneis niedergeschrieben, ohne daß diese Hand in irgendeiner Weise dem Willen des Autors gehorchte. Gott hat es jedoch jederzeit so geregelt, daß die Seele Vergils Verse machte und eine zum Körper Vergils gehörende Hand sie schriftlich festhielt. Ohne von der außerordentlichen Schwierigkeit zu reden, die noch darin besteht, die Freiheit mit dieser prästabilierten Harmonie in Übereinstimmung zu bringen, ist ein starker Einwand zu machen, nämlich welchen Grund, wenn nach Leibniz nichts ohne einen ausreichenden, aus dem Kern der Dinge gewählten Grund geschieht, Gott hatte, zwei nicht mit gleichem Maß meßbare Wesen, zwei so heterogene, so unendlich unterschiedliche Wesen, wie die Seele und den Körper, von denen das eine in nichts das andere beeinflußt, miteinander zu verbinden. Genausogut hätte meine Seele statt in meinem Körper in Saturn einen Platz finden können. Die Verbindung von Seele und Körper ist hier eine sehr überflüssige Sache. Das übrige Leibnizsche System ist jedoch weitaus ungewöhnlicher. Die Grundlagen finden sich in Supplément aux actes de Leipsick (Ergänzung zu den Leipziger Akten), Band VII. Außerdem können die ausführlichen Kommentare herangezogen werden, die mehrere Deutsche dazu mit mathematischer Genauigkeit angefertigt haben.

Nach Leibniz gibt es vier Arten einfacher Wesen, die er als Monaden bezeichnet, wie in Kapitel 9 gezeigt werden wird. Es wird hier nur von der Monadenart gesprochen, die als unsere Seele bezeichnet wird. Die Seele, sagt er, ist die Konzentration, ein lebendiger Spiegel des gesamten Universums, der in sich alle verworrenen Ideen aller gegenwärtigen, vergangenen und künftigen Veränderungen dieser Welt enthält. Newton, Locke und Clarke bezeugten, da sie von einer solchen Meinung reden hörten, eine so große Geringschätzung, als ob Leibniz nicht der Verfasser gewesen wäre. Da jedoch sehr große deutsche Philosophen sich damit rühmten, das zu erklären, was kein Engländer jemals hören wollte, muß ich in aller Klarheit diese Hypothese des berühmten Leibniz, die für mich, seit sie Gegenstand Ihrer Forschungen ist, achtbarer geworden ist, darlegen.

Jedes geschaffene einfache Wesen, sagt er, unterliegt der Veränderung, sonst wäre es Gott. Die Seele ist ein geschaffenes einfaches Wesen, sie kann also nicht im gleichen Zustand bleiben. Da die Körper jedoch zusammengesetzt sind, können sie keine Veränderung in einem einfachen Wesen erzeugen. Diese Veränderungen müssen ihren Ursprung daher in ihrer eigenen Natur haben. Ihre Veränderungen sind also aufeinanderfolgende Ideen von den Dingen dieses Universums. Sie hat einige, die klar sind. Alle Dinge dieses Universums, sagt Leibniz, sind jedoch derart voneinander abhängig, derart miteinander verbunden, daß die Seele, wenn sie eine klare Idee von einem dieser Dinge hat, notwendigerweise verworrene und dunkle Ideen vom gesamten Rest hat. Um diese Meinung zu erhellen, könnte man das Beispiel eines Menschen anführen, der eine klare Idee von einem Spiel hat. Gleichzeitig hat er mehrere verworrene Ideen von mehreren Kombinationen dieses Spiels. Ein Mensch, der gegenwärtig eine klare Idee von einem Dreieck hat, hat eine Idee von mehreren Eigenschaften des Dreiecks, die ihrerseits in seinem Geiste größere Klarheit annehmen können. In diesem Sinne ist die Monade des Menschen ein lebendiger Spiegel dieses Universums.

Es ist leicht, auf eine solche Hypothese zu antworten, daß, wenn Gott aus der Seele einen Spiegel gemacht hat, das ein trüber Spiegel ist, und daß, wenn es keine anderen Gründe für so seltsame Annahmen wie diese sogenannte unerläßliche Verbindung aller Dinge dieser Welt gibt, dieses gewagte Gebäude auf Fundamenten errichtet wird, die kaum wahrnehmbar sind. Denn, wenn wir eine klare Idee vom Dreieck haben, dann deshalb, weil wir die wesentlichen Eigenschaften des Dreiecks kennen, und wenn die Ideen von allen diesen Eigenschaften sich nicht sofort lichtvoll unserem Geiste darbieten, sind sie doch in dieser klaren Idee enthalten, da sie zueinander eine notwendige Beziehung haben. Aber was ist in diesem Fall mit dem gesamten Gefüge des Universums? Wenn Sie dem Dreieck eine Eigenschaft nehmen, nehmen Sie ihm alles. Wenn Sie jedoch dem Universum ein Sandkorn nehmen, ist der Rest dann völlig verändert? Wenn von hundert Millionen Wesen, die paarweise aufeinanderfolgen, die ersten beiden untereinander den Platz wechseln, wechseln dann auch die anderen notwendigerweise den Platz? Behalten sie nicht dieselben Beziehungen zueinander bei? Sind die Ideen eines Menschen außerdem miteinander in der gleichen Weise verkettet, wie man das von den Dingen dieser Welt annimmt? Welche Verbindung, welches notwendige Milieu besteht zwischen der Idee der Macht und den unbekannten Gegenständen, die ich beim Erwachen sehe? Welche Verkettung gibt es zwischen dem vorübergehenden Tod der Seele während eines tiefen Schlafs oder bei einer Ohnmacht und den Ideen, die sich bei wiederkehrenden Sinnen ergeben?

Jedes Wesen in diesem Universum hängt zweifelsohne vom Universum ab. Aber nicht jede Handlung jedes Wesens ist Ursache der Ereignisse der Welt. Die Mutter von Brutus war, als sie ihn gebar, eine der Ursachen für den Tod Cäsars. Ob sie nach rechts oder nach links gespuckt hat, hatte jedoch in Rom keinerlei Auswirkung. Es gibt Ereignisse, die Wirkung und Ursache zugleich sind. Es gibt Tausende von Handlungen, die nur folgenlose Wirkungen sind. Die Flügel einer Mühle drehen sich und mahlen das Korn, das den Menschen ernährt. Das ist eine Wirkung, die zugleich Ursache ist. Etwas Staub trennt sich ab, eine Wirkung, aus der sich nichts ereignet. Ein in die Ostsee geworfener Stein zeitigt im Indischen Ozean keinerlei Ereignisse. Es gibt Tausende Wirkungen, die wie die Bewegung in flüssigen Körpern vergehen.

Trotzdem wäre es möglich, daß Gott alles das getan

hätte, was Leibniz erdacht hat. Müßte man das auf eine einfache Möglichkeit hin glauben? Was hat er mit allen diesen neuen Anstrengungen bewiesen? Daß er ein sehr großes Genie war. Hat er jedoch sich selbst und die anderen erhellt? Es ist ein seltsam Ding, wir wissen nicht, wie die Erde einen Grashalm erzeugt, wie in der Frau ein Kind entsteht, und man glaubt zu wissen, wie wir Ideen hervorbringen?

Wenn man wissen will, was Newton von der Seele und von der Art ihrer Wirkung dachte und welche dieser Meinungen er vertrat, würde ich antworten, daß er keiner davon folgte. Was wußte derjenige, der in unendlichen Größen rechnete und der das Gesetz der Schwerkraft entdeckt hatte, alles von diesem Gegenstand? Er wußte zu zweifeln.

Kapitel 8. Von den ersten Urstoffen der Materie

Untersuchung der Urmaterie. Irrtum Newtons. Es gibt keine echten Transmutationen. Newton nimmt Atome an.

Es handelt sich hier nicht darum zu untersuchen, welches System lächerlicher war, jenes, das das Wasser zum Ursprung aller Dinge machte, oder jenes, das alles dem Feuer zuordnete, oder jenes, das Würfel annimmt, die ohne Zwischenraum nebeneinandergesetzt sind und sich, ich weiß nicht wie, um sich selbst drehen.

Am plausibelsten war immer jenes System von einer allem gegenüber indifferenten, einheitlichen und aller Formen fähigen Urmaterie, die, unterschiedlich kombiniert, dieses Universum darstellt. Die Elemente dieser Materie sind die gleichen. Sie verändert sich entsprechend den verschiedenen Formen, die sie durchläuft, so wie ein geschmolzenes Metall einmal zu einer Urne, einmal zu einer Statue wird. Das war die Meinung Descartes', die sehr gut mit der Idee von seinen drei Elementen übereinstimmt. Newton dachte in diesem Punkt über die Materie wie Descartes. Er war zu dieser Schlußfolgerung jedoch auf einem anderen Weg gelangt. Da er fast niemals ein Urteil fällte, das nicht entweder mathematisch oder experimentell begründet war, glaubte er, bei dieser Untersuchung das Experiment auf seiner Seite zu haben. Der berühmte Robert Boyle, der Begründer der Physik in England, hatte lange Zeit Wasser in einem Destillierkolben über gleichmäßiger Flamme gehalten. Der Chemiker, der mit ihm zusammenarbeitete, glaubte, daß sich das Wasser schließlich in Erde verwandelt hätte. Das war falsch, wie seitdem Boerhaave, ein ebenso exakter Physiker wie geschickter Arzt, bewiesen hat. Das Wasser war verdampft und die Erde, die an seiner Stelle erschienen war, stammte von anderswoher. (4)

In welchem Grade muß dem Experiment mißtraut werden, da es Boyle und Newton getäuscht hat? Diese großen Philosophen haben ohne weiteres geglaubt, daß die Elemente der Dinge, wenn sich die uranfänglichen Teile des Wassers in uranfängliche Teile von Erde verwandeln, nur gleiche, verschieden angeordnete Materie sind. Wenn ein falsches Experiment Newton nicht zu dieser Schlußfolgerung führte, ist anzunehmen, daß er ganz anders gedacht hat. Ich bitte, das Nachstehende aufmerksam zu lesen.

Die einzige dem Menschen mögliche Art, über Gegenstände zu urteilen, ist die Analyse. Es ist nur Gott möglich, unmittelbar von den Ursprüngen auszugehen. Welcher Wanderer würde, wenn man, ohne lästern zu wollen, Gott mit einem Architekten vergleicht und das Universum mit einem Gebäude, wagen, wenn er einen Teil eines Gebäudes von außen sieht, sich das gesamte Bauwerk von innen vorzustellen? Das ist aber gerade das, was fast alle Philosophen mit tausendmal mehr Vermessenheit zu tun gewagt haben. Untersuchen wir also dieses Gebäude, soweit wir es können. Was finden wir um uns herum? Tiere, Vegetabilien, Mineralien, unter denen ich alle Salze verstehe, Schwefel usw., Lehm, Sand, Wasser, Feuer, Luft und, zumindest bis jetzt, nichts anderes.

Bevor wir untersuchen, ob diese Körper gemischt sind oder nicht, frage ich mich, ob es möglich ist, daß eine sogenannte gleichförmige Materie, die an sich nichts von all dem ist, was ist, trotzdem all das erzeugt, was ist.

1. Was ist ein Urstoff, der nichts von den Dingen dieser Welt ist und sie alle erzeugt? Das ist eine Sache, von der ich keinerlei Idee haben kann und die ich demzufolge keineswegs annehmen darf. Es stimmt, daß ich mir im allgemeinen keine Idee von einer ausgedehnten, undurchdringlichen und gestaltungsfähigen Substanz machen kann, ohne mein Denken auf Sand oder Lehm oder Gold usw. zu richten. Aber trotzdem ist diese Materie wirklich irgendeins von diesen Dingen, oder sie ist gar nichts. Ebenso kann ich an ein Dreieck im allgemeinen denken, ohne mich bei einem gleichseitigen, ungleichseitigen, gleichschenkligen Dreieck usw. aufzuhalten. Trotzdem muß ein Dreieck, das existiert, eins von diesen sein. Allein diese wohlerwogene Idee genügt vielleicht, um die Meinung von einem Urstoff zu zerstören.

2. Wenn irgendeine in Bewegung gesetzte Materie genügen würde, um das zu erzeugen, was wir auf der Erde sehen, gäbe es keinen Grund, weshalb gut durchgerührter Staub in einer Tonne nicht Menschen und Bäume erzeugen, noch weshalb ein mit Getreide bestelltes Feld nicht Wale und Krebse statt Weizen erzeugen könnte. Man würde vergeblich darauf antworten, daß dem die Form- und Aufnahmeorgane des Samens entgegenstehen. Denn es müßte dann die Frage gestellt werden, warum diese Form- und Aufnahmeorgane so unveränderlich bestimmt sind? Wenn keine Bewegung, keine Kunst bewirken kann, daß Fische statt Getreide in ein Feld kommen, keine Mispeln statt Lämmer in den Bauch eines Schafs, keine Rosen auf eine Eiche, keine Seezungen in einen Bienenstock usw., wenn alle Arten unveränderlich gleich sind, muß ich dann nicht zunächst mit einigem Grund glauben, daß alle Arten vom Herrn der Welt bestimmt wurden, daß es ebensoviele verschiedene Ab-

sichten wie verschiedene Arten gibt und daß ohne diese Absichten aus Materie und Bewegung nur ein ewiges Chaos entstehen würde?

Alle Erfahrungen bestätigen mich in dieser Meinung. Wenn ich einerseits einen Menschen und eine Seidenraupe und andererseits einen Vogel und einen Fisch aufmerksam betrachte, sehe ich sie alle von Beginn der Dinge an gebildet. Ich sehe in ihnen nur eine Entwicklung. Die des Menschen und die des Insekts haben einige Übereinstimmungen und einige Unterschiede. Die des Fischs und die des Vogels haben andere. Wir sind Würmer, bevor wir in der Gebärmutter unserer Mutter aufgenommen werden. Wir werden Puppen im Uterus, wenn wir die als Schafhaut bezeichnete Umhüllung tragen. (5) Wir gehen daraus mit Armen, Beinen hervor, so wie die zur Fliege gewordene Made ihr Grab mit Flügeln und Füßen verläßt. Wir leben einige Tage wie sie, und unser Körper löst sich dann wie der ihre auf. Bei den Reptilien sind einige eierlegend und andere lebendgebärend. Bei den Fischen ist das Weibchen ohne Annäherung des Männchens fruchtbar, das nur über die abgelegten Eier wegschwimmt, um sie auszubringen. Blattläuse, Austern usw. erzeugen ihresgleichen allein, ohne die Vermischung von zwei Geschlechtern. Polypen haben in sich etwas, durch das sie ihre Köpfe erneuern können, wenn sie ihnen abgeschnitten wurden. Den Krebsen wachsen Füße nach. Pflanzen, Mineralien entstehen ganz anders. Jede Art von Wesen ist eine Welt für sich. Weit davon entfernt, daß eine blinde Materie alles durch einfache Bewegung erzeugt, ist es sehr wahrscheinlich, daß Gott eine Unendlichkeit von Wesen mit unendlichen Mitteln geschaffen hat, weil er selber unendlich ist.

Das vermute ich zunächst, wenn ich die Natur betrachte. Wenn ich jedoch ins Detail gehe, wenn ich Experimente mit jeder Sache mache, ergibt sich dieses: Ich sehe Vermischungen, wie Pflanzen und Tiere, die ich zerlege und aus denen ich einige Grundelemente erhalte, Spiritus, Schleim, Schwefel, Salz, Totenkopf. Ich sehe andere Körper, wie Metalle, Mineralien, aus denen ich nie etwas anderes als ihre eigenen verminderten Teile erhalten kann. Niemals konnte reines Gold etwas anderes als Gold ergeben, reines Quecksilber etwas anderes als Quecksilber. Sand, einfacher Schmutz, einfaches Wasser konnten in keine andere Art von Wesen verändert werden. Was kann ich daraus anderes schließen, als daß Pflanzen und Tiere aus diesen anderen ursprünglichen Wesen zusammengesetzt sind, die sich niemals zersetzen? Diese ursprünglichen, unveränderlichen Wesen sind die Elemente der Körper. Der Mensch und die Fliege sind also eine Zusammensetzung der mineralischen Teile von Schlamm, Sand, Feuer, Luft, Wasser, Schwefel, Salz. (6) Alle diese ursprünglichen, nie zerlegbaren Teile sind Elemente, die jeweils ihren eigenen, unveränderlichen Charakter haben.

Um zu wagen, das Gegenteil zu behaupten, müßte man Transmutationen gesehen haben. Aber wurden sie mit Hilfe der Chemie jemals entdeckt? Wird der Stein der Weisen nicht von allen klugen Geistern für unmöglich gehalten? Ist es beim gegenwärtigen Stand dieser Welt eher möglich, daß Salz in Schwefel verändert wird, Wasser in Erde, Luft in Feuer, als mit Schießpulver Gold zu machen?

Wurden die Menschen, wenn sie an sogenannte Transmutationen glaubten, dabei nicht durch den Anschein getäuscht, wie diejenigen, die daran glaubten, daß sich die Sonne bewegt? Wer hätte nicht an Transmutationen geglaubt, wenn er Getreide und Wasser sich in den menschlichen Körpern in Blut und Fleisch verwandeln sieht? Aber ist all das denn etwas anderes als Salze, Schwefel, Schlamm usw., die im Getreide und in unseren Körpern unterschiedlich angeordnet sind? Je mehr ich darüber nachdenke, um so mehr scheint mir eine Metamorphose, streng genommen, nichts anderes zu sein als ein Widerspruch in den Begriffen. Wenn sich die ursprünglichen Teile von Salz in ursprüngliche Teile von Gold verwandeln sollen, sind, glaube ich, zwei Dinge erforderlich: Die Salzelemente müssen zerstört und Goldelemente geschaffen werden. Nichts anderes sind im Grunde diese vorgeblichen Metamorphosen einer homogenen und gleichförmigen Materie, wie sie bisher von so vielen Philosophen angenommen wird. Hier mein Beweis.

Es ist unmöglich, die Unveränderlichkeit der Arten zu begreifen, ohne anzunehmen, daß sie aus unveränderlichen Urstoffen zusammengesetzt sind. Damit sich diese Urstoffe, diese ersten Bestandteile, nicht verändern, müssen sie völlig fest sein und demzufolge immer die gleiche Form haben. Wenn sie so beschaffen sind, können sie keine anderen Elemente werden, denn sie müßten andere Formen erhalten. Es ist also unmöglich, daß bei der gegenwärtigen Zusammensetzung dieses Universums das Element, das zur Schaffung von Salz dient, in das Element des Quecksilbers verändert wird. Ich weiß nicht, wieso Newton, der Atome angenommen hat, nicht diesen so natürlichen Schluß gezogen hat. Er nahm wie Gassendi wirkliche Atome, unteilbare Körper, als richtig an. Zu der Behauptung war er jedoch durch die Mathematik gelangt. Gleichzeitig glaubte er, daß sich diese Atome, diese ungeteilten Elemente, ständig ineinander verwandelten. Newton war ein Mensch. Er konnte sich wie wir irren.

Man wird hier zweifellos fragen, wie die Keime der Dinge, die hart und ungeteilt sind, wachsen und sich ausdehnen können. Sie wachsen wahrscheinlich nur durch Vereinigung, durch Ablagerung. Mehrere Wasseratome bilden einen Tropfen und so weiter.

Es bleibt in Erfahrung zu bringen, wie diese Anlagerung erfolgt, wie die Teile der Körper miteinander verbunden sind. Vielleicht ist das eins der Geheimnisse des Schöpfers, das den Menschen immer unbekannt bleiben wird. Um zu wissen, wie die Teile, aus denen das Gold besteht, ein Stück Gold bilden, müßten diese Teile gesehen werden können.

Die wahrscheinlichste Version, die vorgebracht werden könnte, wäre, wenn das erlaubt ist zu sagen, daß wahrscheinlich die Anziehungskraft die Ursache dieser Adhäsion und dieser Anlagerung der Materie ist. Denn was wäre, wenn bewiesen ist, wie wir sehen, daß alle Teile der Materie unabhängig von der Ursache vermittels der eigenen Schwere zueinander streben, natürlicher anzunehmen, als daß die Körper, die sich in mehreren Punkten berühren, am stärksten durch die Kraft dieser Gravitation verbunden werden? Aber das ist hier nicht der Ort, um auf dieses physikalische Detail einzugehen. (7)

Kapitel 9. Von der Natur der Elemente der Materie oder der Monaden

Newtons. Meinung Leibnizsche Meinung.

Wenn man jemals sagen mußte „audax Japeti genus“, dann bei der von den Menschen gewagten Erforschung dieser ersten Elemente, die in einer unendlichen Entfernung vom Bereich unserer Kenntnisse zu liegen scheinen. Vielleicht gibt es nichts Bescheideneres als die Meinung von Newton, der sich darauf beschränkt hat zu glauben, daß die Elemente der Materie Materie sind, d. h., ein ausgedehntes und undurchdringliches Wesen, dessen innerste Natur dem Fassungsvermögen unzugänglich ist, daß Gott dieses unendlich teilen kann, so wie er es auch vernichten kann, was er trotzdem nicht tut, und daß er ihre ausgedehnten und unteilbaren Teile für die Grundlage aller Werke des Universums hält.

Vielleicht gibt es andererseits nichts Gewagteres als den Leibnizschen Gedankenflug, der, ausgehend von seinem Prinzip des zureichenden Grundes, wenn möglich bis in das Innere der Ursachen und in die unerklärliche Natur dieser Elemente vorzudringen versucht hat. Jeder Körper, sagt er, setzt sich aus ausgedehnten Teilen zusammen. Woraus setzen sich jedoch diese ausgedehnten Teile zusammen? Sie sind gegenwärtig, fährt er fort, teilbar und unendlich geteilt. Sie finden also immer nur

Ausdehnung. Es hieße nun aber einen Zirkelschluß bilden, das heißt, nichts zu sagen, wollte man sagen, daß die Ausdehnung der zureichende Grund der Ausdehnung ist. Der Grund, die Ursache, der ausgedehnten Wesen muß in einfachen Wesen, in Monaden, gefunden werden. Die Materie ist also nichts anderes als eine Ansammlung von einfachen Wesen. Im Kapitel über die Seele wurde gezeigt, daß nach Leibniz jedes einfache Wesen der Veränderung unterliegt. Seine Veränderungen, seine aufeinanderfolgenden Bestimmungen, die es erhält, können jedoch deshalb nicht von außen kommen, weil dieses Wesen einfach, unberührbar ist und keinerlei Raum einnimmt. Die Quelle aller seiner Veränderungen infolge äußerer Gegenstände liegt also in ihm selbst. Es hat Ideen, aber es hat eine notwendige Beziehung mit allen Teilen des Universums. Es hat also Ideen zum gesamten Universum. Die Elemente der übelsten Exkremente haben eine unendliche Anzahl von Ideen. Ihre Ideen sind zwar nicht sehr klar. Sie haben keine klare Wahrnehmung, wie Leibniz sagt, sie tragen in sich nicht das innerste Zeugnis ihrer Gedanken, sie haben jedoch verworrene unbewußte Wahrnehmungen der Gegenwart, der Vergangenheit und der Zukunft. Er nimmt vier Arten von Monaden an: 1. die Elemente der Materie, die keinen klaren Gedanken haben; 2. die Monaden der Tiere, die einige klare und keinerlei unterscheidbare Ideen haben; 3. die Monaden der endlichen Geister, die verworrene, klare, unterscheidbare Ideen haben; 4. schließlich die Monade Gottes, die nur adäquate Ideen hat.

Die englischen Philosophen, denen, ich sagte es schon, kein Name heilig ist, haben zu all dem gelacht. Ich kann Leibniz jedoch nur widerlegen, indem ich Vernunftsgründe anführe. Allen denen, die sich solche Meinungen zu eigen gemacht haben, würde ich mir die Freiheit nehmen, folgendes zu sagen: Jedermann stimmt mit ihnen hinsichtlich des Prinzips des zureichenden Grundes überein. Ziehen Sie hier jedoch daraus eine richtige Schlußfolgerung?

1. Sie nehmen die Materie als gegenwärtig unendlich teilbar an. Das kleinste Teilchen kann also nicht gefunden werden. Es gibt nichts, das keine Seiten hätte, keinen Raum einnähme, keine Form hätte. Wie soll sie dann also Ihrer Meinung nach nur aus Wesen ohne Form, ohne Raum und ohne Seiten bestehen? Stoßen Sie nicht auf das große Prinzip des Widerspruchs, wenn Sie das des zureichenden Grundes befolgen wollen?

2. Ist es sehr vernünftig, daß eine Zusammensetzung in nichts dem ähnelt, aus dem sie besteht? Was sage ich, in nichts ähnelt? Es liegt eine Unendlichkeit zwischen einem einfachen Wesen und einem ausgedehnten Wesen. Und sie wollen, daß eins aus dem anderen gemacht sei? Würde jemand, der sagt, daß mehrere Eisenelemente Gold bilden, daß die Bestandteile des Zuckers Koloquinte schaffen, etwas Umstürzlerischeres sagen?

3. Können Sie behaupten, daß ein Urintropfen eine Unendlichkeit von Monaden ist und daß jede von ihnen die, wenn auch dunkle, Vorstellungen vom gesamten Universum hat, und das, weil nach Ihrer Meinung alles voll ist, weil im Vollen alles gebunden ist, weil, da alles miteinander verbunden ist und eine Monade notwendigerweise Ideen hat, diese keine unbewußte Wahrnehmung haben kann, die nicht all das berührt, was in der Welt ist?

Genau das sind aber die Dinge, die man mit Lehn-, Lehr- und Folgesätzen zu erklären geglaubt hat. Was wurde damit bewiesen? Das, was Cicero gesagt hat, nämlich daß nichts seltsam genug ist, um nicht von den Philosophen behauptet zu werden. Oh Metaphysik! Wir sind genausoweit fortgeschritten wie zu Zeiten der ersten Druiden.

Kapitel 10. Von der tätigen Kraft, die im Universum alles in Bewegung versetzt

Ob es immer die gleiche Menge von Kräften in der Welt gibt. Untersuchung der Kraft. Berechnung der Kraft. Schlußfolgerung der beiden Parteien.

Ich nehme zunächst an, daß Übereinstimmung darin besteht, daß die Materie die Bewegung nicht aus sich heraus haben kann. Sie muß sie also anderswoher erhalten, da das ein Widerspruch wäre. Eine unkörperliche Ursache muß also die Bewegung erzeugen. Gott ist diese unkörperliche Ursache. Hier muß beachtet werden, daß das landläufige Axiom, daß Gott nicht als Philosoph in Anspruch genommen werden sollte, nur in den Dingen gut ist, die durch naheliegende physikalische Ursachen erklärt werden müssen. Ich will zum Beispiel erklären, warum ein Gewicht von vier Pfund durch ein Gewicht von einem Pfund aufgewogen wird. Wenn ich sage, daß Gott das so geregelt hat, bin ich ein Ignorant. Ich beantworte jedoch die Frage, wenn ich sage, daß das darauf zurückzuführen ist, daß das Gewicht eines Pfundes viermal weiter vom Auflagepunkt als das Gewicht von vier Pfund entfernt ist. Das ist nicht so bei den ersten Urstoffen der Materie. Hier ist ein Ignorant, wer nicht auf Gott zurückgreift. Denn entweder gibt es keinen Gott, oder es gibt erste Urstoffe nur in Gott.

Er hat den Planeten die Kraft gegeben, mit der sie sich von Westen nach Osten bewegen. Er hat bewirkt, daß sich diese Planeten und die Sonne um ihre Achse drehen. Er hat allen Körpern ein Gesetz aufgegeben, nach dem sie alle gleicherweise zu ihrem Mittelpunkt streben. Schließlich hat er Tiere geformt, denen er eine tätige Kraft gegeben hat, mit der sie Bewegung hervorbringen. Die große Frage ist, ob diese von Gott gegebene Kraft zur Einleitung der Bewegung in der Natur immer gleich ist.

Descartes behauptete, ohne einen Beweis zu erbringen

und ohne die Kraft zu erwähnen, daß es sich immer um die gleiche Bewegungsmenge handelt. Die ersten Mathematiker, die die Gesetze vom Stoß der Körper fanden, fanden jedoch, daß diese Meinung irrig ist.

Bernoulli, ein Anhänger von Leibniz in der Metaphysik, fand, daß, wenn die Bewegungsmenge nicht immer gleich ist, die Summe der Kräfte eine konstante Menge ist. Dazu mußte jedoch die Kraft anders als gewöhnlich bewertet werden. Anders als Mersenne, Descartes, Newton, Mariotte, Varignon usw., die nach Archimedes die Bewegung eines Körpers durch Multiplikation seiner Masse mit seiner Geschwindigkeit gemessen haben, haben Leibniz, Bernoulli, Herman, Poleni, Gravesande, Wolff usw. die Masse mit dem Quadrat der Geschwindigkeit multipliziert.

Dieser Streit, der der Skandal der Mathematik ist, hat Europa gespalten. Es scheint mir jedoch, daß man endlich erkennt, es handelt sich im Grunde um Wortklauberei. Es ist unmöglich, daß sich diese großen Philosophen, wenn ihre Meinungen auch diametral entgegengesetzt sind, in ihren Berechnungen irren. Sie haben gleicherweise recht. Die mechanischen Kräfte entsprechen sowohl der einen als auch der anderen Berechnungsart. Es gibt also unzweifelhaft einen Sinn, in dem sie alle recht haben. Dieser Punkt, in dem sie recht haben, ist auch derjenige, der sie vereinen muß, und er wird hier so, wie ihn Doktor Clarke als erster, wenn auch etwas schroff, genannt hat, angegeben.

Wenn Sie die Zeit betrachten, in der ein beweglicher Körper gegen Hindernisse, die seine Bewegung verlangsamen, wirkt, verhält sich die Kraft, die er ausgegeben hat, bevor er im Ruhepunkt ankommt, wie das Quadrat seiner Geschwindigkeit mal seiner Masse. Warum? Weil die Zeit, während der er in Wirkung war, proportional dieser Anfangsgeschwindigkeit ist. Diese Zeit der Wirkung des Körpers ist jedoch die Wirkung der Kraft, sie muß also in die Messung dieser Kraft eingehen. In diesem Fall haben die Leibnizianer nicht unrecht. Aber auch die

Cartesianer und Newtonianer zusammengenommen haben recht, wenn sie die Sache in einem anderen Sinne betrachten. Denn sie sagen: In gleicher Zeit wirkt ein Körper von vier Pfund mit einem Geschwindigkeitsgrad genauso wie ein Gewicht von einem Pfund mit vier Geschwindigkeitsgraden. Man darf nicht das betrachten, was mit beweglichen Körpern in ungleichen Zeiten, sondern in gleichen Zeiten geschieht. Da liegt die Quelle des Mißverständnisses. Die neue Art und Weise, die Kräfte zu betrachten, ist in einem Sinne richtig und im anderen falsch. Sie dient also nur dazu, eine einfache Idee zu komplizieren und zu verwirren. Man muß sich daher an die alte Regel halten. Newton nahm diese von Leibniz vorgeschlagene neue Messung der Kräfte nicht an. Als Bernoulli die Prinzipien von der Erhaltung der Bewegungsenergien bekannt machte, lebte er noch. Es blieb jedoch nur das von ihm, was er mit den anderen Menschen gemein hat. Er konnte also keine Meinung zu diesem Gegenstand haben.

Das ist das, was Newton über die meisten der Fragen, die die Metaphysik berühren, dachte. Ihre Sache ist es, zwischen ihm und Leibniz zu entscheiden.

Ich gehe zu seinen Entdeckungen in der Physik über. (8)

Dritter Teil

Kapitel 1. Erste Ideen zur Schwerkraft und zu den Gesetzen über die Anziehung. Daß die subtile Materie, die Wirbel und der volle Raum verworfen werden müssen

Anziehung. Experiment, das den leeren Raum und die Wirkungen der Gravitation beweist. Die Schwerkraft wirkt auf Grund der Massen. Woher kommt dieses Schwerkraftvermögen. Es kann nicht von einer sogenannten subtilen Materie kommen. Warum wiegt ein Körper mehr als ein anderer. Das System Descartes' kann dafür keine Begründung liefern.

Ein kluger Leser, der mit Aufmerksamkeit diese Wunder des Lichts gesehen hat und der erfahrungsgemäß davon überzeugt ist, daß sie von keinem bekannten Impuls vollbracht werden, wird zweifellos mit Ungeduld auf diese neue Macht warten, von der wir unter der Bezeichnung Anziehung gesprochen haben und die auf alle anderen Körper empfindlicher und anders als der Körper auf das Licht wirkt. Auch hier wollen wir uns von den Beziehungen nicht abschrecken lassen. Untersuchen wir einfach die Tatsachen.

Ich werde mich unterschiedslos der Begriffe Anziehung und Gravitation bedienen, wenn ich von Körpern spreche, die entweder merklich zueinander streben, oder sich auf unermeßlichen Bahnen um einen gemeinsamen Mittelpunkt drehen, oder auf die Erde fallen, oder sich zu festen Körpern vereinigen, oder Tropfenform annehmen und Flüssigkeiten bilden. Kommen wir zur Sache. Alle bekannten Körper haben ein Gewicht. Die absolute Leichtigkeit wurde vor langem bereits zu den anerkannten Fehlern des Aristoteles und seiner Anhänger gezählt.

Seitdem die berühmte Luftpumpe erfunden wurde, war man der Erkenntnis von der Schwerkraft der Körper nähergerückt, denn wenn diese in der Luft fallen, verzögern die Teilchen der Luft merklich den Fall derjenigen, die viel Fläche und wenig Masse haben. In dieser von Luft befreiten Pumpe jedoch fallen die Körper, die der Kraft, welche das auch sei, die sie ohne Hindernis niederstürzt, ausgesetzt werden, nach ihrem gesamten Gewicht.

Die von Otto Guericke erfundene Luftpumpe wurde bald von Boyle verbessert. Dann wurden viel längere Glasbehälter gemacht, die vollständig von Luft befreit wurden. In einem dieser langen, aus vier Röhren zusammengesetzten Behälter, wobei das Ganze eine Höhe von 8 Fuß hatte, wurden oben mit einer Feder Goldstücke, Papierstückchen und Federn aufgehängt. Man wollte in Erfahrung bringen, was passiert, wenn die Feder gelöst wird. Die guten Philosophen sahen voraus, daß alles gleichzeitig fallen würde. Die Mehrheit versicherte, daß die massivsten Körper schneller als die anderen fallen würden. Diese Mehrheit, die sich fast immer irrt, war baß erstaunt, als sie sah, daß bei allen Experimenten Gold, Papier und Feder gleichmäßig schnell fielen und gleichzeitig am Boden des Behälters ankamen.

Diejenigen, die noch am vollen Raum von Descartes, an den sogenannten Wirkungen der subtilen Materie festhielten, konnten keinen vernünftigen Grund für diese Tatsache liefern. Denn die Tatsachen waren ihre Klippe. Wenn alles voll wäre, wenn man ihnen zugestehen würde, daß es hier Bewegung geben kann (was absolut unmöglich ist), würde diese sogenannte subtile Materie zumindest genau das gesamte Behältnis füllen. Sie wäre darin in genau so großer Menge wie Wasser oder Quecksilber vorhanden, wenn man diese hineingetan hätte. Sie würde sich zumindest dem so schnellen Sturz der Körper entgegenstellen. Sie würde sich diesem breiten Stück Papier entsprechend der Fläche dieses Papiers widersetzen und die Gold- oder Bleikugel viel schneller fallen lassen. Dieser Fall erfolgt jedoch im gleichen Augenblick. Es ist also nichts im Behälter, das sich widersetzt. Diese sogenannte subtile Materie kann in diesem Behälter keine merkliche Wirkung ausüben. Es gibt also eine andere Kraft, die die Schwerkraft bildet. Man würde vergebens sagen, es sei möglich, daß eine subtile Materie in diesem Behälter verbleibt, da ihn das Licht durchdringt. Da besteht ein Unterschied. Das Licht, das sich in diesem Glasgefäß befindet, nimmt sicher nur den 100000sten Teil ein. Nach den Cartesianern muß ihre imaginäre Materie das Gefäß genauer füllen, als wenn es mit Gold gefüllt wäre, denn im Gold ist sehr viel leerer Raum enthalten, den sie in ihrer subtilen Materie nicht annehmen.

Bei diesem Experiment ist das Goldstück, das 100000-mal mehr wiegt als das Stück Papier, genau so schnell wie das Papier gefallen. Die Kraft, die es zum Fallen gebracht hat, hat also 100000mal mehr auf das Goldstück als auf das Papier eingewirkt. Ebenso benötigt mein Arm 100mal mehr Kraft, um 100 Pfund als um 1 Pfund zu bewegen. Diese Macht, die die Gravitation bewirkt, wirkt in direkter Abhängigkeit von der Masse der Körper. Sie wirkt tatsächlich derart entsprechend der Masse der Körper und nicht der Flächen, daß ein zu Pulver zermahlenes Stück Gold in der Luftpumpe genau so schnell fällt wie die gleiche Menge Gold in Blattform. Die Form der Körper verändert hier in nichts ihre Schwere. Dieses Gravitationsvermögen wirkt also auf die innere Natur der Körper und nicht in Abhängigkeit von den Flächen.

Diese drängenden Wahrheiten konnten nie anders als mit einer ebenso trügerischen Annahme wie die Wirbel beantwortet werden. Es wird angenommen, daß die sogenannte subtile Materie, die das gesamte Gefäß ausfüllt, nichts wiegt. Eine seltsame Idee, die hier absurd wird. Denn im vorliegenden Fall handelt es sich nicht um eine Materie, die kein Gewicht hat, sondern um eine Materie, die keinen Widerstand entgegensetzt. Jede Materie leistet Widerstand durch ihre Trägheitskraft. Wenn das Gefäß also voll wäre, würde jede Materie, die es füllt, unendlichen Widerstand entgegensetzen. Das scheint ganz genau bewiesen zu sein.

Dieses Vermögen ist keineswegs in der sogenannten subtilen Materie enthalten, von der wir im folgenden Kapitel sprechen werden. Danach ist diese Materie ein Fluidum. Jedes Fluidum wirkt auf feste Körper in Abhängigkeit von ihren Flächen. So spaltet das Schiff, das an seinem Bug weniger Fläche aufweist, das Meer, das an seinen Flanken Widerstand leisten würde. Wenn nun aber die Fläche eines Körpers das Quadrat seines Durchmessers ist, ist die Festigkeit dieses Körpers gleich dem Kubus eben dieses Durchmessers. Die gleiche Kraft kann dann nicht sowohl in Abhängigkeit vom Kubus wie vom Quadrat wirken. Die Schwerkraft, die Gravitation, ist also keineswegs die Auswirkung dieses Fluidums. Außerdem ist es unmöglich, daß diese sogenannte subtile Materie einerseits genügend Kraft hat, einen Körper in einer Minute aus einer Höhe von 54000 Fuß (das ist die Fallgeschwindigkeit der Körper) zu stürzen, und daß sie andererseits so wenig Kraft hat, ein Pendel aus dem leichtesten Holz in einer Luftpumpe, von der angenommen wird, daß ihr Raum insgesamt genau mit dieser imaginären Materie gefüllt ist, am Schwingen zu hindern. Ich fürchte mich also keineswegs zu behaupten, daß, wenn man jemals einen Impuls entdecken sollte, der die Ursache der Schwerkraft der Körper nach einem Mittelpunkt, mit einem Wort die Ursache der Gravitation, der universellen Anziehung, ist, dieser Impuls von ganz anderer Art als derjenige wäre, der uns bekannt ist.

Das ist also eine erste, schon anderwärts angegebene und hier bewiesene Wahrheit: Es gibt eine Kraft, die bewirkt, daß alle Körper in direkter Abhängigkeit von ihrer Masse gravitieren.

Wenn man jetzt untersucht, warum ein Körper schwerer ist als ein anderer, findet man leicht den einzigen Grund. Man wird feststellen, daß dieser Körper mehr Masse, mehr Materie, bei gleicher Ausdehnung haben muß. So wiegt Gold mehr als Holz, weil im Gold mehr Materie und weniger leerer Raum als im Holz enthalten ist.

Descartes und seine Anhänger (sofern er noch welche hat) behaupten, daß ein Körper schwerer als ein anderer ist, ohne daß er mehr Materie hat. Unbefriedigt von dieser Idee, unterstützen sie diese mit einer anderen, die ebensowenig richtig ist. Sie nehmen einen großen Wirbel aus subtiler Materie um unseren Erdball herum an. Dieser große Wirbel, sagen sie, treibt bei der Bewegung alle Körper zu dem Mittelpunkt der Erde und verleiht ihnen das, was wir als Schwerkraft bezeichnen. Natürlich haben sie für diese Behauptung keinen Beweis geliefert. Es gibt nicht die geringste Erfahrung, nicht die geringste Analogie zu Dingen, die wir etwas kennen, die eine leichte Mutmaßung zugunsten dieses Wirbels aus subtiler Materie begründen kann. So muß dieses System allein deshalb, weil es eine Hypothese ist, verworfen werden. Aber auch allein deshalb hatte es sich verbreitet. Dieser Wirbel war mühelos zu begreifen.

Mit Hilfe des Begriffs von der subtilen Materie wurde eine vage Erklärung der Dinge gegeben. Als die Philosophen die mit dieser philosophischen Fabel verbundenen Widersprüche und Absurditäten wahrnahmen, dachten sie eher daran, diese zu berichtigen, als sie aufzugeben.

Huygens und viele andere haben daran Tausende von Korrekturen vorgenommen, deren Unzulänglichkeit sie selbst zugaben. Aber was setzen wir an die Stelle der Wirbel und der subtilen Materie? Diese sehr gewöhnliche Schlußfolgerung ist diejenige, die die Menschen am meisten im Fehler und in der falschen Entscheidung bestärkt. Das, was man als falsch einsieht und was man nicht länger stützen kann, muß man aufgeben, dann, wenn man nichts an seine Stelle setzen kann, und auch dann, wenn man die Euklidischen Beweise dafür zur Verfügung hätte. Die Fehlerhaftigkeit eines Fehlers verändert sich nicht dadurch, daß man ihn nicht durch Wahrheiten ersetzen kann. Muß ich den Abscheu vor dem leeren Raum in einer Pumpe annehmen, nur weil ich noch nicht weiß, durch welchen Mechanismus das Wasser in dieser Pumpe steigt?

Beginnen wir, bevor wir weitergehen, also damit zu beweisen, daß die Wirbel aus subtiler Materie nicht existieren, daß der volle Raum nicht weniger trügerisch ist, daß dieses ganze auf diesen Einbildungen beruhende System so nur eine ausgeklügelte Fabel ohne Wahrscheinlichkeit ist. Betrachten wir diese imaginären Wirbel und untersuchen wir dann, ob der volle Raum möglich ist.

Kapitel 5. Beweis der Gesetze der Gravitation nach den Regeln von Kepler. Daß eins dieser Keplerschen Gesetze die Bewegung der Erde beweist

Keplersche Hauptregel. Falsche Begründungen dieses wunderbaren Gesetzes. Richtige, von Newton gefundene Begründung dieses Gesetzes. Zusammenfassung der Beweise für die Gravitation. Diese Entdeckungen von Kepler und

Newton dienen zum Beweis dessen, daß sich die Erde um die Sonne dreht. Aus den gleichen Gesetzen abgeleiteter Beweis der Bewegung der Erde.

Kepler fand auch diese wunderbare Regel, von der ich, um die Sache faßbarer und leichter zu machen, ein Beispiel gebe, bevor die Definition folgt.

Jupiter hat vier Satelliten, die sich um ihn drehen. Der nächste ist $2\,^5/_6$ Jupiter-Durchmesser entfernt und vollendet seinen Umlauf in 42 Stunden. Der letzte dreht sich um Jupiter in 402 Stunden. Ich möchte wissen, welches die Entfernung zwischen diesem letzten Satelliten und dem Jupiter-Mittelpunkt ist. Um dazu zu gelangen, nehme ich folgende Regel: So wie sich das Quadrat von 42 Stunden, der Umlaufzeit des ersten Satelliten, zum Quadrat von 402 Stunden, der Umlaufzeit des letzten Satelliten, verhält, so verhält sich der Kubus von $2\,^5/_6$ Durchmesser zu einem vierten Glied. Wenn dieses vierte Glied gefunden ist, ziehe ich daraus die Kubikwurzel.

Diese Kubikwurzel ergibt sich mit $12\,^2/_3$. So sage ich, daß der vierte Satellit vom Jupitermittelpunkt $12\,^2/_3$ Jupiter-Durchmesser entfernt ist. Ich wende die gleiche Regel für alle Planeten an, die um die Sonne kreisen. Ich sage: Venus läuft in 224 Tagen um und die Erde in 365 Tagen. Die Erde ist 30 Millionen Meilen von der Sonne entfernt, wieviel Meilen ist die Venus entfernt? Ich sage: So wie sich das Quadrat des Erdjahres zum Quadrat des Venusjahres verhält, so verhält sich der Kubus der mittleren Entfernung der Erde zu einem vierten Glied, dessen Kubikwurzel etwa 21700000 Meilen ergibt, die die mittlere Entfernung von Venus zur Sonne darstellen. Dasselbe sage ich von Erde und Saturn usw.

Das Gesetz lautet also, daß sich das Quadrat einer Umdrehung eines Planeten immer so zum Quadrat der Umdrehungen der anderen Planeten verhält, wie der Kubus seiner Entfernung zum Kubus der Entfernungen der anderen zum gemeinsamen Mittelpunkt.

Kepler, der dieses Verhältnis herausgefunden hatte,

war weit davon entfernt, auch den Grund dafür zu finden. Als bewundernswerter Astronom, jedoch weniger guter Philosoph, sagt er im 4. Band seiner Kurzfassung, daß die Sonne eine Seele hat, keine intelligente Seele, animum, sondern eine lebendige, wirkende Seele, animam, daß sie sich um sich selbst dreht und dabei die Planeten anzieht, daß die Planeten aber nicht in die Sonne stürzen, weil sie sich um ihre Achse drehen. Bei dieser Umdrehung, sagt er, wenden sie der Sonne einmal eine Freundseite, einmal eine Feindseite zu. Die Freundseite wird angezogen und die Feindseite wird abgestoßen. Dadurch erklärt sich der Jahreslauf der Planeten in Ellipsen.

Demütigenderweise für die Philosophie muß zugegeben werden, daß er aus diesem so wenig philosophischen Schluß gefolgert hatte, daß sich die Sonne um ihre Achse drehen muß. Der Fehler führte durch Zufall zur Wahrheit. Er erriet die Drehung der Sonne mehr als 15 Jahre, bevor die Augen Galileis diese mit Hilfe des Fernrohrs erkannten.

Kepler fügt in seiner gleichen Kurzfassung, Seite 495, hinzu, daß die Masse der Sonne, die Masse des gesamten Äthers und die Masse der Fixsternkugeln vollständig gleich ist und daß das die drei Symbole der Heiligen Dreieinigkeit seien.

Der Leser, der beim Lesen dieser „Elemente“ bei einem so großen Menschen wie Kepler neben sublimen Wahrheiten so große Träumereien findet, darf darüber nicht erstaunt sein. Man kann auf dem Gebiet von Berechnungen und Beobachtungen ein Genie sein und in allen übrigen Dingen sich seines Verstandes nur schlecht bedienen können. Es gibt solche Geister, die sich auf die Mathematik stützen müssen und die fallen, wenn sie allein laufen sollen. Es ist also nicht erstaunlich, daß Kepler bei Entdeckung dieser Gesetze der Astronomie den Grund dieser Gesetze nicht erkennen konnte. (20)

Dieser Grund ist der, daß die Zentripetalkraft genau umgekehrt proportional dem Quadrat der Entfernung vom Mittelpunkt der Bewegung ist, nach dem diese Kräfte gerichtet sind. Aus diesem Gravitationsgesetz ergibt sich, daß ein Körper, der sich dreimal mehr dem Mittelpunkt seiner Bewegung nähert, neunmal stärker angezogen wird, daß er, wenn er sich dreimal mehr entfernt, neunmal weniger angezogen wird und daß er, wenn er sich hundertmal mehr entfernt, 10000mal weniger angezogen wird. Ein Körper, der sich kreisförmig um einen Mittelpunkt bewegt, hat also ein Gewicht umgekehrt dem Quadrat seiner gegenwärtigen Entfernung zum Mittelpunkt und direkt seiner Masse proportional. Nun ist aber bewiesen, daß er sich aufgrund der Gravitation um diesen Mittelpunkt bewegt, denn ohne diese Gravitation würde er eine Tangente beschreiben und sich entfernen. Diese Gravitation wirkt also stärker auf einen beweglichen Körper, der sich schneller um diesen Mittelpunkt dreht. Je weiter dieser Körper entfernt ist, um so langsamer dreht er sich, da er dann weniger wiegt. Das Verhältnis zwischen der mittleren Geschwindigkeit dieser Körper oder der Zeit ihrer periodischen Umläufe ist derart, daß die Quadrate dieser Zeiten immer proportional den Kuben der mittleren Entfernungen sind.

Das ist also das Gravitationsgesetz, das aufgrund des Quadrats der Entfernungen bewiesen wird:

1. durch die Geschwindigkeit, mit der der Mond seine Bahn beschreibt, verglichen mit seiner Entfernung zur Erde;
2. durch den ellipsenförmigen Weg jedes Planeten um die Sonne;
3. durch den Vergleich der Entfernungen und der Umläufe aller Planeten um ihren gemeinsamen Mittelpunkt.

Es ist nicht ganz unnütz zu bemerken, daß diese Keplersche Regel, die zur Bestätigung der Newtonschen Entdeckung zur Gravitation dient, auch das Copernicanische System über die Bewegung der Erde bestätigt. Man kann sagen, daß Kepler allein mit dieser Regel das bewiesen hat, was vor ihm gefunden wurde, und daß er den Weg für Wahrheiten eröffnet hat, die man eines Tages entdecken sollte.

Denn einerseits wird bewiesen, daß, wenn das Gesetz der Zentripetalkräfte nicht gültig wäre, die Keplersche Regel unmöglich wäre, und andererseits wird bewiesen, daß man nach dieser gleichen Regel, wenn sich die Sonne um die Erde drehen würde, sagen müßte: So wie sich der Umlauf des Mondes um die Erde in einem Monat zum sogenannten Umlauf der Sonne um die Erde in einem Jahr verhält, verhält sich die Quadratwurzel des Kubus der Entfernung des Mondes von der Erde zu der Quadratwurzel des Kubus der Entfernung der Sonne von der Erde. Aus dieser Berechnung würde sich ergeben, daß sich die Sonne 510000 Meilen entfernt von uns befindet. Es ist jedoch bewiesen, daß sie sich weniger als etwa 30000 Meilen von uns entfernt befindet. So wurde also die Bewegung der Erde, genaugenommen, von Kepler bewiesen. Das ist noch ein aus den gleichen Lehrsätzen abgeleiteter einfacher Beweis.

Wenn die Erde der Mittelpunkt der Bewegung der Sonne wäre, wie sie es bei der Bewegung des Mondes ist, würde sich der Umlauf der Sonne auf 475 Jahre statt ein Jahr belaufen. Denn die mittlere Entfernung, in der sich die Sonne zur Erde befindet, verhält sich zur mittleren Entfernung, in der sich der Mond zur Erde befindet, wie 337 zu 1. Der Kubus der Entfernung zum Mond ist nun aber 1, der Kubus der Entfernung zur Sonne 38272753. Vollenden Sie die Regel und sagen Sie: Wie sich der Kubus 1 zu dieser Kubikzahl von 38272753 verhält, so verhält sich das Quadrat von 28, das den periodischen Umlauf des Mondes darstellt, zu einer vierten Zahl. Es ergibt sich, daß die Sonne 472 Jahre statt eines Jahres benötigen würde, um sich um die Erde zu drehen. So ist also bewiesen, daß sich die Erde dreht.

Es scheint um so ratsamer zu sein, hier diese Beweise anzubringen, als es immer noch zur Unterrichtung anderer in Italien, Spanien und sogar in Frankreich bestimmte Menschen gibt, die an der Bewegung der Erde zweifeln oder zu zweifeln scheinen.

Durch das Keplersche Gesetz und durch das Gesetz von Newton ist also bewiesen, daß jeder Planet von der Sonne, dem Mittelpunkt der Laufbahn, die er beschreibt, angezogen wird. Diese Gesetze treffen auch auf die Jupiter-Satelliten gegenüber Jupiter, ihrem Mittelpunkt, zu, auf die Saturn-Monde gegenüber Saturn, auf den unsrigen gegenüber uns. Alle diese Nebenplaneten, die sich um ihren Hauptplaneten drehen, werden ebenso mit ihrem Hauptplaneten von der Sonne angezogen. So wird der Mond, der durch die Zentripetalkraft um die Erde bewegt wird, gleichzeitig von der Sonne angezogen, um die er auch seinen Umlauf macht. Es gibt keine Veränderung im Lauf des Mondes, in seinen Entfernungen zur Erde, in der Form seiner Laufbahn, die einmal der Ellipse, einmal dem Kreis angenähert ist, usw., die nicht Folge der Gravitation aufgrund der Veränderungen seiner Entfernung zur Erde und seiner Entfernung zur Sonne wäre.

In allen den Fällen, in denen er auf seiner Umlaufbahn nicht in genau gleichen Zeiten genau gleiche Flächen zurücklegt, wurde von Newton diese Ungleichheit berechnet. Alle hängen von der Anziehung der Sonne ab. Sie zieht diese beiden Himmelskörper in direkter Abhängigkeit von ihren Massen und in umgekehrter Abhängigkeit vom Quadrat ihrer Entfernungen an. Wir werden sehen, daß die kleinste Veränderung des Mondes eine notwendige Wirkung dieser kombinierten Kräfte ist.

Anmerkungen des Herausgebers der französischen Voltaire-Ausgabe von 1784

(1) Diese Beweisführung ist nicht unumstößlich. Es ist möglich, daß die Schwerkraft der Materie innewohnt, wie die Undurchdringlichkeit, obwohl uns diese allgemeine Eigenschaft weniger auffällt und später beobachtet wurde. Die Gleichheit, die zwischen der Ordinate einer Parabel und ihrer Fläche gilt, ist dieser Kurve ebenso wesenhaft wie ihre Beziehung mit der Subtangente, obwohl die Parabel und diese zweite Eigenschaft lange bekannt waren, bevor die erste bekannt wurde.

(2) Dieser Beweis wird von vielen aufgeklärten Theisten als der einzige angesehen, der den menschlichen Verstand nicht übersteigt. Die Schwierigkeit zwischen ihnen und den Atheisten reduziert sich darauf zu erfahren, bis zu welchem Wahrscheinlichkeitsgrad der Beweis erbracht werden kann, daß im Universum eine Ordnung existiert, die darauf hinweist, daß es zum Schöpfer ein intelligentes Wesen hat. Voltaire glaubte mit Fénélon und Nicole, daß diese Wahrscheinlichkeit gleichbedeutend mit Gewißheit ist. Andere finden sie so gering, daß sie glauben, im Zweifel bleiben zu müssen. Wieder andere schließlich haben geglaubt, daß diese Wahrscheinlichkeit für eine blinde Ursache spricht. Diejenigen, die sich von diesen Widersprüchen betrüben lassen, sollten sich damit trösten, daß alle diese Philosophen in der gleichen Moral übereinstimmen und gleicherweise bezeugen, daß der Mensch sein Glück nur in der strengen Ausübung seiner Pflichten finden kann.

(3) Unabhängig von der Partei, die man in dieser dornigen Frage ergreift, kann man nicht umhin, zuzugeben, daß dem Menschen bei den Handlungen, die man als frei bezeichnet, die Gründe, die ihn zur Handlung veranlassen, bewußt sind. Er kann also erkennen, welche Handlungen der Gerechtigkeit und dem allgemeinen Interesse der Menschen entsprechen sowie die Beweggründe, die er haben kann, diese Handlungen zu begehen und jene, die dem entgegengesetzt sind, zu vermeiden. Diese Beweggründe beeinflussen ihn: Es gibt also eine Moral. Die Hoffnung auf Belohnung, die Furcht vor Strafe zählen zu diesen Gründen. Diese Gefühle können also nützlich sein. Strafen und Belohnungen können also gerecht sein. Wenn er einem unrechten Beweggrund nachgegeben hat, wird er sich ärgern, wenn dieser Beweggrund nicht mehr mit der gleichen Kraft weiterwirkt. Er wird also bereuen, er wird Gewissensbisse haben. Durch seine Erfahrung gewarnt, wird er glauben, daß dieser Beweggrund nicht die Kraft haben wird, ihn ein weiteres Mal zu beeinflussen. Er wird sich also versprechen, nicht wieder zu fallen. Welches System, einschließlich des absolutesten Fatalismus, man für die Freiheit auch wählen mag, die moralischen Konsequenzen sind die gleichen. Nach dem Fatalismus wäre es also jedem Menschen vorherbestimmt, alle die Handlungen zu begehen, die er begangen hat. Wenn er sich entscheidet, weiß er jedoch nicht, für welche der beiden Handlungen, die er sich vorstellt, er sich entscheiden muß. Er weiß nur, daß es diejenige ist, für die er stärkere Beweggründe zu sehen glaubt.

(4) Diese Umwandlung des Wassers in Erde ist noch nicht geklärt, obwohl die Meinung Boerhaavens am wahrscheinlichsten ist. Im übrigen wäre das keine echte Transmutation. Wasser ist eine Art Erde, die bei sehr niedrigem Wärmegrad schmilzt. Diese Erde könnte diese Eigenschaft durch Auflösung in geschlossenen Gefäßen verlieren, entweder indem sie sich mit dem freien Feuer, das durch die Gefäße strömt, verbindet oder durch eine neue Verbindung ihrer eigenen Elemente.

(5) Voltaire folgt hier dem System der Samenwärmer. Siehe Anmerkung zum Artikel „Zeugung" im „Philosophischen Wörterbuch".

(6) Voltaire verwendet hier die Sprache der Chemiker aus der Zeit, als er geschrieben hat.

(7) Wenn jene Frage einer Urmaterie für die menschliche Gattung nicht unlöslich ist, ist sie es doch sicher für die Philosophen unseres Jahrhunderts. Die Chemiker sind gezwungen, in den Körpern eine sehr große Anzahl von Elementen zu erkennen, die in unseren Experimenten zum Teil einfach und unveränderlich und zum anderen Teil zusammengesetzt und zerstörbar sind, deren Grundstoffe jedoch wenig bekannt sind. Die einfachen Grundstoffe zu erkennen, zusammengesetzte Grundstoffe zu analysieren, die ersten auf eine kleinere Anzahl zu reduzieren und das Geheimnis der Verbindung der anderen, für das sich die Natur bisher die Mittel vorbehalten hat, zu erraten, ist vor allem Aufgabe der theoretischen Chemie, seitdem sich diese Wissenschaft wie die anderen auf den analytischen Weg begeben hat. Es ist jedoch weit von unseren Kenntnissen bis zur Erkenntnis einer Urmaterie oder auch nur einer kleinen Anzahl von einfachen und unveränderlichen ursprünglichen Grundstoffen.

(8) Das Prinzip der Erhaltung der Bewegungsenergien gilt im allgemeinen in der Natur immer dann, wenn angenommen wird, daß die Veränderungen in unmerklichen Schritten erfolgen, das heißt, solange das Gesetz der Kontinuität erhalten ist. Ebenso ist es mit dem Prinzip der Erhaltung der Wirkung. Das der kleinsten Wirkung gilt im allgemeinen auch in dem Sinn, daß die Bewegung durch die gleichen allgemeinen Gleichungen bestimmt wird, die sich ergeben, wenn die Wirkung als Minimum angenommen wird. Das genügt jedoch nicht, damit die Wirkung wirklich ein Minimum ist. Sie kann auch ein Maximum oder weder das eine noch das andere sein, obwohl diese Gleichungen gelten. Die Übereinstimmung dieser Gleichungen

mit der Natur beweist nur, daß bei den unendlich kleinen Veränderungen, die in einer unendlich kleinen Zeit stattfinden, die Wirkungsmenge gleich bleibt.

Im übrigen würde man vergebens Endzwecke in diesen verschiedenen Gesetzen zu sehen glauben. Sie sind nur, wie d'Alembert bewiesen hat, die notwendige Folge der wesentlichen mathematischen Prinzipien der Bewegung. Die Entdeckung dieser Prinzipien, die er auf die festen, flexiblen und flüssigen Körper ausgedehnt hat, wobei er gleichzeitig die neue Berechnung gefunden hat, die zur Anwendung der mathematischen Analyse erforderlich ist, muß als die größte Anstrengung betrachtet werden, die der menschliche Geist in diesem Jahrhundert gemacht hat.

(20) Zur Zeit Keplers hatte man keinerlei Vorstellung von den Berechnungsmethoden der Bewegung in gekrümmten Linien. Er nahm an, daß die Planeten Ellipsen um die Sonne beschreiben, weil sie infolge Anziehung durch dieses Gestirn eine zunehmende Bewegung erfahren. Er bezeichnete sie als materielle Bewegung, weil er nicht wußte, daß ein Körper, der auf keinerlei Hindernis trifft, sich unbegrenzt in gerader Linie weiterbewegt. Er glaubte, daß in diesem Fall von Zeit zu Zeit eine neue Kraft notwendig sei, und vermutete diese Kraft in den Planeten selbst. Diese zweite Hypothese ist nicht so lächerlich wie die der Freund- und Feindseiten.

Literaturnachweis der ausgewählten Texte

NEWTON, ISAAC: Mathematische Prinzipien der Naturlehre. Hrsg. v. J. PH. WOLFERS. Berlin 1872.
(Rechtschreibung und Interpunktion des Textes wurden vom Verlag weitgehend dem gegenwärtigen Stand angepaßt.)

NEWTON, ISAAC: Opticks or a treatise of the reflections, refractions, inflections and colours of light. Based on the fourth Edition. London 1730. With a foreword by A. EINSTEIN, an introduction by Sir E. WITTAKER, a preface by I. B. COHEN. Dover 1952.
(Die ausgewählten Texte wurden von den Herausgebern neu übersetzt.)

VOLTAIRE: Sammlung verschiedener Briefe des Herrn von Voltaire die Engelländer und andere Sachen betreffend. Jena 1747.
(Rechtschreibung und Interpunktion des Textes wurden vom Verlag weitgehend dem gegenwärtigen Stand angepaßt.)

VOLTAIRE: Élémens de philosophie de Newton. In: Oeuvres complètes de Voltaire. Tome trente-unième. De l'imprimerie de la société littéraire-typographique 1784.
(Die ausgewählten Kapitel wurden von Christa Poset übersetzt.)

ISSN 0138-127X

Die Autoren

- würdigen Newton als Begründer der theoretischen Physik und setzen seine naturphilosophischen und erkenntnistheoretischen Überlegungen in Beziehung zu den Grundprinzipien der Physik

- erschließen Voltaires Schriften zur Newtonschen Physik und zeigen den Zusammenhang zwischen der Voltaireschen Rezeption der klassischen Mechanik und ihrer mechanistischen Interpretation

- widerlegen die Auffassung, die Mechanik sei mechanistisch

- untersuchen das Verhältnis von Physik und Erkenntnistheorie an einer historisch besonders relevanten Thematik

WISSENSCHAFTLICHE TASCHENBÜCHER

FSC
www.fsc.org
MIX
Papier | Fördert gute Waldnutzung
FSC® C083411

Kolibri 360 GmbH
Ferdinand-Jühlke-Straße 7
99095 Erfurt, Deutschland
produktsicherheit@kolibri360.de